TRAITÉ PRATIQUE ET DIDACTIQUE

DE L'ART DES JARDINS

PARCS — JARDINS — PROMENADES

Paris. — Typographie CHARLES UNSINGER, 83, Rue du Bac. — 2382.

L'ART DES JARDINS

PARCS_JARDINS_PROMENADES

ÉTUDE HISTORIQUE — PRINCIPES DE LA COMPOSITION
DES JARDINS — PLANTATIONS

DÉCORATION PITTORESQUE ET ARTISTIQUE DES PARCS ET JARDINS PUBLICS

TRAITÉ PRATIQUE ET DIDACTIQUE

PAR

LE BARON ERNOUF

TROISIÈME ÉDITION, ENTIÈREMENT REFONDUE, AVEC LE CONCOURS

DE

A. ALPHAND

Directeur des Travaux de la Ville de Paris, Inspecteur général des Ponts et Chaussées

OUVRAGE ORNÉ DE 510 ILLUSTRATIONS

PARIS
J. ROTHSCHILD, ÉDITEUR
13, RUE DES SAINTS-PÈRES, 13

A

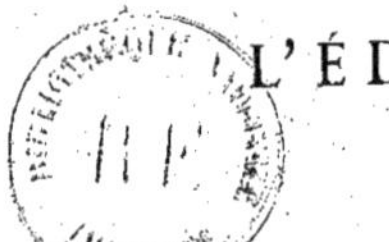

L'ÉDILITÉ PARISIENNE

QUI A TANT CONTRIBUÉ

A L'ASSAINISSEMENT ET A L'EMBELLISSEMENT DE LA MÉTROPOLE

ET AUX PROGRÈS DE L'HORTICULTURE

Bois de Vincennes. — Vue de la Route des Buttes.

SOMMAIRES DES CHAPITRES

Parc de Monceau. — Vue de la Naumachie.

AVANT-PROPOS DE L'ÉDITEUR

La première ébauche de cet ouvrage, formant deux petits volumes, a paru en 1868.

Un deuxième tirage, mis en vente quelques années après, a été promptement épuisé, et c'est pour satisfaire aux nombreuses demandes qui nous sont adressées, que nous publions cette troisième édition, qui est en réalité une œuvre nouvelle.

Pour ce travail, entièrement refondu, nous avons obtenu le précieux concours de M. Alphand qui a bien voulu nous autoriser à reproduire les préceptes formulés dans l'Introduction de son grand ouvrage sur les Promenades de Paris.

*Les annales de l'Art des Jardins en France offrent deux périodes mémorables. Le Nôtre avait inauguré la première, en donnant à ses créations un caractère essentiellement aristocratique; Paris a vu commencer la seconde il y a quelques années. Ses nouvelles Promenades ont obtenu, comme jadis les œuvres de Le Nôtre, un succès cosmopolite, et cette impulsion s'est étendue jusqu'aux jardins particuliers. C'est donc la Ville de Paris qui a eu l'initiative de cette évolution, conforme aux tendances de l'esprit moderne et aux justes aspirations de la démocratie; aussi avons-nous regardé comme légitime de dédier la présente publication à l'*ÉDILITÉ PARISIENNE.

La question d'art joue désormais un rôle considérable en toute chose; des monuments, elle s'est étendue à la décoration intérieure, aux appartements. Chaque fondation, chaque conception publique ou privée doit en porter le cachet et attester cette préoccupation; elle se reflète partout, à tous les degrés de l'échelle sociale.

Les jardins, soit au point de vue du plan général, soit à celui de leur aménagement de détail, de la couleur, de l'harmonie et du dessin, devaient aussi participer dans une large mesure à ce mouvement progressif. On peut dire, en effet, que toutes les branches de l'Art trouvent leur emploi dans leur création : — l'architecture, dont ils furent, à l'origine, une dérivation immédiate; — la sculpture, qui concourut de tout temps à leur décoration; — la peinture, qui fournit surtout des enseignements indispensables pour les jardins du genre dit irrégulier. Comment, en effet, composer des scènes dans le style paysager, si l'on ne sait pas d'abord ce que c'est qu'un paysage? Cette considération si simple, nous a aussi déterminé à ajouter un chapitre entièrement nouveau sur le paysage. *Dans la partie historique, il forme une transition naturelle entre l'ère des compositions régulières, des* « architectures vertes », *et l'avènement d'un genre absolument opposé, quand l'idée d'imiter la nature* « dans ses beaux endroits », *prévaut sur celle des combinaisons géométriques.*

Cette manifestation fut le témoignage non équivoque d'une évolution psychologique, dont les grands paysagistes du XVIIe siècle ont été les précurseurs.

L'ouvrage est divisé en deux parties principales; l'une historique, *l'autre* didactique.

Dans la première, qui est un résumé des travaux les plus mémorables accomplis jusqu'à nos jours, les auteurs ont tâché de rassembler les indications les plus curieuses, et surtout celles dont il peut ressortir des enseignements pratiques. Ils ont apprécié avec une grande impartialité la révolution horticole du siècle dernier.

Le premier chapitre de la partie didactique contient les préceptes du genre irrégulier ou paysager, d'après les maîtres les plus autorisés : Repton, Loudon, Mac Intosh, Kemp, Decaisne, Choulot, Barillet Deschamps, Hirschfeld, Pückler-Muskau, Meyer, Petzhold, Neumann, etc. On trouvera dans ces pages l'exposé de la méthode et des opérations diverses, au moyen desquelles il est possible d'arriver à la fusion, dans un ensemble harmonieux, des formes les plus agréables de la nature et de l'art, fusion sans laquelle il n'existera jamais de jardin.

Le deuxième chapitre donne les règles du tracé des jardins réguliers, qu'on a encore assez souvent l'occasion de mettre en pratique, au moins partiellement. Viennent ensuite : les préceptes spéciaux pour l'établissement des jardins de villes ; une revue sommaire des plus importantes créations modernes en France et à l'étranger. Un dernier chapitre, consacré aux squares et promenades, contient des renseignements techniques qui pourront être utiles aux administrations municipales disposées à suivre de loin l'exemple de Paris, et aux propriétaires qui voudraient exécuter, sur une échelle moins vaste, des travaux analogues, tels que la transformation d'un bois ordinaire en parc ou jardin paysager.

L'illustration de ce volume a été l'objet de soins tout particuliers. On s'est efforcé de lui donner, dans toutes ses parties, un caractère à la fois attrayant et utile.

Aux nombreux dessins, plans de parcs et de jardins anciens et modernes, de plantes et d'arbres d'ornement, empruntés à nos publications horticoles et notamment aux Promenades de Paris, *nous avons ajouté un grand nombre d'exemples d'autres tirés des livres les plus rares, représentent des œuvres importantes, dont plusieurs ont été modifiées ou n'existent plus. Citons comme exemple Clagny, le domaine quasi-royal de l'altière Montespan, dont l'emplacement est aujourd'hui occupé par la gare de Versailles (rive droite) ; les célèbres parcs et jardins du Quirinal, Ludovisi, Farnèse, Frascati, Giusti à Vérone, et d'autres spécimens intéressants des villas italiennes de la Renaissance ; les parcs anglais de Kew, Battersea, Birkenhead, Sydenham, etc. ; des œuvres françaises, comme Gaillon, Chantilly, Louvois, etc. ; des créations allemandes, Schwetzingen, Heidelberg, Sagan, Muskau, Potsdam, etc. ; les parcs espagnols de la Granja, d'Aranjuez ; le Bois de la Cambre (Belgique), etc.*

Nous n'avons pas négligé non plus, à l'occasion, les effets de contraste résultant de l'aspect antérieur ou ultérieur des mêmes localités. Ainsi on trouvera en regard du parc actuel des Buttes-Chaumont, un ancien plan qui donne une juste idée de la physionomie sinistre et repoussante qu'offraient autrefois ces parages, si heureusement transformés.

Au chapitre du paysage, nous avons joint la reproduction de plusieurs des œuvres les plus magistrales du Poussin ; Claude Lorrain, Ostade, Pynakre, etc.

Comme un grand nombre de ces illustrations n'offrent pas seulement un attrait de pure curiosité, mais peuvent fournir des renseignements pratiques, et qu'elles appartiennent par conséquent autant à la théorie qu'à l'histoire, nous avons cru devoir les répartir en proportion à peu près égale, dans les deux parties de ce volume, historique et didactique. L'harmonie de l'ensemble y a gagné, sans que la logique ait eu à en souffrir.

L'ouvrage se termine par un tableau sommaire des travaux de la transformation de

Paris, exécutés d'après un plan d'ensemble, et par l'indication des prix principaux des travaux de jardinage à Paris, documents d'un sérieux intérêt pratique.

Nous serions largement récompensés de nos peines, si ce travail pouvait contribuer à propager le goût de l'horticulture d'agrément; s'il pouvait donner aux jardiniers paysagistes une plus haute idée de leur art, et ramener aussi nos jeunes architectes aux grandes traditions du seizième siècle, époque où les plus illustres artistes, à la fois peintres, sculpteurs, ingénieurs, architectes, ne croyaient pas déroger, ou plutôt n'auraient pas cru leur œuvre complète, s'ils n'y avaient pas compris l'étude des jardins, corollaire et complément des édifices.

Nous espérons aussi que ce rappel de l'œuvre à la fois artistique et philanthropique de la transformation de Paris, encouragera les municipalités à suivre cet exemple, et à établir dans de plus modestes proportions, des promenades, des squares, propices aux joyeux ébats de l'enfance, au délassement des habitants laborieux, et dont la vue repose à la fois et l'esprit et les yeux.

PREMIÈRE PARTIE
HISTOIRE
DE
L'ART DES JARDINS

Fig. 2. — Restitution d'une Aula avec son Vestibule. — Au fond une Statue d'Hestia (Vesta).

PARCS — JARDINS ET PROMENADES PUBLIQUES

LES JARDINS DE LA GRÈCE

L'ART des jardins, tant réguliers qu'irréguliers ou paysagers, se rattache intimement au progrès de la civilisation. Pendant bien des siècles, ce luxe de l'agriculture fut réservé pour les abords des grands édifices, temples, palais ou tombeaux. Aujourd'hui, les plus modestes habitations ont droit à cette parure. Un jardin d'une étendue médiocre peut, s'il est composé avec goût, avoir sur de vastes propriétés mal dessinées une supériorité analogue à celle d'un bon tableau de chevalet sur une grande toile médiocre, ou d'une simplicité élégante sur la richesse mal employée. Ce n'est pas un art à dédaigner, que celui qui met ce triomphe innocent à la portée des plus humbles fortunes, et touche, par tant de côtés, aux sciences les plus utiles, comme aux conceptions les plus poétiques.

La plus ancienne description d'un jardin grec est celle du jardin d'Alcinoüs dans l'Odyssée (VII, 112-132), faite évidemment d'après nature. Ce jardin, « que les immortels se plaisaient à embellir, et qu'Ulysse contemplait avec admiration », comprenait un verger, une vigne et un potager; le tout copieusement arrosé par des rigoles d'eaux courantes, clos de haies vives, et d'une contenance de quatre *gyes* (14 à 1500 mètres). Le verger était carré et planté régulièrement. Le mot *orchatos*, qu'emploie Homère pour le désigner, signifie littéralement « plantation alignée ». Les abords des temples ou des autres grands édifices furent de même plantés symétriquement. En Grèce comme partout, sauf chez les Chinois, l'idée de dompter la nature a précédé celle de l'imiter. Pendant bien des siècles, l'homme n'a compris la possibilité d'embellir les alentours immédiats des habitations, qu'en les marquant profondément de son empreinte; les jardins n'étaient que des architectures végétales. Le goût des jardins irréguliers est une déduction moderne du sentiment intime des beautés de la nature, sentiment qui n'existait dans l'antiquité et le moyen âge qu'à l'état d'impression religieuse ou de vague sensation.

Cette attraction existait chez les Grecs. On la trouve exprimée au cinquième livre de l'Odyssée, dans la description des abords de la grotte de Calypso, entourée d'arbres toujours verts et de gazons fleuris, sillonnés capricieusement par des ruisseaux. Homère reproduit ici, d'après nature, l'aspect d'une de ces *Nymphées*, mystérieuses retraites dont les Grecs, « ces éternels jeunes gens », ressentaient si vivement le charme, qu'ils l'attribuaient à la présence des divinités invisibles des bois et des eaux. Ils ne négligeaient pas non plus de se ménager la vue des beaux sites, au moyen de belvédères ou d'exèdres, à la limite des jardins. Mais ces jardins eux-mêmes étaient toujours symétriques. Les plus magnifiques horizons étaient surtout, pour les artistes grecs, des cadres propres à faire ressortir leurs œuvres (1). A l'époque la plus floris-

(1) Il existe une harmonie intime d'aspect et de proportions entre les plus beaux monuments de la Grèce et leurs alentours. « Il est probable, suivant les hommes les plus compétents, que les artistes grecs fixaient sur place les dimensions principales de leurs œuvres, en ayant égard aux reliefs naturels qui devaient leur servir de soubassement, aux parties

sante de cette civilisation, les promenades publiques et les plus beaux jardins particuliers, comme ceux de Pisistrate et de Cimon, à Athènes, étaient toujours régulièrement plantés comme le verger archaïque d'Alcinoüs, mais avec une grande variété d'arbres et quantité d'édicules, de bassins et de statues.

de verdure qui devaient les encadrer. Pour obtenir des effets analogues, il faut, non pas calquer ces œuvres servilement, mais travailler d'après la même méthode et en tenant compte de l'ensemble. » Ce précepte est applicable même aux jardins irréguliers.

Fig. 5. — Sphinx de Karnak.

JARDINS DE L'ANCIENNE ÉGYPTE

Ces jardins étaient aussi du style le plus régulier, comme on le voit par la Figure 7. Des plantations de citronniers, de grenadiers, de palmiers, disposés en carré long sur trois rangs, encadrent une pièce d'eau de même forme, pouvant porter bateau (1). On plantait aussi les abords des temples et des tombeaux, les cours intérieures des maisons, mais non les rues, car celles-ci étaient généralement fort étroites. Ces lignes inflexibles de plantations se raccordaient bien avec l'architecture invariablement rectangulaire des monuments, avec les figures colossales régulièrement alignées. Des canaux nombreux et bien entretenus donnaient une vigueur extraordinaire à la végétation. Cette verdure luxuriante remplissait un rôle essentiel dans les magnificences

(1) On employait sans doute aussi d'autres arbres de feuillage plus épais et de plus large envergure, comme le mimosa, et on se procurait un supplément d'ombrage dans les jardins particuliers au moyen de tonnelles de verdure.

de la civilisation égyptienne. Aux teintes d'un éclat violent, elle en mêlait de plus douces; amortissait la lumière trop intense, neutralisait l'action incommode, parfois meurtrière de la chaleur.

Les époques les plus prospères de l'ancienne monarchie (IVe, XIIe, XVIIIe dynasties) furent aussi celles des plus beaux jardins. Sous les Ptolémées et dans les premiers temps de la domination romaine, l'Égypte comptait encore parmi les régions les plus fertiles et les plus verdoyantes du monde. Alexandrie fut pendant plusieurs siècles la seconde cité de l'empire; du temps d'Auguste et longtemps encore après, les jardins publics et les palais qui se succédaient sans interruption du côté du grand port formaient à eux seuls plus du quart de l'immense cité. La décadence avait commencé dès la fin du IVe siècle; elle fit de rapides progrès lorsque l'Égypte échappa aux empereurs d'Orient (640). Là comme partout, le fanatisme musulman accomplit son œuvre de destruction. Cependant, tandis que les monuments égyptiens sombraient dans les sables, et que l'effort si prodigieux de cette antique civilisation vers l'immortalité n'aboutissait qu'à un engloutissement plus profond; les conquérants, installés sur d'autres points de la vallée du Nil, y refaisaient des jardins. Ceux de Khomarouyah, second prince de la dynastie toulonnide (fin du IXe siècle) n'étaient, dit-on, nullement inférieurs aux Édens des Ramsès et de Cléopâtre. Les fleurs y étaient disposées en parterres de mosaïque

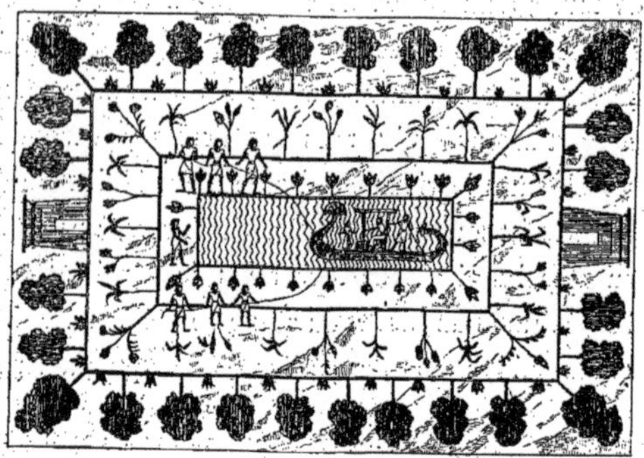

Fig. 7. — Bas-relief représentant un Jardin égyptien. (D'après Hector Horeau.)

Récolte de fruits. — Arrosage et Récolte des Oignons.

Sujets tirés des Édifices de Karnak, à Thèbes.

Fig. 8 et 9. — Monuments d'Égypte, par Champollion le Jeune, t. IV, Pl. 357, 358. (Didot.)

figurant des versets du Coran; la base des grands arbres était enveloppée de tuyaux dorés (1) d'où l'eau retombait en pluie. On parle aussi d'immenses volières en forme de tours; d'un bassin de *vif-argent,* à l'usage spécial du khalife, qui s'y balançait à la surface, sur des coussins gonflés d'air, etc. Ces jardins, dont l'imagination des conteurs arabes a probablement exagéré les merveilles, occupaient une partie du vaste espace couvert aujourd'hui par les monticules de décombres qui s'étendent au sud du Caire actuel, entre le vieux Caire et le mont Mokattam (2).

Ce fut sous la domination des Turcs, à partir du XVIe siècle, que l'Égypte descendit au plus bas degré de barbarie et de stérilité. Sa renaissance date, comme on sait, de l'expédition française et du règne de Méhémet-Ali. Nous parlerons ailleurs des promenades publiques et des jardins de l'Égypte moderne.

(1) Ou plutôt de revêtements de maçonnerie comme on en voit sur quelques anciens bas-reliefs. Plusieurs traits de cette description (les statues, par exemple), semblent se rapporter à l'ancienne civilisation égyptienne.

(2) Voir le beau plan du Caire et de ses environs, dans le second volume de l'*Itinéraire d'Orient* d'Isambert.

Fig. 10. — Sycomore.

JARDINS ORIENTAUX

Dans son *Traité des Jardins,* en cinq forts volumes in-quarto! Hirschfeld a déployé un grand luxe d'érudition et d'imagination à propos des jardins de l'antiquité, et en particulier de ceux d'Asie. Il paraît humilié de ne pouvoir remonter au delà des jardins suspendus de Babylone, qui ne dateraient tout au plus que des premières années du IXe siècle avant l'ère chrétienne, s'ils ont été en effet créés par *Sammouramit,* femme du monarque assyrien Bin-Nirari III (809-780?), laquelle serait, suivant quelques modernes, le prototype de la Sémiramis d'Hérodote (1).

Ces jardins formaient une petite forêt pyramidale, composée de plusieurs étages de terrasses disposées en retrait et soutenues par des *piliers.* La base était un quadrilatère plein, régulier, dont chaque côté était long de quatre plethres (120 mètres à peu près). Les terrasses ainsi suspendues étaient faites de gros blocs de pierre recouverts d'une triple couche de roseaux imbibés d'asphalte, de briques et de plomb, pour empêcher les infiltrations; le tout supportant une épaisseur de terre suffisante pour faire vivre les plus grands arbres. On montait d'une terrasse à l'autre par des escaliers ou des rampes en glacis, disposés en spirale autour des piliers. Le nombre de ces piliers ou colonnes diminuait naturellement à chaque étage, et la dernière terrasse, suivant Diodore, reposait sur une seule colonne

(1) Voir Maspero, *Histoire ancienne des peuples de l'Orient,* pp. 381 à 391.

haute de cinquante coudées (près de 25 mètres). Ces jardins étaient arrosés par les eaux de l'Euphrate, que faisaient monter des appareils dissimulés dans l'épaisseur des supports.

On y avait rassemblé les plus belles fleurs, les plus beaux arbres et arbustes de toutes les parties de l'Empire assyrien; qui, dans ce temps-là, s'étendait de la mer Méditerranée à la Caspienne et au golfe Persique. Si la description de Diodore est exacte, l'originalité de cette création consistait dans la disposition des terrasses qui les faisait effectivement paraître suspendues, puisqu'elles reposaient sur des piliers et non sur des massifs pleins, comme dans les jardins pyramidaux ordinaires.

Il ne reste plus trace de végétation sur la colline *Amrou-Ibn-Ali,* emplacement présumé de ces jardins, l'une des sept merveilles du monde. Ce n'est pas là, mais parmi les débris du palais fortifié des rois de Chaldée (celui qui vit le festin de Balthazar et la mort d'Alexandre), qu'il faut chercher le seul arbre encore subsistant dans l'immense étendue des ruines de Babylone, le tamarix qui ne doit jamais mourir, suivant les musulmans *Schiites,* parce qu'il a servi à Ali pour attacher son cheval (1).

Les anciens rois de Perse avaient, dans les régions boisées et montueuses de leurs États, des châteaux et jardins de plaisance nommés *Paradis,* où ils émigraient pendant les grandes chaleurs avec leurs favoris et favorites. Il est fait clairement allusion à cette coutume dans un passage des *Acharniens* d'Aristophane; le rapport burlesque des ambassadeurs athéniens qui reviennent de Perse sans avoir pu remplir leur mission, parce que le grand Roi venait précisément de partir pour plusieurs mois avec l'élite de ses gens, *faire une cure* dans les montagnes (le texte grec est bien autrement énergique). Nous retrouverons la même habitude chez les grands Mogols.

L'Asie-Mineure était renommée pour ses Paradis. L'un des plus beaux, vers l'an 412 avant J.-C., était celui du satrape Tissapherne, à Sardes, auquel se rapporte une curieuse anecdote racontée par Plutarque dans la *Vie d'Alcibiade:* « Ce barbare « Tissapherne, qui aymoit les personnes fines et maulvaises, nomma *Alcibiades* le « plus doux séjour qu'il eust, pour les beaulx jardins, fontaines, bocages et prairies

(1) L'une des descriptions les plus récentes et les plus complètes des ruines de Babylone est celle qui se trouve dans le voyage du Baron de Thielmann, dont nous avons donné une transcription analytique (*Le Caucase, la Perse,* etc.).

« salubres et délectables qui y estoient, le tout accoustré royalement et magnificque-« ment. » *(Plutarque.)*

Cyrus le jeune, non content de rechercher les arbres et les fleurs rares, se plaisait à les planter et à les cultiver de ses propres mains; heureux s'il n'avait eu d'autre passion que celle de l'horticulture (1)!

Fig. 12. — Partie du Jardin indien d'Ondeypoar. — (*Voyez* p. 12.)

Dans ces jardins, comme dans ceux d'Égypte, la ligne droite et la forme rectangulaire dominaient. Ils se composaient d'avenues pavées de larges dalles, bordées de canaux, et se coupant le plus souvent à angles droits. Les intervalles compris entre les avenues étaient plantés de quinconces, ou ornés de parterres, ou occupés soit par des pièces d'eau, soit par des vergers. Quelquefois ils servaient de parcs à des animaux domestiques ou sauvages. Ce type est encore celui des jardins persans et mogols relativement modernes. Au XVIIe siècle, Chardin vit dans toute leur splendeur ceux

(1) Strabon parle avec admiration d'un autre Paradis, créé par les Séleucides en Syrie, et qui existait encore du temps d'Auguste, dans la vallée de l'Oronte. Il n'avait pas moins de neuf milles de circonférence.

d'Ispahan formant douze étages de terrasses, coupées à intervalles réguliers par des canaux, parsemées de bassins avec jets d'eau, de pavillons, de volières dorées; ce *shah* aimait fort les oiseaux! Ces jardins étaient précédés d'une avenue de platanes, longue de trois kilomètres, ayant au centre un canal « dont les rebords étaient si larges que deux hommes à cheval pouvaient y cheminer de front, etc. » Toutes ces beautés sont aujourd'hui aussi délabrées que la monarchie persane elle-même.

Les empereurs Mogols ont laissé, dans toutes leurs provinces, des spécimens remarquables de ces « Paradis » (Fig. 12). Ceux de Delhi étaient, comme on sait, la dernière parcelle de territoire laissée par les Anglais au dernier des grands Mogols. Avant la catastrophe de 1857, ils conservaient encore, malgré leur abandon, quelques vestiges de leur ancienne beauté. On cite aussi le parc impérial d'Agra (Rom-Bagh); les jardins qui entourent le tombeau d'Akbar et le monument funèbre érigé par Shah Jehan à sa favorite (Taj-Mahal); le « jardin des conquêtes », créé par Akbar, près d'Ahmedabad, et dans lequel ce prince, aussi grand éducateur d'arbres que destructeur d'hommes, avait rassemblé toutes les espèces d'arbres fruitiers cultivés dans son empire.

Vers la fin du XVIIe siècle, le dernier des *vrais* grands Mogols, Aureng-Zeb, créa à son tour, près d'Ahmehnagora, pour affirmer la conquête du Deccan, un palais et un parc qui existent encore, Farrah-Bagh.

Les touristes parlent avec admiration de ce parc que les révolutions ont épargné, où des orangers hauts comme nos chênes ombragent une pièce d'eau trois fois grande comme le lac d'Enghien. Quant au palais, il est aujourd'hui occupé par une magnanerie, dont la cheminée à vapeur s'élève et lance insolemment sa fumée parmi les coupoles et les minarets.

Un autre parc, qu'a décrit le voyageur français Thévenot (XVIIe siècle), passait alors pour un des plus beaux de l'Inde : c'était celui qu'avait planté, près de Surate, la belle Rauchen-Arâ, la sœur chérie d'Aureng-Zeb. Il formait un carré parfait, sillonné d'avenues, dont les quatre principales aboutissaient à un pavillon d'habitation à quatre faces, précédées chacune d'un bassin en hémicycle.

Un domaine, encore plus curieux peut-être, était celui de Kajahmahal, sur le Gange, dont nous avons un plan détaillé daté de 1650. Il appartenait à un autre membre de cette famille d'artistes mogols, Shah Soudjâh. Ce plan, reproduit dans l'*Histoire générale des voyages* (t. IX, p. 575), nous offre la figure bizarre d'un palais de plaisance, avec ses jardins et ses dépendances, transformé en forteresse, ou plutôt en agrégation de réduits fortifiés pouvant chacun soutenir un siège. Malgré ces précautions, Shah Soudjâh fut vaincu (et tué, cela va sans dire) par son terrible frère Aureng Zeb, en 1659.

De tous ces jardins des grands Mogols, les plus dignes du nom de *Paradis*, par l'abondance et la pureté des eaux, la beauté de la végétation et des points de vue, sont ceux qu'ils avaient créés dans la fameuse vallée de Cachemire (Fig. 13), sur les bords du lac Dal, et qui existent encore : *Nashîm-Bagh,* le jardin des brises; *Nishât-Bagh,* le jardin d'allégresse; *Shâlâmar-Bagh,* le jardin du roi. Nous ne parlerons ici que du premier, qui est le plus ancien et aussi le plus grandiose. Il se compose d'une série de terrasses plantées, reliées par de majestueux escaliers, et dont la plus basse domine encore le lac d'une quarantaine de pieds. De ce point l'on jouit, au lever du soleil, d'un des effets de réfraction les plus heureux qui existent sur notre planète. On aperçoit, réfléchie avec une intensité extraordinaire dans ces eaux limpides, la plus belle partie de la vallée, avec son double encadrement de collines verdoyantes et de cimes neigeuses.

Fig. 13. — Vue de Cachemire.

Ces despotes mogols avaient, comme Néron, des instincts artistiques; ce n'était pas, par malheur, la seule ressemblance!

Aujourd'hui, de profondes lézardes sillonnent les revêtements des terrasses, les dalles des allées; les marches sont disjointes ou brisées. Mais le merveilleux paysage est toujours là, réfléchi par ce miroir fluide; les arbres, contemporains des jours les plus brillants de cette dynastie, ont continué de prospérer depuis sa chute et ont atteint des dimensions colossales (1).

Nous reproduisons aussi un spécimen de jardin indo-chinois (Fig. 14); c'est un jardin de Siam, avec ses constructions en pilotis.

L'Yémen, ou Arabie dite *heureuse* (surnom contre lequel proteste son histoire)

Fig. 14. — Vue d'un Jardin, à Siam.

était déjà célèbre par ses jardins au commencement du XVIIe siècle. Le voyageur Van den Broek (1614) parle d'un repas qui lui fut servi dans un vaste et magnifiqne jardin, planté d'arbres fruitiers et de fleurs de toute espèce, « avec force filets d'eau et cabinets bien ornés ».

Notre illustre compatriote Botta, l'un des rares Européens qui ont exploré l'Yémen, y trouva sur les bords de la mer, en 1837, « un jardin régulièrement planté, tenu avec une propreté presque anglaise, et décoré de cabanes de diverses formes, très

(1) Nôshim-Bagh est, dit-on, l'œuvre du grand Akbar; les deux autres auraient été créés par son fils, Jehan Guir, et son petit-fils, Shah Jehan. On en trouvera la description dans l'excellent ouvrage de M. Drew, *Jummoo and Kashmir,* dont nous avons publié une traduction libre sous le titre de *Cachemire et Petit-Thibet*.

simplement, mais très joliment construites avec des troncs et des branches de palmiers (1) ».

Les anciens jardins mexicains ressemblent singulièrement à ceux de l'Asie. Les plus remarquables, aujourd'hui détruits, étaient ceux de Tezcotzinco, créés au XVe siècle par le grand empereur de Tezcuco, le *Renard couronné* (Netzahualcoyotl). Ils étaient disposés en terrasses autour d'une montagne porphyrique en forme de cône. Un escalier de 520 marches taillées dans le porphyre et réfléchissant les objets comme des miroirs, reliait ces terrasses et aboutissait à un réservoir supérieur d'où, l'eau, amenée de très loin par un aqueduc gigantesque, retombait en cascades et circulait alternativement en canaux d'étage en étage (2).

Après ces jardins, comparables à ceux de Babylone, on peut citer ceux de Chapoltepec, qui existent encore. Ils couvrent les pentes de la colline de ce nom, et les bords du lac de Tezcuco, en face de Mexico, sur une étendue de quatre milles. On y admire surtout d'énormes cyprès, déjà séculaires à l'époque de la conquête, rivaux de ceux du Généralife et de Scutari. Leur sombre verdure s'harmonise bien avec les souvenirs qu'évoquent ces beaux lieux, habités à trois siècles de distance par deux princes également infortunés et dignes d'un meilleur sort : Montezuma et Maximilien.

Nous reproduisons, ci-après (Fig. 15), un spécimen de jardin oriental, d'après Mayer; sa disposition est gracieuse et bien conforme aux descriptions anciennes et modernes. Il nous semble pourtant que l'eau y est trop ménagée. Nous voudrions des canaux pour accompagner les avenues et les parterres.

Les dessous des bois, les ombres tombant des voûtes élevées des grands arbres, les contrastes d'une lumière éblouissante éclatant brusquement à l'extrémité des parties ombrées, les rayons du soleil se jouant dans les branches, sur les marbres, dans les bassins, dans les gerbes d'eau jaillissantes, les profils des coupoles blanches ou peintes, les flèches dorées scintillant au-dessus de la verdure sombre, dans le bleu intense du ciel, tandis qu'en bas les murs en stuc ou en marbre sont noyés dans l'ombre que cette architecture fleurie semble éclairer, constituaient le décor principal des jardins

(1) *Relation d'un voyage dans l'Yémen*, publiée pour la première fois à part en 1880, par M. Ch. Levavasseur, p. 154. Botta, qui s'est illustré depuis par la découverte des ruines de Ninive, explorait alors l'Yémen en qualité de voyageur naturaliste, pour le compte du Muséum.

(2) Voir, pour plus de détails, l'ouvrage de Prescott *(Introd.*, ch. VI).

orientaux... Seulement, ces méthodes ne peuvent être copiées dans nos contrées où le soleil n'a plus le même éclat, où les ombres sont molles, les teintes de verdure pâles, les horizons gris et les habitudes plus expansives.

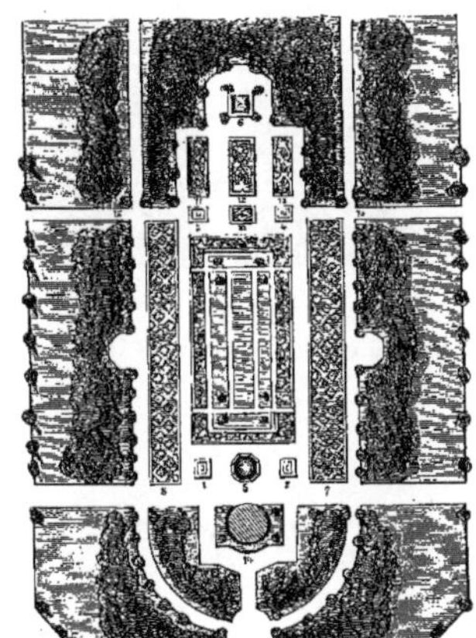

Nos 1 à 4, massifs de fleurs en pyramides; — 5 à 6, fontaines, l'une devant l'habitation, l'autre au fond du jardin, sous des platanes; — 7 et 8, grands parterres à compartiments, dont les côtés les plus longs sont plantés de grenadiers et d'orangers; — 11, 12, 13, trois petits parterres disposés devant la fontaine nº 6; — 14, massif d'arbres et d'arbustes derrière l'habitation, traversé par l'allée qui vient de l'entrée principale; — 15, allée de ceinture plantée de cyprès, et bordée d'un fourré d'arbustes.

Fig. 15. — Jardin de Style oriental. — (*Voyez* p. 15.)

Fig. 16 et 17. — Jardin des Jardins (Yven-Ming-Yven).

JARDINS CHINOIS ET JAPONAIS

N passant des « paradis » de la Grèce, de la Perse, de l'Inde et de l'Égypte à ceux des Chinois et des Japonais, nous entrons en quelque sorte dans un monde nouveau. Nous y trouvons un sentiment non moins vif des beautés de la nature, mais se manifestant tout d'abord d'une façon très différente, par l'imitation. Ces peuples de race jaune nous ont devancés de bien des siècles pour l'invention des parcs irréguliers, comme pour celles de la porcelaine, de la poudre, de la boussole, de l'imprimerie.

Comment leur était venu ce goût des jardins paysagers, c'est ce qu'il n'est pas facile de deviner. Des artistes très compétents voient dans ces jardins une dérivation et comme une continuation *végétale* de l'architecture contournée et capricieuse des Chinois. Nous y verrions volontiers aussi une réminiscence traditionnelle des régions montagneuses habitées par les ancêtres de ces peuples. Les inventeurs des arts et sciences qui apparaissent sous le premier empereur historique (*Hoang-Ti*, souverain jaune, 2698 av. J.-C.), venaient, suivant les écrivains chinois, de la région des monts Kouen-Loun, dont sortent les deux grands fleuves de la Chine, le Hoâng-Ho (fleuve jaune) et le *Yang-Tse-Kiang* (fleuve bleu). De plus, on voit que les princes des plus anciennes dynasties résidaient dans les provinces occidentales voisines de ces montagnes. Là comme ailleurs, mais dans de plus vastes proportions, les émigrants durent descendre en suivant le cours des fleuves et de leurs affluents, et se répandre comme eux dans différentes directions, à mesure que les terrains inférieurs formés par les terrains d'alluvion devenaient habitables.

Cette coutume, si générale chez ces populations émigrées, de reproduire autour de leurs demeures une image réduite des montagnes dont leurs aïeux étaient venus, pourrait bien aussi avoir eu, à l'origine, un caractère religieux, et se rattacher au culte des ancêtres.

On a des renseignements fort anciens, mais fort hyperboliques aussi, sur la magnificence et l'étendue des parcs impériaux. Suivant le *Livre sacré des Annales*, un des principaux griefs allégués contre Cheou-Sin, espèce de Sardanapale chinois (1122 av. J.-C.), était ses dépenses excessives en maisons de plaisance. On lui reprochait, il est vrai, bien d'autres peccadilles, comme de « faire mettre en broche et rôtir les gens de bien. » Nous n'entrerons pas — de peur de n'en jamais sortir — dans les parcs légendaires des anciens empereurs chinois, parcs qui auraient eu trente et jusqu'à cinquante lieues de tour, et trente mille jardiniers!!! Mieux vaut arriver de suite à ceux des empereurs de la dynastie tartare (actuellement régnante), sur lesquels nous avons des renseignements plus positifs.

Le « Jardin du printemps perpétuel » *(Chun-Chang-Yen)*, créé dans les environs de Pékin, par Kang-Hi, le Louis XIV de cette dynastie, a été décrit *de visu*, en 1690, par le P. Gerbillon, jésuite.

« Ce palais, dit-il, est situé entre deux grandes pièces d'eau, l'une et l'autre couronnées presque entièrement de petites hauteurs formées de la terre qu'on a tirée pour creuser les pièces d'eau. Toutes ces hauteurs sont plantées d'abricotiers, de pêchers, etc... Les Chinois, dit-il encore, font consister la beauté des maisons de plaisance et des jardins, dans une grande propreté, et dans certains morceaux de rocailles extraordinaires qui aient l'air tout à fait sauvage... Ils aiment surtout les petits cabinets (pavillons) et les petits parterres fermés par des haies de verdure qui forment de petites allées... (Les jardins sont) le goût général de la nation. Les riches y font une dépense considérable. Ils épargnent bien moins l'argent pour un morceau de vieille roche qui ait quelque chose de grotesque ou d'extraordinaire, comme d'avoir plusieurs cavités ou d'être percé à jour, que pour un bloc de jaspe ou une statue de marbre. »

Le « Jardin des Jardins » *(Yven-Ming-Yven)*, saccagé en 1860, avait été commencé

Fig. 19 et 20. — Jardin des Jardins.

en 1723 par l'empereur Yout-Ching, et terminé par son fils Kien-Long. Cette œuvre a une grande importance dans l'historique des parcs et jardins. Aussi nous reproduisons en partie la fameuse description d'Attiret (1743), et plusieurs des principales scènes de ce parc (Fig. 16, 17, 19, 20), d'après des peintures chinoises de la même époque qui se trouvent à la Bibliothèque nationale *(aux Estampes)*.

Attiret, artiste de talent, était entré dans l'ordre des Jésuites, comme frère convers, et ne voulut jamais sortir de cette humble situation. Il fut envoyé en Chine par ses supérieurs, et y resta jusqu'à sa mort (1770), attaché comme peintre au service de l'empereur, (office qui n'était rien moins qu'une sinécure, comme on le voit par sa correspondance, et qu'il exerçait littéralement pour l'amour de Dieu). Il parle avec admiration du *Jardin des Jardins*, « où presque partout il règne, dit-il, un beau désordre, une anti-symétrie rustique et naturelle... Dans un vaste terrain, l'on a élevé à la main de petites montagnes, hautes de vingt à soixante pieds, et qui forment une infinité de vallons. Des canaux d'une eau claire arrosent le fond de ces vallons, et vont se joindre en plusieurs endroits pour former des bassins. On parcourt ces canaux et ces bassins sur de magnifiques barques. J'en ai vu une de treize toises de longueur et quatre de largeur, sur laquelle était un superbe pavillon. Dans chacun de ces vallons, sur le bord des eaux, sont des bâtiments parfaitement assortis de plusieurs corps de logis, de cours, de galeries ouvertes et fermées (comme dans la Fig. 16), de parterres, de cascades, etc., ce qui fait un assemblage dont le coup d'œil est admirable. On sort d'un vallon par des circuits ornés de petits pavillons, de petites grottes, à l'issue desquels on retrouve un second vallon tout différent du premier, soit pour la forme du terrain, soit pour la structure des bâtiments. Les collines sont couvertes d'arbres à fleurs; les canaux, bordés tout rustiquement avec des morceaux de roche dont les uns avancent, les autres reculent, et qui sont comme l'ouvrage de la nature. Les bords sont semés de fleurs qui sortent des rocailles; chaque saison a les siennes. Outre ces canaux, il y a partout des sentiers, pavés de tout petits cailloux, qui conduisent d'un vallon à l'autre.

« Arrivé dans un vallon, on aperçoit les bâtiments (Fig. 17). Toute la façade est en colonnes et en fenêtres; la charpente dorée, peinte, vernissée; les murailles de briques grises, bien taillées, bien polies. Les toits sont couverts de tuiles vernissées, rouges, jaunes, vertes, etc., qui, par leur mélange et leur arrangement, font une agréable variété de compartiments et de dessins. Ces bâtiments n'ont presque tous qu'un rez-de-chaussée, quelques-uns un étage. On y monte par des rochers, qui semblent être des degrés naturels... Au-devant on a placé, sur des piédestaux de marbre, des figures en bronze et des urnes pour brûler des parfums. Chaque vallon a sa maison de plaisance.

« Les canaux sont coupés, de distance en distance, par des ponts de briques, des pierres de taille ou de bois. Du reste, ils sont toujours différents pour la construction; il en est qui vont en tournant ou en serpentant. On en voit qui ont de petits pavillons de repos soutenus par des colonnes (Fig. 19); d'autres ont aux deux bouts des arcs de triomphe... »

« J'ai dit plus haut que les canaux vont se décharger dans des bassins. Il y a un de ces bassins qui a près d'une demi-lieue de diamètre en tous sens, auquel on a donné le nom de mer; c'est un des plus beaux endroits (Fig. 19). Il y a sur les bords de grands corps de logis séparés par des canaux ou par des montagnes. Les bords de ce charmant bassin sont variés à l'infini; aucun endroit ne ressemble à l'autre. » Attiret cite encore les enclos pour la chasse, les ménageries, les « cages et pavillons moitié dans l'eau et moitié sur terre » (comme les deux qu'on voit sur le devant dans la fig. 19); les réservoirs entourés d'un treillis de cuivre pour les poissons, etc. Il décrit aussi la petite ville située au centre du parc, « destinée à faire représenter par les eunuques, plusieurs fois l'année, pour l'amusement de l'Empereur, tout le commerce, le tracas, le mouvement et même les friponneries d'une grande ville. »

Au milieu de cette « mer intérieure », comme l'appelaient pompeusement les Chinois, s'élevait une île rocheuse supportant un vaste pavillon ou plutôt un palais en miniature, d'où l'on dominait l'ensemble du parc (Fig. 17).

Cette description eut en Europe un retentissement que son modeste auteur ne prévoyait guère. Elle y fit un grand nombre de conversions... au système des jardins irréguliers. Sa véracité, naguère contestée, a cessé de l'être depuis que nous connaissons la Chine. Attiret avait même omis quelques détails qui auraient paru incroyables, comme les toits à bords relevés et frangés de sonnettes, et les îles flottantes, dont les habitants de Cachemire et les anciens Mexicains connaissaient aussi l'usage. La seule chose qu'on puisse lui reprocher, c'est un peu trop d'enthousiasme; lui-même convient qu'il subissait à la longue l'influence du goût chinois. En réalité, ces imitations des sites pittoresques ne sont souvent que des réductions étriquées, tourmentées. Les Chinois en agissent avec les rochers, les arbres, les ruisseaux, etc., comme avec les pieds de leurs femmes. Les scènes du « Jardin des Jardins » et autres trahissent une préoccupation constante de donner aux objets de toute nature une apparence baroque, exceptionnelle. On y trouve, par exemple, des ponts à arches carrées, et, par contre, des portails complètement ronds. Les arbres portent des traces visibles de mutilations, de déformations calculées pour modifier leur forme naturelle, et aussi pour obtenir des fleurs plus grandes et en plus grande quantité. Ces chinoiseries paysagères sont à la grande nature ce que les acrostiches sont à la poésie.

Avec cette esthétique singulière, les Chinois ne sauraient goûter le style régulier, ni pour les bâtiments, ni pour les jardins. « Lorsqu'ils voient, écrivait Attiret, des estampes de nos édifices, ces grands corps de logis les épouvantent. Nos étages surtout leur paraissent insupportables : Il faut, disait l'empereur Kang-Hi, que l'Europe soit bien petite, bien misérable, puisqu'il n'y a pas assez de terrain pour étendre les villes et qu'on est obligé d'y habiter en l'air. » Cependant son petit-fils, Kien-Long, eut, dans la dernière partie de son règne, la fantaisie de faire faire quelques essais d'imitation de ces palais, de ces jardins français si vantés. Les Jésuites plantèrent à Pékin même des avenues droites qui subsistent encore. Le palais dit de la *Mer sereine*, ses jardins, ses terrasses et ses jeux hydrauliques, exécutés sous leur direction, offraient un amalgame curieux et nullement déplaisant des styles français et chinois. On cite surtout une ingénieuse combinaison d'horloge hydraulique, composée de douze figures d'animaux fantastiques disposés autour d'un bassin : le nombre des jets émis à la fois correspondait à celui des heures.

Fig. 21. — Jardin japonais (d'après un Dessin original).

Les jardins japonais ressemblent fort à ceux de la Chine, comme on en peut juger par la reproduction du dessin d'un artiste indigène (Fig. 21).

La disposition de ce jardin est tout à fait conforme aux descriptions rapportées de ce pays, à deux siècles d'intervalle, par Kæmpfer et par M. de Hübner : « Une partie du jardin, écrivait Kæmpfer en 1691, est pavée de pierres de diverses couleurs qu'on prend dans les rivières, ou sur le bord de la mer. Le reste est couvert de gravier, que l'on nettoie soigneusement. Dans toutes les autres parties, il règne une apparence de désordre, qui est d'un agrément infini. Les plus grandes pierres occupent le milieu, et forment une allée. Des fleurs, entre lesquelles il y en a toujours quelqu'une de rare, sont disposées d'espace en espace. A l'un des coins, un petit rocher, parfaitement imité, orné de figures d'oiseaux et d'insectes de métal, offre une cascade formée par un petit ruisseau. Il est accompagné d'un petit bois, composé d'arbres qui peuvent croître les uns près des autres. Les arbres sont d'autant plus estimés qu'ils sont plus vieux, plus tortus et plus difformes, etc. »

M. de Hübner a vu de même, en 1871, « de petits jardins où de petits filets d'eau forment de petites cascades, plantés de petits chênes, de petits sapins tourmentés, lacérés, tordus, selon le goût du pays. De petits ponts, consistant en une seule pierre, sont jetés sur des torrents artificiels. Le goût, certes, est contestable, et le dessin a je ne sais quoi d'enfantin. Il y a pourtant là de l'imagination, et les proportions sont harmonieuses. Si de votre balcon vous plongez le regard dans un de ces jardins, il vous fait l'effet d'un parc. Mais voici une jeune fille qui passe, et elle est plus haute que ce vieux cèdre. Tout cela n'est qu'un joujou, mais un joujou charmant » (1). Toutefois, les Japonais paraissent savoir faire, mieux que les Chinois, du paysage grand comme nature, quand l'espace le permet. M. de Hübner cite avec éloge les jardins du château de plaisance des Shoguns, *Homagaten* ou *Palais de la Plage*, situé sur le bord de la mer, près d'Yeddo. « Le château a été gauchement *européanisé;* mais le parc est resté japonais. De magnifiques arbres, des terrasses, de petits lacs artificiels, de petits promontoires, des ponts jetés sur les criques, le terrain naturellement et artificiellement accidenté, et, entre les arbres, l'horizon de la mer; partout la solitude et le silence. » Il signale encore plusieurs parcs de Daïmios, d'un très beau caractère, et n'offrant rien, ou presque rien d'étriqué et de contourné. Bien que sujets aux mêmes aberrations de goût que les Chinois, les Japonais semblent doués de plus hautes aptitudes artistiques. Ils l'ont bien prouvé à l'Exposition française de 1878.

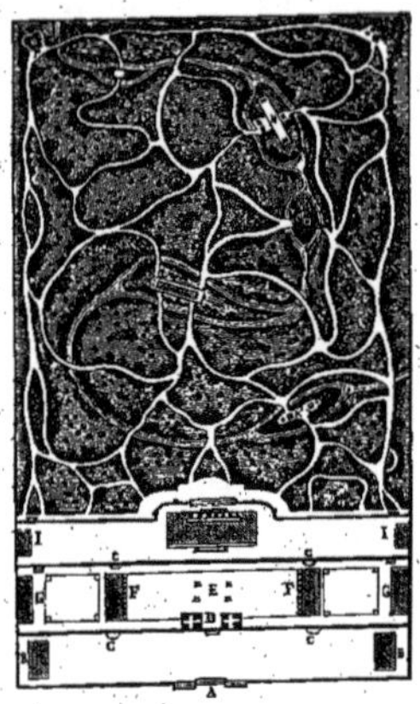

Fig. 22. — Plan d'un Domaine chinois.

A. Entrée par un arc de triomphe dans l'avant-cour. — B. Casernes. — C. Jets d'eau. — D. Grande porte pour la réception des gens de qualité. — E. Quatre urnes pour brûler des parfums dans la cour intérieure. — F. Logement des principaux officiers. — G. Logements des domestiques. — H. Demeure du mandarin. — I. Logement de ses femmes. — K. Arc de triomphe dans une île. — L. Salle de bain et de collation dans une autre île. — M. Pavillon d'été sur une hauteur formant une troisième île. — N. Bâtiment pour tirer de l'arc; quatrième île. — O. Monument religieux. — P. Pavillon de fleurs.

Nous croyons utile, au point de vue technique, de reproduire le plan d'un domaine chinois non impérial (Fig. 22), mais pourtant d'une certaine importance, situé dans les environs de Pékin. C'était, comme on va le voir, l'habitation d'un mandarin militaire, et qui ne s'épargnait pas les arcs de triomphe avant la guerre de 1860.

(1) *Promenade autour du Monde*, I, 429. Suivant les annales des empereurs du Japon, le goût pour les fleurs commença dans ce pays au printemps de l'an de J.-C. 812, époque où le Daïri alla au jardin de la Source des Génies *(Sin-Yeu-Sin)*, contempler des fleurs et faire des vers.

Par le tracé des eaux et des allées, comme par la multitude de ponts, d'îles et de kiosques, ce parc ressemble encore d'une manière frappante aux premiers jardins irréguliers d'Europe, dits *anglo-chinois*.

Fig. 23. — L'Ile d'Or, Yang-Tse-Kiang.

Fig. 24. — Restauration du Capitole, à Rome.

JARDINS ROMAINS

Nous ne savons rien de l'horticulture romaine primitive : Cincinnatus et Caton l'Ancien avaient des fermes, des potagers, et non des parterres et des villas. Mais, après la ruine de Carthage, la conquête de la Grèce et de l'Asie, « tout homme riche eut des jardins ». C'était en quelque sorte le complément de son luxe; comme une seconde galerie, où il réunissait les objets d'art achetés, conquis ou volés dans les provinces étrangères. On vantait « les belles allées à se promener » de Lucullus, autant que ses livres, ses tableaux, ses statues, et même que ses dîners. « Tellement, dit Plutarque qui vivait dans le siècle suivant, qu'aujourd'hui que la superfluité a pris un si grand accroissement, encore compte-t-on les jardins que fit faire Lucullus entre les plus somptueux et les plus délicieux qu'aient les empereurs. »

Cet éloge s'appliquait surtout à ceux qui couvraient la colline où s'élève aujourd'hui la villa Médicis (Monte Pincio), et à la villa du cap Misène, point « d'où l'on jouit, dit M. Reclus, d'une des vues les plus vantées de la planète. » Cette villa avait d'abord appartenu à Marius, mais Lucullus l'avait fort embellie. Réunie dans la suite au domaine impérial, elle fut le théâtre de la mort mystérieuse de Tibère. Parmi les autres jardins déjà célèbres avant la fin de la République, il faut citer d'abord, à Rome même, ceux de Salluste, de Pompée, de César et d'Antoine; puis ceux de Catulle à Tibur et à Sermione sur le lac de Garde; ceux de Cicéron à Tusculum et à Pouzzoles, etc.

Fig. 26. — La Casa di Sallustio, à Pompéi. (Restauration.)

Les plus importants de ces jardins, bien qu'ayant depuis longtemps et souvent changé de maîtres, étaient cependant toujours désignés par les noms de ceux qui les avaient créés. « Il semblait que ce fût pour eux un titre de gloire qu'on craignait de leur ravir. » Les jardins de Salluste, par exemple, portaient encore son nom trois siècles après sa mort. — Ces oasis de verdure, également propices aux plus graves entretiens et à des conversations d'un genre tout différent, étaient très recherchées. Ce n'était pas toujours la sagesse qui prévalait sous les voluptueux ombrages de Baïa (Fig. 29), où déjà, avant Auguste, on se disputait le terrain jusque dans la mer. Du cap Misène au lac Averne, la contrée entière était le plus charmant des jardins.

Après la chute de la République, cette passion des jardins tourne à la monomanie. « Non contents d'avoir transporté la campagne à la ville, les Romains la mettent sur la ville même, en installant sur les terrasses non seulement des parterres et des arbustes à fleurs, mais de grands arbres et des bassins assez larges et assez profonds pour porter bateau. Dans tout le Latium, les villas avaient « écrasé les moissons sous leurs pieds de marbre (1) », si bien que « plusieurs millions d'hommes

(1) A. Dumas, *Caligula.*

avaient faim comme un seul », quand les vents retardaient l'arrivée des blés d'Égypte ou de Sicile. La résidence favorite de l'aristocratie romaine, pendant les grandes chaleurs, était toujours Baïa, « l'hôtellerie des vices » *(vitiorum diversorium)*, suivant Sénèque. « Non-seulement, dit-il, on y fait le mal, mais on s'en vante (1). Aussi j'en suis reparti dès le lendemain, ne me souciant pas plus de demeurer dans un lieu de débauche, que dans un lieu de torture. » Baïa, au reste, était l'un et l'autre. Pompée, Lucullus, César, Tibère y avaient habité, puis Agrippine et Néron. Les ruines des thermes, des mystérieux réduits qu'on y entrevoit encore, à demi submergés, gardent avec les flots, leurs vieux complices, d'étranges secrets du passé! Néron, surtout, aima les jardins jusqu'à la rage. Il tenait cette passion (et bien d'autres) de sa mère, qui jadis avait fait périr l'opulent Statilius Taurus, sous prétexte de magie, mais en réalité pour s'emparer de ses jardins. Après l'incendie de Rome, Néron fit construire sur l'emplacement d'une partie des quartiers détruits un nouveau palais plus beau que l'ancien, et planter un parc encore plus extraordinaire que le palais, s'il faut en croire Tacite et Suétone. On y trouvait des vignobles, des moissons, des pâturages, des enclos contenant du gibier de toute espèce, des bains de mer et d'eau douce, et une vaste salle à manger en forme de rotonde, renfermant des tables servies nuit et jour. Il est probable que ces champs, ces enclos et le reste, étaient compris dans les intervalles des avenues.

Fig. 27 et 28. — *Viridaria*, d'après des Peintures murales de Pompéï, formant des Retraites ornées de Statues, de Fontaines, etc. (D'après la *Vie antique*, page 287.)

En dépit des convulsions volcaniques du sol, des ravages et de l'abandon des hommes, les environs de Baïa, ces Champs-Élysées de l'ancienne Rome, conservent

(1) *Luxuria non tantum peccat, sed publicat.* (Ep., LI.)

encore un attrait indéfinissable. « Ils sont, dit de Brosses, comme ces vieilles beautés qui, sur un visage tout ruiné, laissent encore deviner la trace de leurs anciens agréments. » Nulle part la nature ne s'entend mieux à parer, à enguirlander les ruines, que sur ce rivage, éternel enchantement des artistes et des poètes (Fig. 29).

A l'époque de Domitien, Stace nous donne dans les *Silves* des détails curieux, et

Fig. 29. — Vue actuelle du Golfe de Baïa.

rarement cités, sur les villas de deux de ses amis, Vopiscus et Pollius Félix, situées l'une à Tibur, l'autre à Sorrente (Fig. 30). Celle de Vopiscus était entre deux des cascades de l'Anio, dont le bruit n'arrivait à l'oreille que comme un doux murmure. « Dans toutes les chambres, dit le poète, on avait la compagnie des Nymphes » ; ce qui veut dire chastement et simplement, que l'eau de l'Anio et de ses affluents y était amenée par des conduits. L'habitation avait vue d'un côté sur la rivière, dont on pouvait, des yeux, suivre fort loin le cours, en amont et en aval ; de l'autre, sur des massifs d'arbres séculaires. L'un de ces arbres, qui se trouvait à la place même où l'on bâtissait la maison, avait été religieusement conservé dans la cour intérieure, et projetait ses rameaux verdoyants au-dessus des toits et à travers les portiques. « Tout autre propriétaire, dit Stace, eût abattu sans pitié cet arbre magnifique. Aussi l'Hamadryade reconnaissante (1) réserve de longs jours à Vopiscus! »

Il n'est pas facile de ressaisir des détails techniques dans cette poésie ondoyante et ampoulée. On croit pourtant comprendre que les jardins s'étendaient en terrasses sur les deux rives de l'Anio, entre lesquelles la communication se faisait au moyen d'un bac. Ils étaient sillonnés de ruisseaux, dont l'un, arrêté au passage pour le service des thermes, allait ensuite « réchauffer les Nymphes de l'Anio ». Vénus même avait présidé à l'établissement de cette retraite; elle y avait laissé le parfum de sa chevelure et *consigné* quelques-uns de ses Amours :

Fig. 30. — Vue de Sorrente.

Et volucres vetuit discedere natos.

La villa de Sorrente (Fig. 30) avait exigé de plus grands travaux. C'était originairement un terrain aride, d'un accès difficile, sans autre attrait que la beauté de la vue sur le golfe. Il avait fallu tout créer, rapporter des terres, niveler le sol, etc. La description de l'établissement de ce jardin régulier ne manque pas d'élégance. « Il y avait un rocher, là où vous ne voyez plus qu'une surface plane; de maigres broussailles, à la place qu'occupe aujourd'hui l'habitation. Par contre, voici des futaies, là où il n'y avait pas même de terre, etc.

Mons erat hic, ubi plana vides : hæc lustra fuerunt,
Quæ nunc tecta subis. Ubi nunc nemora ardua cernis,
Hic nec terra fuit. Domuit possessor, et illum
Formantem rupes, expugnantemque secuta
Gaudet humus... (Silv., II, 2, v. 54 et suiv.)

(1) Celle dont l'existence était attachée à celle de l'arbre.

Stace ajoute que l'horizon de ce golfe incomparable était habilement répar entre toutes les chambres. Chacune avait sa vue particulière, encadrée de verdur Les jardins descendaient en terrasses vers la mer, et aboutissaient à une criqu profonde et toujours calme, abritée du côté du large par une ceinture de rocher Cette agréable retraite était encore embellie « par la présence d'une nymphe d'ea douce accourant au-devant de l'onde amère », c'est-à-dire par un ruisseau d'eau vive. Plusieurs traits de cette description semblent se rapporter à l'un des plus délicieu réduits qu'offre cette côte : le port en miniature dit *Bain de Diane*. Nous y retro vons notamment la « Nymphe d'eau douce qui vient se réunir à la mer », et fa même maintenant un beau saut pour la rejoindre, car elle y tombe en cascade d'u assez grande hauteur.

Il est intéressant de comparer cette description avec celle d'une autre villa mari time à peu près de la même époque, la *Laurentina*, de Pline le Jeune, amateu insatiable de jardins, comme on sait. Celle-là était dans une situation moins pitto resque, mais plus voisine de Rome, et d'un accès plus facile sur la plage. Aussi avait fallu planter du romarin au lieu de buis, du côté de la *Gestatio* (allée d ceinture), exposé à recevoir l'écume des vagues, et le jardin était composé prin cipalement de mûriers et de figuiers, arbres qui supportent bien le voisinage d la mer.

Pline possédait dans son pays natal, sur les bords du lac de Côme, deu autres villas auxquelles il a consacré une de ses plus jolies lettres. « Chacune a so caractère et son charme particuliers. L'une, que j'appelle ma *Tragédie*, est majes tueusement campée sur un promontoire entre deux golfes, et domine tout le lac. L'autre, ma *Comédie*, est au contraire tout à fait sur le bord. De l'une je suis au loin les évolutions des pêcheurs; dans l'autre, je puis moi-même pêcher de ma chambre, et presque de mon lit. » (Ép. IX, 7.)

Mais sa villa favorite était celle qu'il possédait dans la région du haut Tibre (Fig. 31). L'habitation était sur une hauteur isolée, au milieu d'un vaste amphithéâtre de montagnes boisées, de vignes, de prairies et de cultures, dans lequel on n'apercevait pas le moindre rocher; détail sans doute essentiel pour constituer un paysage accompli dans les idées de Pline, qui ne sont plus les nôtres. La propriété était entourée de murs que dissimulaient des palissades de bois et de lauriers, le tout disposé en contre-bas, de manière à dégager de toutes parts la vue des alentours. Elle renfermait de nombreux spécimens de sculpture végétale. Ce genre de décoration, mis à la mode du temps d'Auguste par un amateur nommé Matius, avait singulièrement développé l'art ou l'industrie des jardiniers *topiaires,* tondeurs ou ciseleurs d'arbustes. Pline montrait avec orgueil à ses hôtes, des parterres à compartiments formant diverses figures de géométrie; des buis façonnés en boules, en lettres composant des mots entiers, tantôt le nom du propriétaire, tantôt celui de l'ouvrier; en animaux de grandeur naturelle se faisant vis-à-vis. Ces tours de force puérils étaient déjà un signe de décadence. L'une des parties les plus intéressantes de ce parc était l'hippodrome, grand parallélogramme coupé d'un bout à angles droits, et aboutissant de l'autre à un labyrinthe en hémicycle terminé par une plantation de cyprès. Les deux grands côtés étaient bordés de platanes que reliaient entre eux des festons de lierre, genre de décoration fort heureusement imité de nos jours dans l'avenue de la fontaine de Médicis, au Luxembourg (1).

Fig. 31. — Villa de Pline, d'après une Restauration, par Schinkel (*Voyez* p. 30).

(1) Les labyrinthes plantés, déjà connus des Grecs, étaient une dérivation des labyrinthes *bâtis* d'Égypte et de Crète.

Ces jardins étaient encore remarquables par l'abondance et la beauté des eaux, et par la singularité de certains jeux hydrauliques. Pline était surtout fier d'une pièce de marbre sculpté figurant un de ces lits de joncs tressés qui servaient pour les repas *(stibadium)*. L'eau, jaillissant de la partie inférieure du *stibadium*, comme sous la

Fig. 32. — Vue actuelle de la Villa Adriana, près Tivoli.

pression des convives, retombait dans un bassin. Ces artifices mécaniques et ceux de sculpture végétale n'ont été que trop souvent reproduits dans les temps modernes.

Ces descriptions des villas et jardins de Pline sont si détaillées, si précises, que Scamozzi, Félibien, et d'autres artistes habiles, ont pu en recomposer des plans assez vraisemblables.

La colossale *villa Adriana* (Fig. 32), édifiée quelques années après, était bien en effet une *ville* de plaisance, ou plutôt une ville-musée. Cet empereur-artiste y avait rassemblé des reproductions des sites et des monuments les plus fameux de l'empire.

On y voyait un théâtre grec, un théâtre latin, des imitations grandes comme nature du Pœcile, du Lycée, de l'Académie, de la vallée de Tempé; une Naumachie, des temples de différents pays et de différentes formes; les Enfers même n'y étaient pas oubliés. C'était, dans un périmètre de dix milles, la concentration des merveilles du monde connu. Mais, en ce monde, « les plus belles choses ont le pire destin »;

Fig. 32. — Restitution d'un Intérieur d'une Villa romaine; au fond le Jardin.

celle-là n'a pas échappé à cette loi inflexible. Pillée par les Empereurs de la décadence, saccagée par les rois barbares, ou, pour comble d'opprobre, habitée par eux; ensanglantée pendant les guerres civiles du moyen âge, transformée en carrière pour la construction du moderne Tivoli, la villa d'Adrien a subi, sous toutes les formes, les caprices destructeurs de l'homme, plus redoutables que ceux du temps. Mais il y avait là une telle accumulation de richesses artistiques, qu'on n'a pu ni tout enlever ni tout anéantir. Les fouilles pratiquées sur cette colline nous ont restitué bien des restes précieux de l'art antique, à commencer par la Vénus de Médicis. Aujourd'hui encore, l'emplacement si bien choisi par Adrien fournit de beaux sujets d'étude aux paysagistes, avec ses perspectives d'une mélancolie grandiose sur les montagnes et la campagne romaine; ses arbres séculaires, cyprès, yeuses, pins parasols, dont les racines s'enlacent peut-être à des chefs-d'œuvre encore inconnus.

Dans sa correspondance, Sidoine Apollinaire parle de plusieurs villas gallo-romaines considérables qui, par conséquent, existaient encore dans la seconde moitié du ve siècle; il était temps de les décrire (Fig. 32)! Ce qu'il en dit prouve l'incurable frivolité de cette aristocratie dont les jours étaient comptés. Dans son œuvre poétique, plusieurs pièces sont des dithyrambes en l'honneur des villas de ses amis. On y trouve çà et là, parmi bien des traits emphatiques et de mauvais goût, un sentiment délicat et profond des beautés de la nature.

On voit, par ces diverses descriptions, que les Romains n'employaient qu'un nombre assez restreint d'espèces d'arbres, d'arbustes et de fleurs. Ils n'avaient guère dans leurs jardins, en fait d'arbres, que des platanes, des peupliers, des mûriers, des figuiers, des cyprès, des pins parasols. Leur fleur favorite était la rose, mais ils ne connaissaient que celles qui fleurissent une fois l'an, sauf une seule variété remontante, celle de Pœstum.

Néanmoins les grands amateurs trouvaient moyen d'avoir des roses toute l'année, en collectionnant les variétés de l'Asie, de la Grèce et de l'Italie, depuis les plus hâtives jusqu'aux plus tardives. L'une des plus estimées était la rose à cent feuilles, aujourd'hui trop dédaignée. Les jardiniers romains dissimulaient les tiges épineuses des rosiers en les mêlant aux lauriers, dont les roses semblaient un produit nouveau.

Les Romains affectionnaient aussi les violettes, les pervenches, les pavots, les lis. Pline l'Ancien donne une recette pour obtenir des lis d'un rouge pourpre avec de la lie de vin. On voit aussi dans cet écrivain (XIX, 5) que ses contemporains connaissaient l'usage des serres vitrées en talc. Sénèque dit également (*Ép.* 122) qu'on faisait violence à la nature en faisant éclore des fleurs en plein hiver, *fomento aquarum calentium;* ce qui signifie au moyen d'eau chaude circulant dans des conduits, et non pas en arrosant les plantes avec cette eau, comme l'ont cru quelques latinistes peu pratiques.

On faisait aussi, dans les jardins, un grand usage de l'acanthe, notamment au pied des lits ou bancs de gazon, où ces feuilles molles, épaisses et rampantes, formaient une sorte de tapis naturel. Cette plante était évidemment une de celles que les sculpteurs et les architectes avaient constamment sous les yeux.

Tous les documents prouvent que chez les Romains l'œuvre du jardinage était subordonnée à la partie monumentale. Les architectures et sculptures végétales des *topiaires* étaient conçues dans un système régulier, mais non rigoureusement symétrique, de même que les constructions qu'elles encadraient et continuaient, pour ainsi dire, en plein air. On voit notamment, par les descriptions de Pline, que les formes extérieures des édifices étaient souvent subordonnées à leur destination aux dépens de la symétrie, et que « cette élasticité dans l'ordonnance des bâtiments se retrouvait dans les lignes du jardin. »

Fig. 33. — Buste de Néron étant jeune.

Fig. 34. — Château et Jardins de Blois, d'après Du Cerceau. (*Voyez* p. 62.)

JARDINS DU MOYEN AGE

Les jardins de l'aristocratie romaine avaient dispar avec elle sous les pas des barbares. Toutefois, la tra-dition n'en fut jamais complètement interrompue. O en retrouvait la trace autour de certaines villas méro-vingiennes, et surtout dans les préaux des cloîtres (Fig. 36). L'horticulture utile fut conservée et même poussée à un haut degré de perfection dans les grandes abbayes d'Italie, d'Allemagne, des Gaules, refuge des lettres et des arts. Parmi les jardins mérovingiens, le plus célèbre est le verger de Childebert, situé sur la rive gauche de la Seine, en aval du palais des Thermes. Fortunat a célébré ses allées couvertes de treilles, ses rosiers, ses pommiers, qui donnaient, comme de raison, les meilleurs fruits du monde, ayant eu l'honneur d'être greffés de la propre main du roi.

D'après toutes les descriptions des jardins de cette époque, on aperçoit facilemen que les idées de beauté et d'agrément en ce genre étaient, dans l'esprit du temps inséparables de la symétrie. Ainsi l'ordonnance du « jardin tout vert », où siègent *Déduict* et sa cour dans le roman de la *Rose,* est absolument régulière en tout ce qui concerne la plantation et la distribution des eaux,

Sans barbelottes et sans raines.

On y entend, il est vrai, « les oisillons, faisant dans les buissons bien sentans

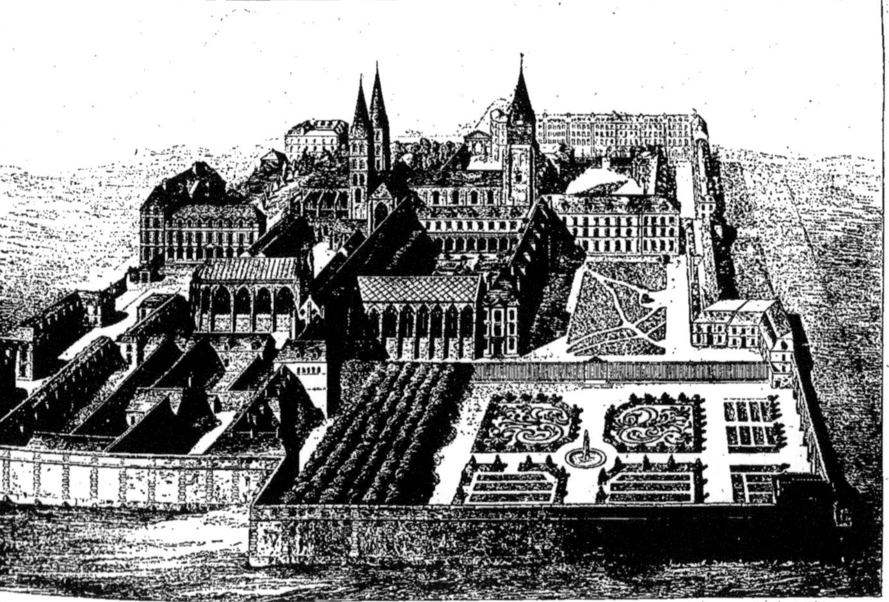

Fig. 36. — Vue de l'Abbaye de Saint-Germain-des-Prés, avec ses Jardins. — (D'après Albert Lenoir.)

une musique qui pouvoit oster tout deuil. » On voit les daims et les chevreuils folâtrer sous les grands arbres; les lapins, hôtes assez compromettants d'un parc régulier,

. . . . yssir de leurs tanières
En moult de diverses manières.

Mais la tenue des jardins où ces ébats ont lieu n'en est pas moins correcte. Les fleurs « odorantes et de haut prix » sont réparties en compartiments; on a choisi de préférence les blanches et les rouges, comme « plus franches sur toutes autres », et plus propres à dessiner nettement les contours. Les arbustes sont taillés en murailles de verdure, les arbres de toute espèce régulièrement plantés et alignés. La régularité domine pareillement dans l'Éden du *Décaméron,* calqué, dit-on, sur le jardin d'une villa italienne du temps. Des allées droites, couvertes de tonnelles, y rayonnaient d'un point central, occupé par une fontaine monumentale, d'où l'eau s'épanchait en « branches admirablement tracées », etc.

Sauval a recueilli des détails curieux sur les jardins royaux du XIVe siècle en France, et spécialement sur ceux de l'hôtel Saint-Paul, évidemment fort négligés pendant les troubles qui suivirent le désastre de Poitiers. L'influence de l'administration réparatrice de Charles V s'étendit aux potagers et vergers royaux. Il fit faire, entre autres, dans celui de Saint-Paul (Fig. 38) une plantation de cerisiers qui lui coûtèrent « cinq sous le cent », sans doute sur l'emplacement qu'occupe aujourd'hui la rue de la *Cerisaie.* Charles VI renouvela les vignes qui garnissaient les treillages des allées de promenade, et les tonnelles crénelées et fleurdelisées dont la rue *Beautreillis* conserve encore le souvenir. Mêlant l'agréable à l'utile, il planta non-seulement des arbres à fruits, mais force roses et lis, et « huit lauriers verts achetés sur le Pont-au-Change ». C'était évidemment, à l'époque de ces travaux (1398), une importation toute nouvelle et de grand luxe à Paris. Bien des souvenirs historiques se rattachent à ces jardins de l'hôtel Saint-Paul. Ce fut sous ses treillis que Charles VI, le lendemain de l'entrée solennelle de sa femme dans Paris, reçut une députation de notables, costumés en ours et en licornes. Ces aimables bêtes fauves apportaient au jeune couple le don de joyeuse entrée, des plats et hanaps d'or et d'argent, que le roi daigna trouver « biaux et bien ouvrez ». Isabeau de Bavière était

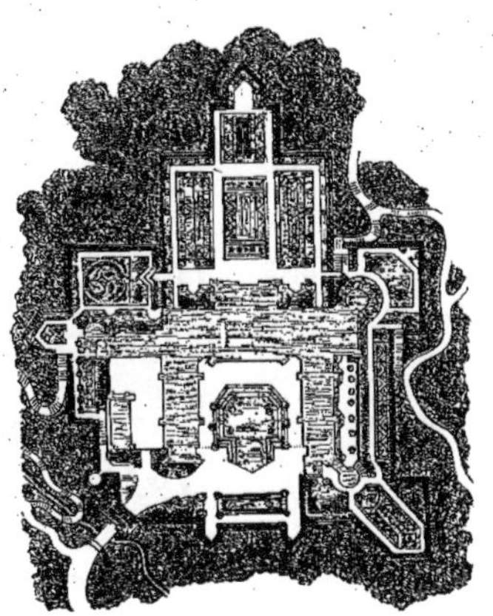

Fig. 37. — Projet d'un Jardin gothique, d'après Mayer (1).

(1) Il ne faudrait pas prendre pour des spécimens vraiment historiques les modèles de style gothique donnés par Mayer, Kemp et autres, dans lesquels on s'est amusé à figurer des compartiments en forme de trèfles, feuilles de chardon, etc. Nous croyons cependant devoir donner, comme échantillon de ce genre de travail, un fragment du projet de grand jardin soi-disant gothique (Fig. 37), qui fait partie de l'ouvrage de Mayer : *Die schœne Gartenkunst.*

alors en pleine fleur de beauté, et les Parisiens charmés se demandaient « si elle n'était pas venue du Paradis »! On vit bien, plus tard, qu'elle n'avait rien d'angélique.

Au printemps de 1431, précisément à l'époque du procès et de l'exécution de Jeanne d'Arc, le régent anglais Bedford eut la fantaisie de bouleverser de fond en comble le jardin royal de l'hôtel des Tournelles (Fig. 38). Il y replanta une grande quantité d'arbres fruitiers variés, et, comme arbustes d'agrément, des épines et *trente et un houx;* c'était évidemment aussi une haute nouveauté. De plus, « il fit ouvrir neuf cents toises de tranchées, pour y planter 5,913 ormes qu'on amena par eau au port de l'École et qui coûtaient quatre livres parisis le cent; si bien que pour le nouveau plant il fallut arracher les haies d'un labyrinthe appelé la Maison de Dedalus, dont on fit 501 quarterons de cotrets; » ce qui semble bien indiquer que l'antique tradition des labyrinthes dans les jardins ou promenoirs n'avait jamais été interrompue. Tous ces travaux avaient évidemment pour but d'affirmer la prise de possession de Paris et du royaume. C'était du jardinage *politique,* comme celui des Grands-Mogols. La fortune des Anglais n'en était pas moins sur son déclin, et, cinq ans plus tard, Paris et les Tournelles avec leurs nouvelles plantations retombèrent au pouvoir de Charles VII.

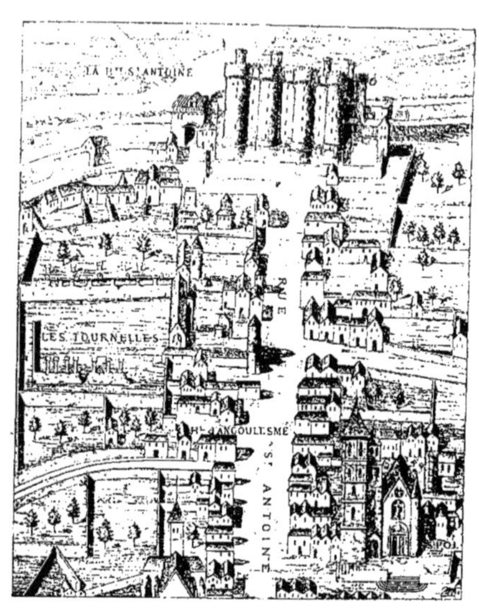

Fig. 38. — Hôtel des Tournelles et partie du Quartier Saint-Paul, vers 1540. — D'après le Plan de la Tapisserie.

RENÉ d'Anjou a enfin créé les derniers jardins du moyen âge, qu'il serait bien injuste d'oublier. Dans l'intéressante monographie qu'il a consacrée à ce prince artiste, M. Lecoy de la

Marche cite plusieurs documents qui attestent sa sollicitude pour ses « jardinaiges. » Il y avait au château d'Angers un grand et un petit jardin, que René orna tous deux de treilles « en charpenterie bien ouvrées, belles et bien faites ». Suivant M. Lecoy « le grand jardin offrait quelque peu l'aspect naturel et pittoresque des jardins anglais modernes (1). » Cependant, les pièces qu'il cite semblent plutôt donner l'idée d'un jardin régulier, comme on l'entendait alors. « On y voyait de petits préaux de gazon, des allées soigneusement ratissées et des *roues*, c'est-à-dire des corbeilles ou parterres ronds, bordés de *clisses* de bois. » Dans le mémoire de Desbans, concierge du château, retrouvé aux Archives nationales, on remarque les articles suivants : « X sols pour mote et ouvriers à faire le petit préau du grant jardin. — Item, II sols 6 deniers pour achat d'une clisse de boys pour habiller la roe du grant jardin. — Item, pour six hommes jardrineurs qui ont esté audit grant jardin ung jour entier pour couvrir ladite roe de mote, pour lier la vigne et que falloit à lier (d'autres plantes grimpantes?), nectier (nettoyer) les allées du grant et petit jardin, pour paye et despens XX sols (2) ». Il faut citer encore parmi les œuvres d'horticulture de René, *La Baumette*, imitation de la Sainte-Baume de Provence, dans un site pittoresque, aux environs d'Angers, et ses jardins de Provence, surtout ceux d'Aix, son séjour favori dans sa vieillesse. Là « se mit à planter, enter arbres, édifier tonnelles, pavillons, vergiers, galeries, jardins. Entre ces louables passe-temps usant le vieux prince ses jours, entr'oublioit et mettoit arrière les causes de sa mélancolie, et dist plusieurs fois aux princes et ambassadeurs qui le venoyent visiter, qu'il aymoit la vie rurale sur toutes les autres, parce que c'estoit la plus seure façon et manière de vivre, et la plus lointaine de toute terriène ambition. » (Bourdigné.)

Fig. 40. — Portrait du Roi René, d'après un Manuscrit d'Albi.

A dire vrai, les jardins de René se ressentaient fort de son séjour à Naples. La Baumette, les bastides d'Aix et de Marseille ne ressemblaient déjà plus guère aux maussades promenoirs de nos châteaux encore militaires, qui, dans leur morgue

(1) *Le Roi René*, t. II, p. 9.

(2) L'entretien des jardins d'Angers était primitivement confié à un jardinier spécial payé quarante livres par an. Le concierge Desbans fut chargé de ce soin quand René se retira définitivement en Provence. Il y avait aussi au château de Baugé des jardins soigneusement entretenus, avec un *Dedalus*.

féodale, « semblaient dédaigner, éloigner la campagne et le travail des champs, la terre des serfs!! »

On retrouve au contraire, dans ces créations de René, sinon un sentiment défini des beautés du paysage, du moins cette admission familière des jardinages s'étendant librement en cultures variées autour des promenoirs royaux ; — ce mélange d'art et de nature, de *ménage champêtre,* dont il avait pu voir les premiers modèles en Italie.

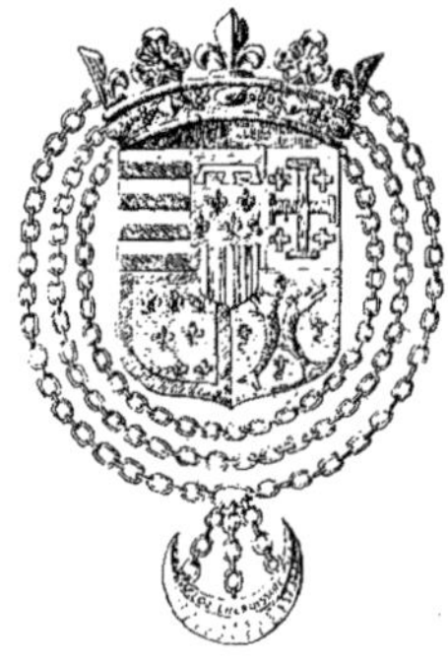

Fig. 41. — Armoiries du Roi René.

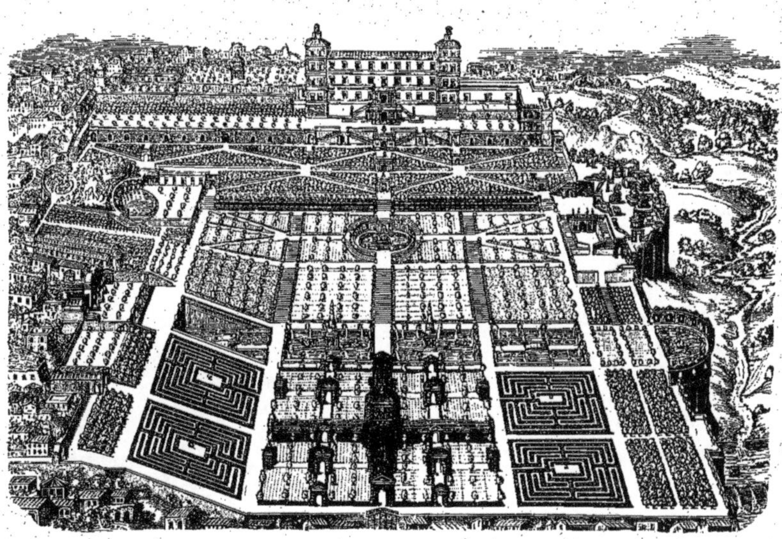

Fig. 42. — Vue générale de la Villa d'Este. (*Voyez* Vues de Détail, pages 57 et 58, et le Texte, page 55.)

JARDINS ITALIENS DE LA RENAISSANCE

ES terrasses aériennes, des jardins suspendus, les vue les plus variées. Tout près, l'idylle du ménage de champs. Aux jaillissantes eaux des fontaines de marbre le cerf avec la vache, venant le soir sans défiance; d grands troupeaux au loin en liberté; la fenaison ou le vendanges, une vie virgilienne de doux travaux. Tou cela encadré du sérieux lointain des Apennins d marbre, ou des Alpes aux neiges éternelles.

« L'hiver n'ôte rien à ces paysages. L'abandon même et les ruines y ajoutent un charme nouveau. Dans les jardins où cesse la culture, les grandes vignes laissées en liberté semblent se plaire en l'absence de l'homme. Elles sont maîtresses du logis s'emparent des colonnades, se prennent aux marbres mutilés et caressent les statues veuves. Tout cela très sauvage et très doux. »

C'est ainsi que Michelet a exprimé d'une manière à la fois juste et poétiqu l'impression que produisent encore aujourd'hui, malgré leur état d'abandon, ou plutôt à cause de cet abandon, les palais de plaisance et les jardins italiens de la Renaissance. Les grands architectes de cette époque, en imitant le style des édifices de l'antiquité, reproduisaient d'instinct, en quelque sorte, comme complément d'ornementation, les parterres, les terrasses ornées de vases et de statues, les portiques et arceaux de verdure, les pièces d'eaux machinées. Ce qui a péri ou vieilli dans ces créations, c'est précisément ce qui fut le plus vanté d'abord, les concesssions aux caprices de la mode (comme les fantaisies et les surprises hydrauliques). Ce qui reste aujourd'hui le grand et puissant attrait de ces jardins, c'est qu'ils ont été, à l'époque moderne, la révélation de l'art du paysage. Ce ne sont plus de simples promenoirs circonscrits, isolés. « On a réalisé un majestueux décor autour de l'habitation, et ouvert de larges accès pour la vue aux perspectives du dehors. On a fait fête à la nature; on l'a comprise et aimée. On a étudié ses effets gracieux ou grandioses; on est arrivé enfin au vrai sentiment de l'art. » Les grands seigneurs de la Renaissance prenaient quelque plaisir à contempler l'œuvre humble et féconde du serf, que dédaignaient leurs farouches prédécesseurs. Il est vrai qu'ils n'en étaient pas beaucoup plus tendres pour le serf lui-même.

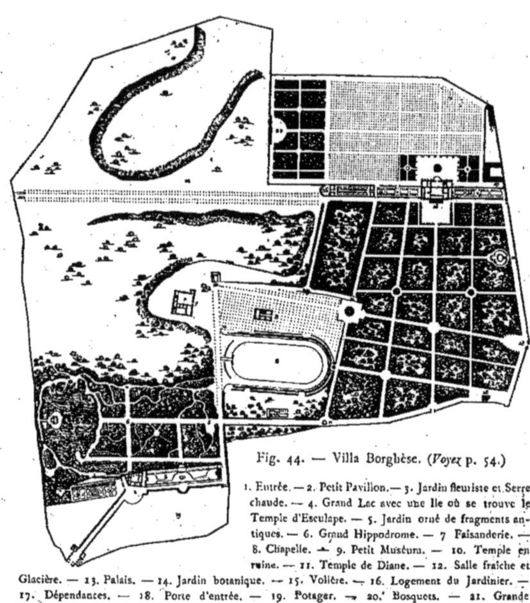

Fig. 44. — Villa Borghèse. (*Voyez* p. 54.)

1. Entrée. — 2. Petit Pavillon. — 3. Jardin fleuriste et Serre chaude. — 4. Grand Lac avec une Ile où se trouve le Temple d'Esculape. — 5. Jardin orné de fragments antiques. — 6. Grand Hippodrome. — 7 Faisanderie. — 8. Chapelle. — 9. Petit Muséum. — 10. Temple en ruine. — 11. Temple de Diane. — 12. Salle fraîche et Glacière. — 13. Palais. — 14. Jardin botanique. — 15. Volière. — 16. Logement du Jardinier. — 17. Dépendances. — 18. Porte d'entrée. — 19. Potager. — 20. Bosquets. — 21. Grande Prairie. (*Voyez* Vue de Détail, page 56.)

Ces jardins sont généralement disposés en amphithéâtres sur des pentes. Soit qu'ils s'élèvent au-dessus de l'habitation, soit qu'au contraire celle-ci en forme le couronnement, ils offrent toujours des terrasses, de vastes escaliers, des chutes d'eau;

souvent aussi le relief du sol nécessite des allées obliques ou tournantes, qui romp
la monotonie. O
peut dire que, sa
l'intérêt spéc
des objets d'
de valeur très
verse (1), am
sés souvent a
profusion da
ces parcs de
Renaissance et
l'âge suivant,
en a vu cinq
six les a vus to
Nous nous bor
rons donc à me
tionner ici les pl
intéressants pa
beauté des sites
des eaux, com
par les souve
qui s'y rattache
Parmi ceux de
talie du Nord,
première place
partient à celui
palais Giusti (
ronetta), « que
nature a as
bien servi (Fig. 46), dit de Brosses, pour lui donner dans son jardin même

Fig. 45. — Vue de la Villa Barbaro, près d'Asolo, construite par Palladio, décorée par Paul Véronèse.

(1) Beaucoup de ces débris étaient, chez les anciens, des œuvres de pacotille; « ce qui subsisterait chez nous si,
un long enfouissement, on retrouvait des statues d'escaliers et des bustes d'hôtel de ville. » C'est l'observation fort jus
M. Taine (*Voyage en Italie*, I, 298.)

rochers, au moyen desquels on a des grottes et des torrents sans fin, surmontés par de petites rotondes ouvertes de tous côtés sur la ville et sur tout le pays coupé par le cours de l'Adige. A gauche, la vue ne se termine pas, et à droite les montagnes du Tyrol l'arrêtent. Outre cela, la quantité de cyprès prodigieusement hauts et pointus lui donnent l'air d'un de ces endroits où les magiciens tiennent le sabbat. Il y a un labyrinthe. J'y fus plus d'une heure au grand soleil à tempêter, sans pouvoir me retrouver. » Ces jardins n'ont guère été entretenus depuis la visite du spirituel magistrat dijonnais, mais ils y ont plutôt gagné que perdu. « La végétation y est superbe, dit un touriste de 1878. De beaux arbres, lauriers, citronniers, oliviers, au milieu desquels percent les noirs cyprès, escaladent la colline. On monte par un lacis de sentiers se perdant sous les arbres, tournant les pelouses et longeant des terrasses où des statues quelque peu écornées disparaissent à demi sous les plantes grimpantes. Plus haut, le sentier s'escarpe davantage, de petits escaliers aux marches tremblantes montent à la terrasse supérieure. Dans le massif, encadrée par un fouillis de branches et de lianes, s'ouvre une grotte où murmure un filet d'eau, le seul bruit qu'on entende avec le frétillement des lézards. De là toute la surface du jardin s'aperçoit sous le grand soleil, les énormes cyprès

Fig. 46. — Vue des Jardins du Palais Giusti, à Vérone. — État actuel d'après une Photographie.

Fig. 47. — Discours du Songe de Poliphile. (Paris, MDLXI.)

donnent de larges masses d'ombre; et, par dessus le palais, les rouges tours de Vérone se profilent sur un ciel superbe. (*Les vieilles villes d'Italie*, p. 289.) (1).

Non loin de là, les bords de la Brenta offraient naguère une suite d'élégantes villas appartenant à des sénateurs de Venise (Fig. 45). Avant de quitter les bords de l'Adriatique, nous reproduisons une Scène dans un jardin empruntée au célèbre *Songe de Poliphile* (1499), et qui donne une idée exacte de ces jardins de l'aristocratie vénitienne dans le temps de sa plus grande splendeur. (Fig. 47, éd. de 1561, gravure par Jean Cousin.)

Fig. 48. — Lago Maggiore. Sesto Callende.

La plus curieuse était, dans la seconde moitié du siècle dernier, celle de Quirini; Altichiero, qu'a longuement décrite la spirituelle comtesse de Rosenberg, amie très intime du propriétaire. Le parc d'Altichiero se composait également de salles et de cabinets de verdure reliés par des allées treillagées, et dont chacun était le sanctuaire d'une divinité de l'Olympe (2).

Parmi les nombreuses villas du lac de Côme, charmantes pour la plupart, nous citerons seulement les villas Sommariva et Serbelloni, remarquables, la première, par les objets d'art qui la décorent; l'autre, par son heureuse situation sur un promontoire d'où l'on jouit d'admirables points de vue sur les trois branches du lac. Cette situation ressemble si fort à celle de la villa *Tragédie*, de Pline, qu'on la croirait volontiers identique. Il y a là aussi un effet de contraste saisissant, entre cette villa si riante et la ruine d'aspect farouche qui la domine, débris

Fig. 49. — Iles Borromées. — Vue de Baveno.

(1) De cette terrasse supérieure, on montre aux voyageurs le champ de bataille de Custoza; on pourrait leur en faire voir bien d'autres! Il est peu d'endroits au monde où l'on se soit plus exterminé que dans ces plaines de l'Adige.

(2) La description d'Altichiero forme un volume in-4°, rare et recherché comme tous les ouvrages du même auteur. Parmi les édicules du parc, on remarque un autel dédié aux Furies, sous un berceau de vignes, « pour conjurer les rixes qu'engendre trop souvent l'ivresse ».

d'un manoir féodal devenu ensuite franchement un repaire de brigands, et détruit au quatorzième siècle par Galéaz Visconti, un de leurs collègues plus chanceux.

Sur le lac Majeur, nous citerons Sesto Callende (Fig. 48), et l'Isola Bella (Fig. 49), dont la création ne remonte qu'à l'an 1670; et qui vit, ou plutôt végète sur son ancienne réputation. C'est un essai d'imitation des jardins suspendus de Babylone, comme on les comprenait à cette époque; une montagne pyramidale carrée,

Fig. 50. — Fontaine et Vue du Jardin de Boboli, à Florence.

soutenue par des arcades et découpée en terrasses. Cette pièce d'architecture végétale était encore très admirée au XVIIIe siècle; de Brosses y trouvait des « endroits exquis » que, pour notre part, nous y avons vainement cherchés.

Le plus célèbre des parcs toscans est le *real Giardino di Boboli* (Florence), attenant au palais Pitti (Fig. 50 et 51). Ce jardin, dessiné vers 1550, n'a guère conservé de son tracé primitif que la terrasse qui borde la façade méridionale du palais et la longue avenue à la suite, terminée par un bassin où s'élève, au milieu d'un îlot, la fontaine monumentale de Jean de Bologne, représentant Neptune et deux Tri-

Fig. 51. — Vue du Palais Pitti, côté des Jardins.

tons (Fig. 50). Cet ensemble, d'un effet assez grandiose, a donné, dit-on, l'idée de la scène principale du parc de Versailles, celle qui se déploie en face du palais et

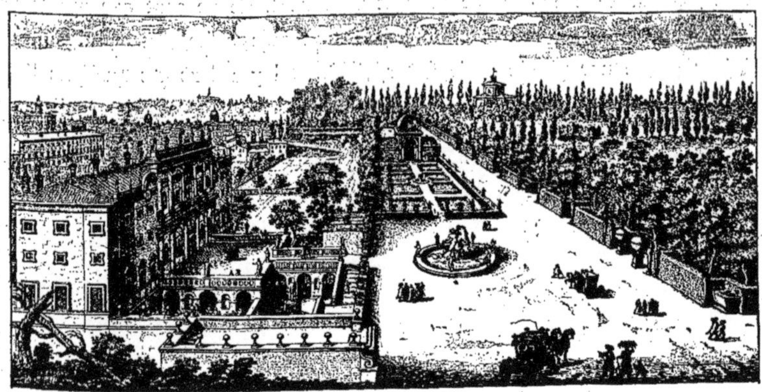

Fig. 52. — Vue du Jardin Ludovisi. — D'après Giov. Battista Falda. (*Voyez* p. 51.)

aboutit au grand canal. Les jardins Boboli sont resserrés à l'ouest et au sud par

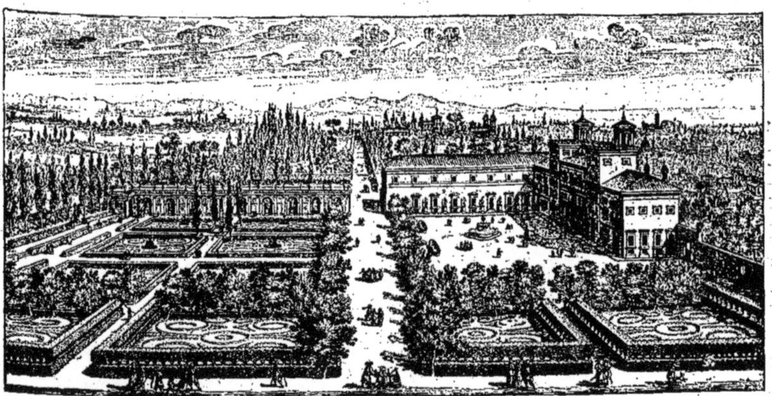

Fig. 53. — Vue des Jardins de la Villa Médicis. — D'après Falda. (*Voyez* p. 52.)

la forteresse du Belvédère et les remparts. Leur plus grande étendue est du côté de l'est, dans la direction de la *Porta Romana*. Cette irrégularité de forme, les acci-

dents du sol et les variétés de cultures leur donnaient, dès le XVIIIe siècle, u
physionomie exceptionnelle. « Ces jardins n'ont pas le sens commun, écrivait
Brosses, et par cette raison me plaisent infiniment. Ce ne sont que montagn
vallées, bois, buttes, parterres et forêts, le tout sans ordre, dessin, ni suite,
qui leur donne une physionomie fort agréable. » Il y a dans ces quelques lig
une sorte de pressentiment de la réaction imminente contre le style régulier.

Fig. 54. — Vue de la Villa Pamphili, d'après Falda. (*Voyez* p. 52.)

Pratolino (11 kil. de Florence), qui n'existe plus pour ainsi dire, mérite pou
tant une place dans l'histoire des jardins. Ce domaine avait été créé et arrangé po
Bianca Capello, la courtisane vénitienne aux cheveux d'or, devenue grande-duches
Les jardins étaient surtout célèbres par leurs jeux hydrauliques. On y voyait, d
grandeur naturelle, un Jupiter lançant un tonnerre aquatique; le siège d'une forteress
avec canons et arquebuses à eau; la Samaritaine de l'Évangile, venant remplir et rem
portant son amphore, et la flûte hydraulique d'un dieu Pan accompagnant cette évo
lution, etc. » Toutes ces machines coûteuses plaisaient singulièrement à Bianca, et so
mari, « qu'elle tenait à sa dévotion », comme dit Montaigne, n'épargnait rien pour l
satisfaire. Ce fut elle qui mit à la mode les surprises hydrauliques, dont l'usag
persista longtemps non-seulement en Italie, mais dans des régions où ces douche
étaient encore plus désagréables. Dans une des grottes de Pratolino, les visiteu
étaient aspergés (rien que d'eau claire, il est vrai) par des figures de Harpies... Toute

ces gentillesses furent reproduites, avec des variantes, dans les villas romaines. Aujourd'hui, le palais de Pratolino a disparu; le parc, abandonné, n'est plus qu'un massif de broussailles, au milieu desquelles la statue colossale de l'Apennin, seul débris de ces magnificences évanouies, épanche mélancoliquement son urne dans un marécage.

On peut citer encore, aux environs de Florence, le *Poggio à Caiano,* où mourut

Fig. 55. — Vue de la Villa Doria Pamphili avec ses Parterres. — État actuel. (*Voyez* p. 52.)

subitement avec son mari (en 1587) cette même Bianca Capello, l'une de ces créatures décevantes et fatales, « astres qu'un démon conduit »; — la villa Palmieri, qui a remplacé celle où Boccace avait placé son *Décaméron;* celle *del Giojello,* qui fut la très douce prison de Galilée.

Les villas romaines du XVIe au XVIIIe siècle n'offrent pas moins d'intérêt. Plusieurs occupent l'emplacement de célèbres villas antiques. A Rome même, les jardins de Salluste sont remplacés par le parc Ludovisi (Fig. 52), auquel servent d'enceinte les vieilles murailles de Rome; — ceux de Lucullus, de Néron et de Galba, par les villas Médicis (Fig. 53), Pamphili (Fig. 54 à 56), Barbarini. Aussi les travaux de fondation, de terrassement et de plantation ont mis à jour assez d'objets d'art pour décorer, jusqu'à l'encombrement, *les nouvelles créations* (1).

Fig. 56. — Grotte de la Villa Pamphili. *(Voyez page 54.)*

Parmi celles situées dans les environs immédiats de Rome, les villas Mattei, *Pamphili*, Borghèse, Albani, méritent une mention spéciale.

La villa Mattei (1581-1586) a gardé, par une rare et heureuse exception, le nom de l'artiste qui l'a créée. Son emplacement offrait plusieurs irrégularités dont il a su tirer habilement parti (Fig. 57). Ainsi, contrairement à l'usage ordinaire dans ce temps-là, la grande entrée est latérale. Du côté où les jardins prennent leur principal développement, s'étend une

(1) M. Taine a décrit admirablement les villas Ludovisi, Albani et Borghèse, dans leur état actuel. *(Voyage en Italie,* I, 295 et suiv.)

longue pelouse bordée de cyprès et aboutissant à un hémicycle (4) en gradins que couronne un buste colossal d'Alexandre. Tout le long de cette pelouse, du côté droit de l'habitation, règne une terrasse ayant vue par-dessus des bosquets sur le mont Aventin. Du côté opposé, une façade latérale plus étroite est encadrée dans un large perron conduisant à une terrasse garnie de plantations à gauche, tandis qu'en face s'ouvre bientôt la perspective inattendue d'un vaste espace en contre-bas, encadré de verdure (5) et orné d'antiquités. Il y a là un exemple très remarquable d'alliance de la fantaisie au style régulier.

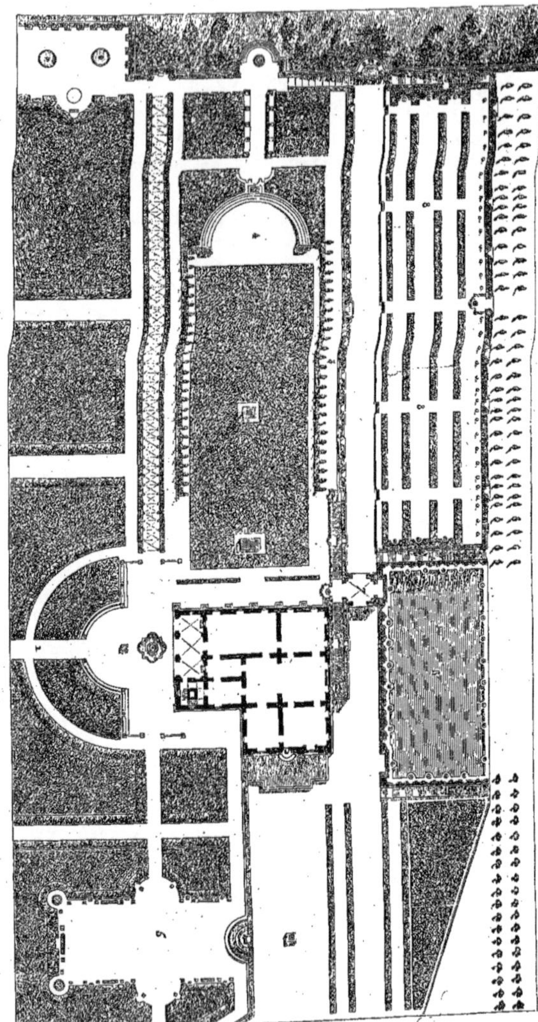

Fig. 57. — Plan de la Villa Mattei.

1. Entrée. — 2. Bassin. — 3. Grande Terrasse. — 4. Hémicycle. — 5. Salle de Verdure. — 6. Grande Pièce d'eau. — 7. Loge. — 8. Bosquets couverts.

La villa Pamphili est une œuvre en partie française (Fig. 54 à 56). Le Nôtre y mit la main, lors de

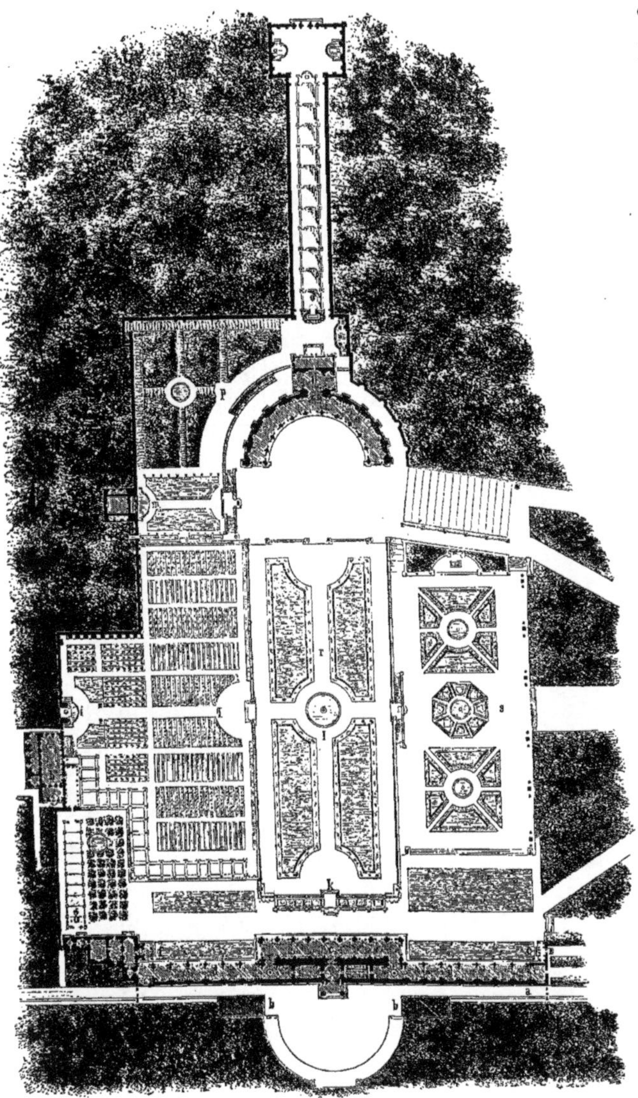

Fig. 58. — Plan de la Villa Albani.

a. Entrée. — *b*. Garde. — *c*. Portique. — *d*. Galerie. — *e*. Petit Portique. — *f*. Portique. — *g*. Berceau. — *h* Billard. — *i*. Fontaine. — *k*. Perron. — *l*. Fontaine. — *m*. Volière. — *n*. Café. — *o*. Cascade. — *p*. Jardin orné de grottes, de fontaines et de berceaux. — *q*. Potager. — *r*. Parterre. — *s*. Terrasse.

ce voyage à Rome, pendant lequel il surprit et charma le pape Clément X, par sa familiarité affectueuse et naïve. (V. Saint-Simon.) A l'aspect de cette grotte à trois compartiments (Fig. 56) par lesquels l'eau se déverse en cascades au-dessous d'un escalier monumental, on devine que le créateur de Versailles a passé par là.

La villa Borghèse est un vaste parc de quatre milles de tour, semé de bâtiments de tout genre et surtout célèbre par ses pelouses ondulées, pleines d'anémones et de pâquerettes, et par ses magnifiques ombrages (Fig. 44 et 60).

La villa Albani ne date que de 1774. C'est bien une œuvre franco-italienne, majestueuse et pompeuse à l'excès, réminiscence visible de nos grands jardins français du siècle précédent (Fig. 58 et 59). L'un des détails les plus caractéristiques est l'avenue par trop triomphale conduisant à la salle, ou plutôt au temple du billard.

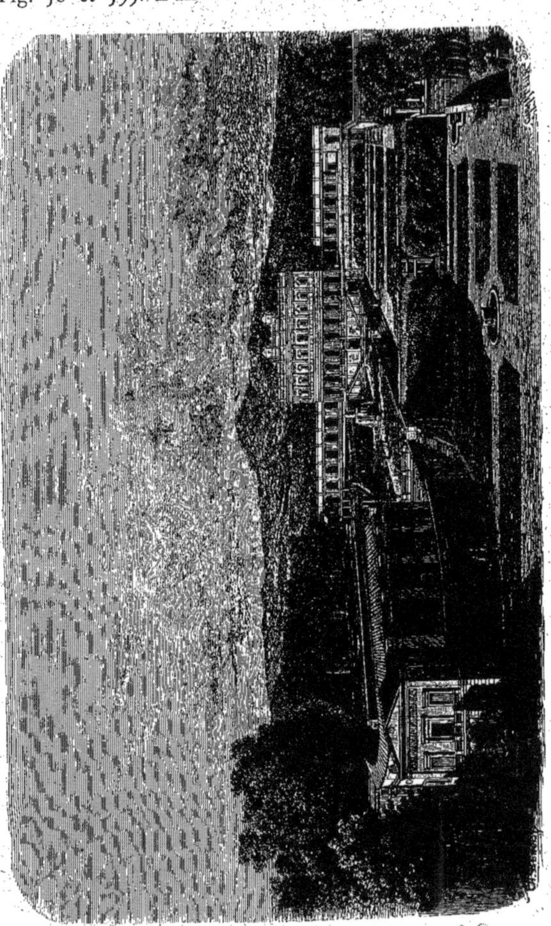

Fig. 59. — Villa Albani. Vue générale.

Dans les environs de Rome, la villa d'Este (Figures 42, 61, 62), commencée en 1540 et terminée seulement en 1573, reste une des plus intéressantes par la composition générale, la beauté du site et des eaux. De Brosses se moquait avec raison des nombreux colifichets, des charivaris hydrauliques qui existaient encore de son temps à la villa d'Este et à celle de Frascati, et dont le temps a fait justice. Mais il admirait fort les « grandes pièces »; notamment, à la villa d'Este, le « portique orné de colosses, par lequel les eaux du Teverone entrent dans le jardin », le canal, la terrasse des jets d'eau formant avenue (Fig. 61), les Fontaines de Pégase et d'Aréthuse

(Fig. 62). Tout en donnant encore la préférence, en bon Français, aux magnificences hydrauliques de Versailles, où « tout est dans le grand », il reconnaissait que les eaux de Tibur et de Frascati l'emportaient fort par la clarté et la limpidité (Lettre 48).

Fig. 60. — Villa Borghèse. Entrée des Bosquets. (Voyez p. 54.)

Il faut citer encore les jardins de Farnèse (Fig. 63), et celui des Papes, sur le Quirinal (Figure 64), dont l'architecture est d'Ottavio Masiarini.

Un des plus grands écrivains de notre temps a magistralement décrit l'impression poétique que produisent les grandes villas de Frascati, en dépit ou plutôt à cause de leur état de délabrement et d'abandon. « De Frascati à leur point le plus élevé (Tusculum), les collines tusculanes ne sont qu'un immense jardin partagé entre quatre ou cinq familles princières. Les villas Falconieri, Aldobrandini, Conti, plus haut, la Ruffinella, et, en revenant vers l'est, la Taverna et Mondragone, tout cela se tient et se communique... Le caractère général est de deux sortes : celui de l'ancien goût italien, et celui de la nature locale qui a pris le dessus, grâce à l'indifférence ou à la décadence pécuniaire des maîtres de ces folles et magnifiques résidences. Si vous voulez une exacte description de ces résidences, telles qu'elles étaient encore il y a cent (cinquante) ans, vous les trouverez dans les lettres du président de Brosses. Il s'en est beaucoup moqué....., mais s'il revenait ici, il trouverait un grand et heureux changement (1)... Les eaux ne soufflent plus dans des tuyaux d'orgue; elles bondissent encore dans des conques de marbre et le long des grandes girondes; mais elles y chantent de leur voix naturelle. Les rocailles se sont tapissées de vertes chevelures qui les rendent à la vérité.

Fig. 61. — Villa d'Este. — Palais et Terrasse des Jets d'eau. (Voyez p. 55.)

(1) Changement dont il serait peut-être encore plus effarouché que charmé. Comme bien d'autres réformateurs utopistes du siècle dernier, de Brosses était loin de prévoir ni de souhaiter, dans aucun genre, une révolution aussi complète.

Les arbres ont repris leur essor puissant sous un climat énergique, et sont devenus des colosses encore jeunes et pleins de santé. Ceux qui sont morts ont dérangé la symétrie des allées; les parterres se sont remplis de folles herbes; les fraises et les violettes ont tracé des arabesques aux contours des tapis verts; la mousse a mis du velours sur les mosaïques criardes... Et maintenant, ces grands parcs jetés aux flancs des montagnes forment, dans leurs plis verdoyants, des vallées de Tempé, où les ruines

Fig. 62. — Villa d'Este. — Grand Bassin de la Fontaine d'Aréthuse. (*Voyez* p. 55.)

rococo et les ruines antiques décorées par la même végétation parasite, donnent à la victoire de la nature un air de gravité extraordinaire. Comme, en somme, les palais sont d'une coquetterie princière ou d'un goût charmant; que ces jardins avaient été dessinés avec beaucoup d'intelligence sur les ondulations gracieuses du sol, et plantés avec un vrai sentiment de la beauté des sites; enfin, comme les sources abondantes y ont été habilement dirigées pour assainir et vivifier cette région bocagère, il ne serait pas rigoureusement vrai de dire que la nature y a été mutilée et insultée. Les brimborions fragiles y tombent en poussière, mais les longues terrasses d'où l'on dominait l'immense tableau de la plaine, des montagnes et de là mer; les perrons de marbre et de lave qui soutiennent les ressauts du terrain; les allées couvertes; enfin, tout ce qui, travail élégant, solide ou utile, a

Fig. 63. — Vue des Terrasses du Jardin Farnèse sur le Mont Palatin. — D'après Falda. (*Voyez* p. 56.)

survécu aux caprices de la mode, ajoute au charme de ces solitudes, et sert à

Fig. 64. — Vue des Jardins du Quirinal (XVIIe siècle). — D'après Falda. (*Voyez* p. 56.)

conserver, comme des sanctuaires, les heureuses combinaisons de la nature, et la monumentale beauté des ombrages. » (George Sand, *Daniella.*)

Reste à savoir si ces sanctuaires pittoresques auxquels nul attrait ne manque, pas même, dit-on, la chance de rencontrer des brigands, seront encore long-

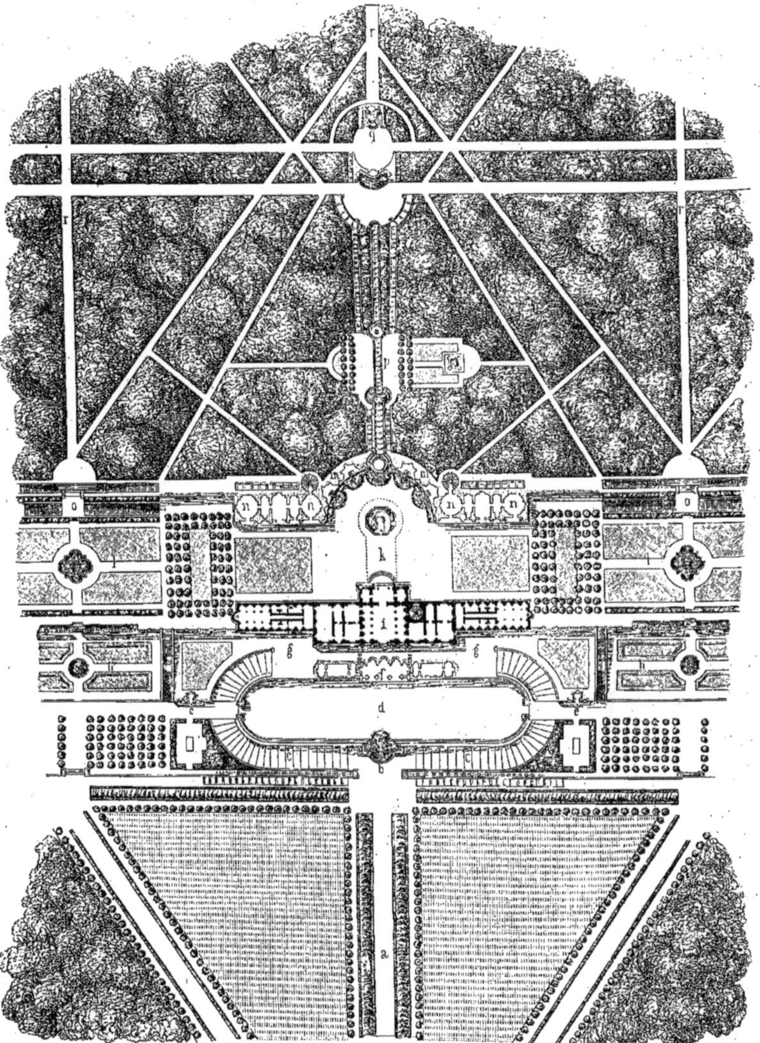

Fig. 65. — Plan de la Villa Aldobrandini. (*Voyez* p. 61.)

a. Entrée principale. — *b.* Fontaine. — *c.* Escalier. — *d.* Terrasse. — *e.* Fontaine. — *f.* Grotte. — *g.* Terrasse. — *h.* Parterre. — *i.* Vestibule. — *k.* Terrasse. — *l.* Pelouse. — *m.* Terrasse. — *n.* Salles recouvertes et Terrasse. — *o.* Grand escalier. — *p.* Cascade. — *q.* Fontaine. — *r.* Avenue.

temps respectés. L'endroit où la nature a eu le plus à faire, ou plutôt à défaire, pour mettre un beau désordre, est la villa Aldobrandini. Comme on le voit par la figure ci-jointe (Fig. 65), la symétrie la plus inflexible avait présidé à la création de cette œuvre. A Mondragone (Fig. 66) la « victoire de la nature » est bien plus complète, et la guerre y a puissamment contribué. C'est une superbe position militaire, et ce genre de beauté porte malheur. Tout le monde connaît la description qu'a faite George Sand de cette énorme ruine panachée d'herbes flottantes et d'arbustes, vrai labyrinthe auquel les effondrements causés par les boulets autrichiens ont ajouté de nouvelles complications (1).

(1) Dans une autre villa de Frascati, la Ruffinella, on remarque une fontaine végétale curieuse, et une allée bordée de cent noms d'écrivains illustres, inscrits en buis façonné. Le tout est disposé sur une pente très raide, pour montrer sans doute combien la carrière d'homme de lettres est pénible. On attribue cette conception bizarre, mais non vulgaire, à Lucien Bonaparte, qui a été longtemps propriétaire de la Ruffinella.

Fig. 66. — Cascades de la Villa Mondragone, exécutées par Giov. Fontana (1576).

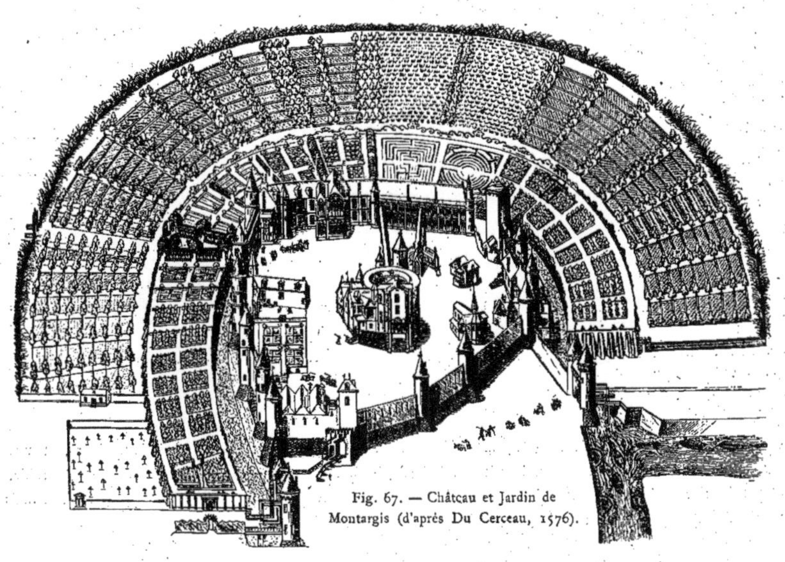

Fig. 67. — Château et Jardin de Montargis (d'après Du Cerceau, 1576).

JARDINS FRANÇAIS DU XVIe ET DU XVIIe SIÈCLE
(JUSQU'A LE NÔTRE)

LE mouvement artistique de la Renaissance, favorisé par François Ier et ses successeurs, exerça une influence aussi considérable sur l'Art des jardins que sur tous les autres. Dès la seconde moitié du XVIe siècle, les abords des principaux châteaux royaux et princiers étaient aussi élégamment décorés qu'en Italie, comme en font foi les descriptions d'Androuet Du Cerceau et les plans levés par lui. Tels étaient les jardins de Montargis (Fig. 67), dont les carrés d'arbustes et les parterres étaient agréablement disposés en demi-cercle autour de la vieille résidence féodale; ceux de Fontainebleau (Fig. 78), de Gaillon (Fig. 69, 71, 72), de Blois (Fig. 34), de Saint-Germain en Laye (Fig. 70), d'Anet, de Verneuil. A Saint-Germain, où Henri II venait de faire construire le château actuel, les jardins descendaient vers la Seine par une série de terrasses, dans l'épaisseur desquelles avaient été ménagées des grottes garnies de coquillages et de figures qui semblaient se jouer au milieu des eaux; c'était une des merveilles du temps (Fig. 70).

Ces jardins pouvaient aussi soutenir la comparaison avec ceux d'Italie pour la beauté des sites, « du regard », comme on disait alors. Il en était de même de Gaillon (Fig. 69, 71, 72). « Ce lieu, dit Du Cerceau, est accommodé de deux jardins, l'un desquels est au niveau d'icelui, et entre deux une place en manière de terrasse. Or, est ce jardin accompli d'une galerie belle et plaisante ayant sa veue d'un côté sur le jardin, et de l'autre sur ledit val vers la rivière. Quant à l'autre jardin, il est compris en ce val, sur lequel la galerie a son regard merveilleusement grand. » Du Cerceau parle ensuite du lieu de *Chartreuse* « abondante en tout plaisir », que le cardinal avait fait ériger « au même val, tirant vers la rivière », et d'un parc supérieur, disposé en rampes alternativement ombragées et à ciel ouvert, et couronné par un ermitage factice. Ce n'était plus le temps des vrais ermitages, pas plus que des vraies chartreuses! Ce parc avait remplacé l'ancienne forteresse féodale du temps de Philippe-Auguste (1).

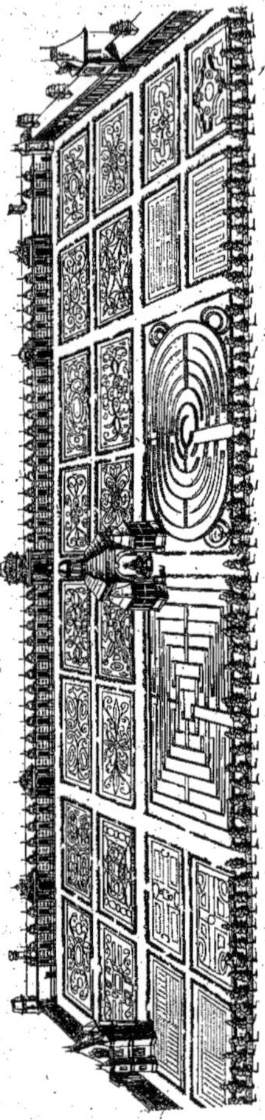

Fig. 69. — Parterre et Labyrinthe du Château de Gaillon. — D'après Du Cerceau (1576). (*Voyez* p. 63.)

On sait que Gaillon, l'un des types les plus achevés des villas françaises de la Renaissance, est aujourd'hui une maison de détention. Quand on parcourt ses galeries et ses salles transformées en dortoirs et en ateliers, ses cours devenues des préaux, rien ne rappellerait à l'esprit ses magnificences disparues, si l'on ne retrouvait enfin l'un des portails (l'autre (Fig. 71), est à l'École des Beaux-Arts), et la « terrasse au regard merveilleusement grand. »

L'art des jardins, négligé pendant les guerres de religion, participa à l'énergique et intelligente impulsion donnée par Henri IV à tous les arts de la paix. Au com-

(1) *Des plus excellents bastiments de France*, par J. Androuet Du Cerceau.

mencement du XVIIe siècle, Olivier de Serres proclame, avec une fierté patriotique, « qu'il ne faut voyager en Italie ni ailleurs pour voir les belles ordonnances des jardinages, puisque notre France emporte le prix sur toutes nations. » On voit aussi, par ses descriptions et les figures du temps, que les jardiniers français égalaient et même surpassaient ceux d'Italie pour l'exécution des parterres de broderie et à compartiments (Fig. 73). « Ici, dit-il, sera montré comme l'on doit se servir des herbes et les employer, ayant égard à leurs facultés pour l'ornement des parterres. » Parmi les « excellents jardins de plaisir disposés en ce royaume », il cite ceux que le roi faisait alors dresser en ses royales maisons de Fontainebleau, de Saint-Germain, les Tuileries, Monceaux, Blois, etc. (1). On y voit avec admiration « les herbes parlant lettres, devises, chiffres, armoiries, cadrans (Figures 74 à 77); les gestes des hommes et des bêtes; la disposition des navires, bateaux et autres choses contrefaites en herbes et arbustes, avec merveilleuses industrie et patience. Les myrtes, la lavande, le romarin, la trufemande (?), le bouis (buis), sont les plus propres plantes pour bordures, et qui durent plus longuement. Et aux compartiments simples, doubles, entrecoupés et rompus, la marjolaine, le thym, le serpolet, l'hyssope, le pouliot (menthe pouliot, *Pugelium*), la sauge, la camomille, la

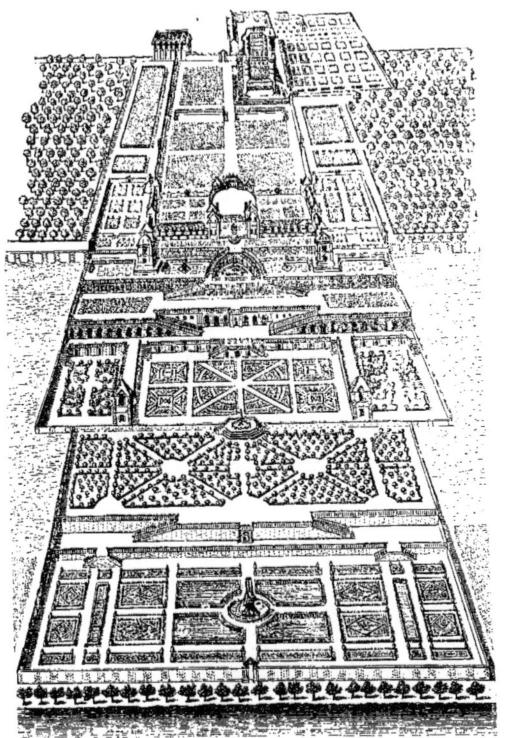

Fig. 70. — Château et Jardins de Saint-Germain-en-Laye. (*Voyez* p. 63)

(1) Il s'agit ici du Monceaux de Gabrielle d'Estrées, aujourd'hui détruit, et auquel avait travaillé J. de Brosses. Nonobstant l'opinion commune, ce grand artiste avait été connu et employé par Henri IV avant que Marie de Médicis vint en France.

menthe, la violette, la marguerite, le basilic et autres herbes demeurant toujours vertes et basses. » Il y joint deux modestes plantes potagères qu'on est surpris de voir figurer dans ces raffinements, l'oseille et le persil ! Mais rien n'est comparable au buis, pour la facilité avec laquelle il se prête à toutes les fantaisies du ciseau : c'est le serf de l'horticulture. Il ne lui manque que la « bonne senteur » ; il est vrai qu'elle lui manque beaucoup.

Fig. 71. — Portail de Gaillon. (École des Beaux-Arts à Paris. (V. p. 63.)

Olivier de Serres vante particulièrement « quelques-uns des compartiments que le roi a fait faire à Saint-Germain, et en ses nouveaux jardins des Tuileries et de Fontainebleau (Fig. 79), au dresser desquels M. Claude Molet, jardinier de Sa Majesté, a fait preuve de sa dextérité ». On voit, en effet, dans un plan qui est de ce temps-là, que, sauf un *Dedalus* en charmilles et un bosquet du côté du quai, tout le reste était en parterres à compartiments variés. On remarque aussi dans ce plan, le plus ancien qu'on ait des Tuileries, qu'à cette époque le château était, comme aujourd'hui, séparé des parterres par une voie publique. A l'époque des Valois, le trait le plus caractéristique de Fontainebleau était le grand étang, avec sa quadruple allée d'ormes, création très heureuse de François Ier. L'irrégularité des constructions n'avait pas permis d'établir un plan d'ensemble pour les abords : c'était comme une réunion de jardins. Il y avait celui des *Pins* (aujourd'hui jardin anglais), où se trouvait la *fontaine Bleau,* dont il n'existe plus de trace ; le *jardin des buis*

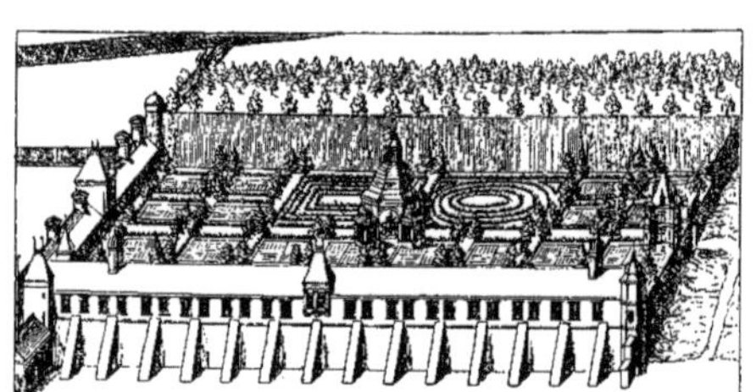

Fig. 72. — Parterre et Labyrinthe du Jardin de Gaillon. (*Voyez* p. 63.)

(de Diane), établi dans les fossés en partie remblayés de l'ancien château; un jeu de paume, une palestre, des ifs taillés le long des fossés d'eau courante allant vers le grand étang; des statues, des édicules, des tonnelles et des allées couvertes en treillage, des parterres bordés de buis, des ouvrages hydrauliques dans le genre de ceux de Saint-Germain, des charmilles taillées à pic, etc. Ces jardins, irréguliers dans l'ensemble, symétriques dans le détail, avaient été comme le Décaméron de la régente Catherine et de son escadron volant de beautés, milice des plus irrégulières. Henri IV fit travailler pendant toute la durée de son règne tant au château qu'aux jardins, qu'il augmenta du double. Fontainebleau lui doit le grand canal; le parc, qui, comme on l'a dit avec raison, semble faire entrer les jardins dans la forêt; le grand mur tapissé du fameux espalier dit *la treille du Roi;* et d'autres ornements qu'ont fait disparaître des remaniements ultérieurs.

Fig. 73. — Parterres, d'après Jean de Vriès. (*Voyez* p. 64.)

André Molet, fils de Claude, lui succéda dans l'office d'intendant des jardins du roi. Non moins habile ouvrier que son père pour les parterres (Fig. 79), il prétendit de plus donner des préceptes généraux. Dans un ouvrage intitulé : *Des Ornements des jardins de plaisir,* il prescrit, comme premier embellissement, « une grande avenue d'ormes à double ou triple rang, perpendiculaire à la façade, avec un grand demi-cercle ou carré au commencement... Puis, en la face de derrière, les parterres de broderie d'icelle, afin d'être regardés et considérés facilement par les fenêtres sans aucun obstacle d'arbre, palissade ou autre chose haute qui puisse empêcher l'œil d'avoir son étendue. » Ce travail de broderie ou de mosaïque était ce que Molet entendait le mieux. Aussi il a bien soin d'en faire la pièce principale. Viennent ensuite « les parterres à compartiments de gazon, comme aussi bosquets, allées, palissades hautes et basses, faisant en sorte que la plupart des allées aboutissent et se terminent toujours

Fig. 74 et 75. — Parterres du Jardin des Tuileries sous Henri IV. (*Voyez* p. 64.)

à quelque statue ou centre de fontaine, et aux extrémités d'icelles allées y poser *de belles perspectives peintes sur toile*, afin de les pouvoir ôter des injures du temps. »

Fig. 76 et 77. — Parterres du Jardin des Tuileries sous Henri IV. (*Voyez* p. 64.)

Puis, pour perfectionner l'œuvre, « placer des statues, bâtir les grottes ès lieux convenables, sans oublier les volières, jets d'eau, canaux et autres ornements, pour former *le jardin de plaisir parfait.* »

On s'est moqué avec raison de ce programme, qui semble le « numérotage des pièces d'une machine. » Toutefois, il y a des circonstances atténuantes à fai valoir en faveur de Molet, moins ha bitué à tenir la plume que la bêche le ciseau. Il ne conseillait sans dou l'emploi de perspectives factices qu pour masquer des clôtures ou des vu disgracieuses, ce qui se pratiquait aus en Italie (1). Quant aux parterres c selés, aux palissades de buis (Fig. 8 ou de charmilles, taillées à pic, en c lonnes, en arcades, en boules, aux grott pseudo-rustiques, etc., c'était égalem de cette manière que Bernard Palissy, véritable et grand artiste, comprenait jardin délectable (Fig. 80). Ce goût persis jusqu'à Le Nôtre. Dans « les Amours d Roy et de la Royne », œuvre de l'une d futures victimes de Boileau, Puget de Serre (1625), le dieu Pan célèbre l noces de Louis XIII par une fête past rale dans un pré tapissé de fleurs où le arbustes et les plantes affectent tout sortes de formes géométriques, « droit lignes, cercles, carrés, triangles, ovale *ce qui était grandement délicieux à voir.* La Serre, alors l'un des domestiques d la Reine-mère, décrit ici ce qu'il voya dans tous les jardins royaux. Pour qu conque appartenait de près ou de loin la cour, ou se piquait de bel esprit, n'existait pas alors d'autre manière d comprendre l'art des jardins. On nous saura sans doute gré de reproduire ici l'élé

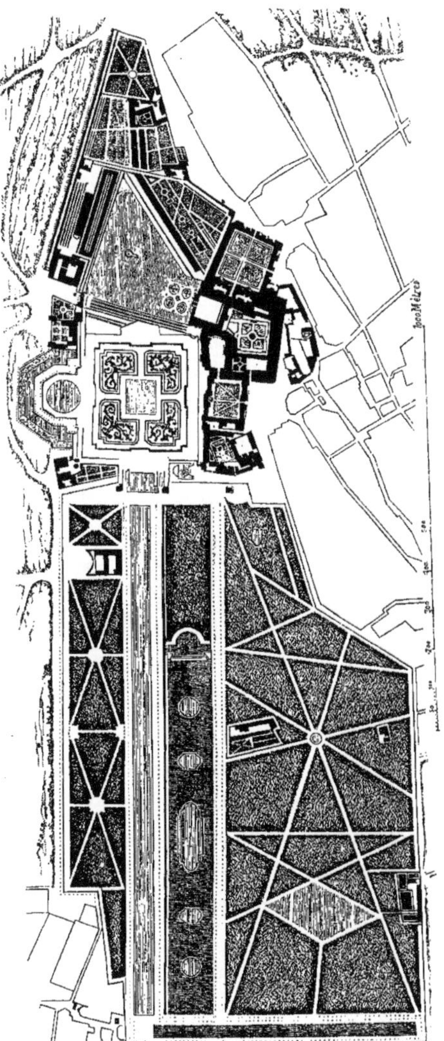

Fig. 78. — Château et Jardins de Fontainebleau. (*Voyez* p. 65.)

(1) Un siècle plus tard, de Brosses en cite un curieux exemple à Milan.

gante description d'un jardin du plus pur style Louis XIII, par Théophile Gautier. « Une allée sablée conduisait au château, traversant un jardin ou parterre planté selon la dernière mode. Des bordures de buis, rigoureusement taillées, y dessinaient des arbres où se déployaient, comme sur une pièce de damas, des ramages de verdure d'une symétrie parfaite. Les ciseaux du jardinier ne permettaient pas à une feuille de dépasser l'autre..... Des sables de diverses couleurs servaient de fonds à ces dessins végétaux qu'on n'eût pas plus régulièrement tracés sur le papier. A moitié du jardin, une allée de même largeur se croisait avec la première, non pas à angles droits, mais en aboutissant à une sorte de rond-point dont le centre était occupé par une pièce d'eau, ornée d'une rocaille servant de piédestal à un Triton, enfant qui soufflait une fusée de cristal liquide avec sa conque. Sur les côtés du parterre, régnaient des charmilles palissadées, tondues à vif. Une industrie savante avait fait de ces arbres,

Fig. 79. — Parterre en Broderie, par André Molet (1651). (*V.* p. 65.

qu'il eût été difficile de reconnaître pour tels, un portique à arcades, qui laissaient par leurs baies apercevoir des perspectives et des fuites ménagées à souhait, pour le plaisir des yeux, sur les campagnes environnantes (Fig. 80). — Le long de l'allée principale, des ifs taillés en pyramides, en boules, en pots à feu, alternés de distance en distance, découpaient leur feuillage toujours vert. » (Th. Gautier, *Le Capitaine Fracasse.*)

On trouve aussi des renseignements curieux sur les jardins français de cette époque (première moitié du XVIIe siècle) dans les récits du voyageur anglais Evelyn, qui visita la France en 1644. Il parle avec admiration du jardin des Tuileries, déjà très différent de ce qu'il était un demi-siècle auparavant, comme on le voit par le plan de Gomboust, qui est à peu près de cette époque

(Fig. 82) (1). C'était, dit-il, « un véritable paradis ». Il donne aussi de grands détails sur Rueil, dont les magnificences surpassaient alors celles des châteaux royaux. Aussi bien « Rueil avait été créé pour le véritable roi, Richelieu ». C'est à Rueil, dit-on, que Le Nôtre emprunta la première idée de Versailles; mais on a dit la même chose du parc florentin de Boboli. On voyait à Rueil une foule de curiosités végétales d'importation nouvelle, notamment les premiers marronniers qui aient été plantés en France. Cet arbre très rustique, et pouvant se prêter à tous les caprices du ciseau, était une conquête précieuse pour les jardins réguliers. Les jeux hydrauliques étaient les plus beaux qu'on eût encore vus en France. Evelyn parle entre autres d'une rangée de mousquetaires qui faisaient feu ou plutôt faisaient eau sur les visiteurs (2). Ce domaine quasi-royal, depuis longtemps négligé, a été finalement détruit en 1793.

Fig. 80. — Parterre ciselé, d'après Jean de Vriès. (*Voyez* p. 68.)

(1) On voit qu'il s'était opéré de grands changements depuis Henri IV. Le palais était alors affecté au logement de Mademoiselle (de Montpensier) (Fig. 82). On remarque, à la hauteur du passage voûté qui existe actuellement en face du pont de Solférino, l'Oisellerie que Louis XIII avait fait construire. Le bâtiment communiquait avec le palais par un passage souterrain qui servait au roi pour venir voir ses oiseaux; il servit depuis pour des communications moins innocentes, si l'on en croit cette mauvaise langue de Tallemant. De l'autre côté de la « rue Neuve-Saint-Honoré », on aperçoit *les Jacobins*. Qui eût dit alors que cent quarante ans plus tard *ceci* tuerait *cela!*

(2) Ces pièges hydrauliques importés d'Italie étaient alors à la mode. Mlle de Montpensier raconte qu'en 1656 elle alla avec plusieurs seigneurs et dames faire collation chez Esselin, maître de la chambre aux deniers de chez le roi, qui avait à Essonnes une belle maison et des jardins, auxquels les « deniers de chez le roi » n'avaient sûrement pas nui. Il y avait là une grotte machinée qu'on lui laissa traverser impunément, comme princesse. Mais aussitôt après, « on lâcha des fontaines sortant du pavé » sous les jupes des autres dames. Tout le monde s'enfuit ou tomba; une princesse allemande, plus vigoureusement aspergée que les autres, fut relevée « ayant son masque crotté, son visage de même, son mouchoir, ses manchettes et ses habits déchirés en la plus plaisante manière du monde. » Mademoiselle avait conservé un excellent souvenir de cette partie de campagne.

Du temps de Louis XIII, le parc de Rambouillet était déjà l'un des plus vastes de France, mais la célèbre marquise, qui s'était fort gênée pour l'arrangement de son hôtel, n'était plus en état de faire de grandes dépenses à Rambouillet. Aussi la majeure partie du parc restait à l'état naturel de forêt, et n'en était que plus agréable, suivant nos idées modernes. Le seul souvenir qui se rattache à cette époque est celui des roches où, suivant une tradition attestée par Tallemant, Rabelais était venu souvent se reposer dans le grotte qui porte encore son nom. C'était parmi ces roches,

Fig. 81. — Architecture découpée en Verdure, Palissades en Buis, Fontaine, etc., d'après Romain de Hoghe, Villa Angiana. (*Voyez* p. 68.)

qui se trouvaient alors dans une prairie dont on a fait depuis une île, que la marquise donnait ses fameuses fêtes mythologiques. (V. son article dans Tallemant.)

Il y avait aussi dès lors des jardins bourgeois de médiocre étendue, mais bien entretenus et que la meilleure compagnie allait voir par curiosité. De ce nombre était à Paris même celui de Nicolas des Yvetaux (1), qu'on appelait *le dernier des hommes*, parce qu'il demeurait rue des Marais-Saint-Germain (où Racine demeura aussi dans la suite, aujourd'hui rue Visconti); et que sa maison était la dernière de Paris de ce côté-là. Elle communiquait par une voûte souterraine avec le jardin, qui

(1) Mort nonagénaire en 1649.

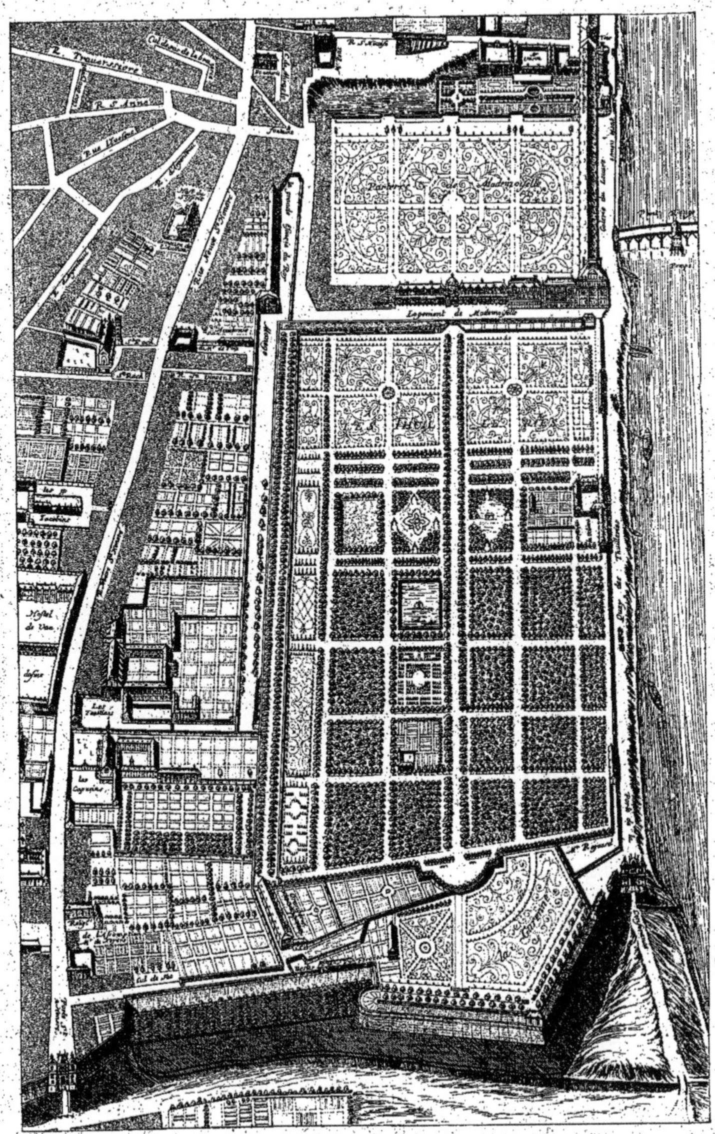

Fig. 82. — Jardin des Tuileries en 1652. (Voyez p. 69.)

avait une sortie sur la rue du Pré-aux-Clercs. Suivant Tallemant, « la maison était disposée aussi extravagamment que maison de France, ainsi que le jardin et le bonhomme costumé à l'avenant. » Par malheur, Tallemant ne nous dit pas en quoi consistait la disposition extravagante de ce jardin, mais nous possédons celle du jardin de Conrart, le premier secrétaire perpétuel de l'Académie française. Elle se trouve dans la *Clélie* de Mlle de Scudéry, où Conrart est désigné sous le nom de Cléodamas, et sa propriété sous celui de Carisatis.

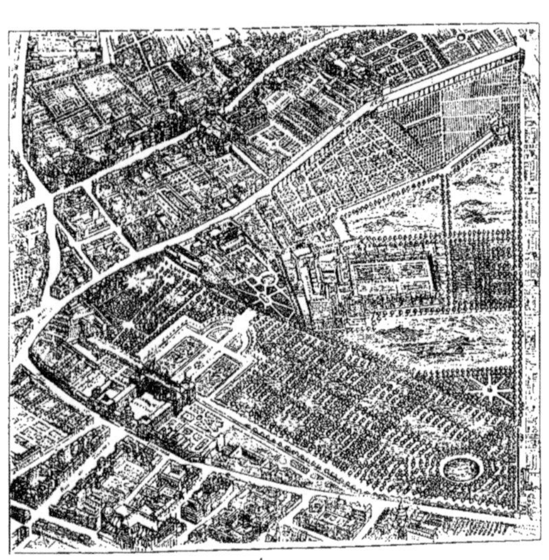

Fig. 83. — Vue à vol d'oiseau du Palais et des Jardins du Luxembourg au XVIe Siècle. (*Voyez* p. 74.)

« Imaginez-vous qu'on trouve en arrivant à Carisatis une cour proportionnée à celle du bâtiment *qu'on voit à gauche en entrant*... Pour la face qu'on a en aspect, c'est une balustrade, au delà de laquelle est une espèce de vestibule rustique bordé par un rang de grands arbres, qui semblent n'être là qu'afin qu'on ne trouve pas d'abord cette admirable vue qui fait les délices de ce lieu-là. Derrière cette haute allée où l'on découvre tant de choses, est un beau verger et un bois si agréable, qu'on ne le sçauroit trop louer. Il n'est toutefois pas de grande étendue, car il n'a que huit allées principales, au milieu desquelles est une grande figure de Vénus. Mais il a tant de petits sentiers et de petites routes solitaires, et elles se croisent tant de fois, qu'on peut s'y perdre et s'y lasser. Il y a aussi sept cabinets (de verdure) de diverse grandeur, et les plus jolis du monde. Les arbres en sont si beaux, le vert si frais et l'ombrage si charmant, qu'il n'est pas possible d'être en ce lieu-là sans plaisir et sans esprit. Il semble qu'on n'ose y estre malade ni malheureux. »

C'est aussi de cette époque que date une création plus importante, celle du Luxembourg. (Fig. 83.) Le dernier jardinier habile dont le nom ait été conservé avant Le Nôtre, est Boyceau, qui travaillait pendant la minorité de Louis XI[V]. Nous reproduisons (Fig. 84) le plan d'un parterre de broderies, exécuté à Sai[nt-]Germain par ce Boyceau, en 1653. Le dessin ne manque pas d'élégance, m[ais] semble aujourd'hui plus propre à servir de modèle d'orfèvrerie ou de tapisse[rie] qu'à être exécuté en verdure et en fleurs. Ce fut Le Nôtre qui fit passer la m[ode] de ces parterres, dont il disait « qu'ils n'étoient bons que pour les nourrices q[ui] ne pouvant quitter leurs enfants, s'y promenoient des yeux et les admiroient [du] deuxième étage. Il y excelloit néanmoins, comme dans toutes les parties des ja[r]dins (1). Mais il n'en faisoit aucune estime, et il avoit raison, car c'est où on ne [se] promène jamais. » (Saint-Simon.) Cette critique est parfaitement justifiée par [les] spécimens de ces parterres qu'on voit encore dans quelques villas italiennes, [par] exemple ceux de l'Isola Bella et de la villa Pamphili. Vu des fenêtres du palais, celui[-ci] produit l'effet d'un vaste tapis de couleurs voyantes, représentant des armoiries orn[ées] de guirlandes et autres ornements. Il existe encore en France, dans le jardin [de] l'Hôtel-de-Ville de Castres, un curieux parterre de ce genre.

(1) Il l'avait bien montré dans l'exécution du Parterre des Fleurs, sur les dessins de Lebrun, au Château de Va[ux].

Fig. 84. — Parterre de Boyceau.

Fig. 85. — Parc de Versailles. Vue de la Fontaine de Latone et du Tapis-Vert.

JARDINS FRANÇAIS DU DIX-SEPTIÈME SIÈCLE (LE NÔTRE).

PRÈS avoir vécu quatre-vingt-huit ans dans une santé parfaite, Le Nôtre (Fig. 91), dit Saint-Simon, mourut (en 1700) avec sa tête et toute la justesse et le bon goût de sa capacité, illustre pour avoir le premier donné le dessin de ces beaux jardins qui décorent la France.

« Le Nôtre avait une probité, une exactitude et une droiture qui le faisaient estimer et aimer de tout le monde. Il travaillait pour les particuliers comme pour le Roi, et avec la même application ; ne cherchait qu'à aider la nature et *à réduire le vrai beau au moins de frais qu'il pouvait.* Tout ce qu'il a fait est encore fort

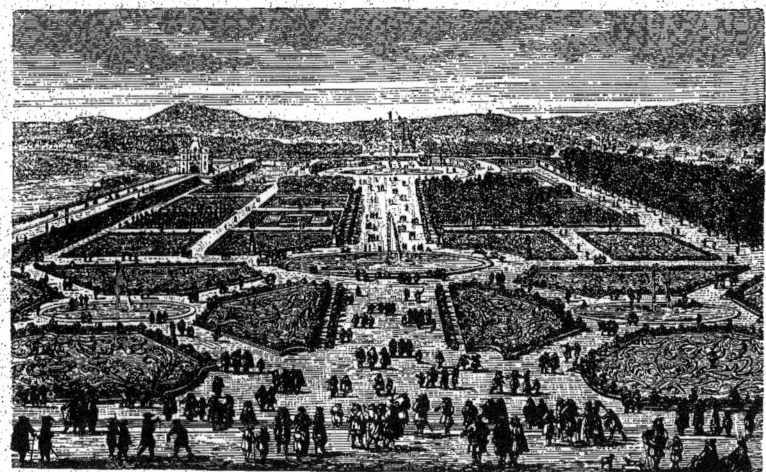

Fig. 87. — Jardin des Tuileries, d'après Le Nôtre (1680). (*Voyez* p. 79.)

1. Porte de la Conférence. — 2. Cours la Reine. — 3. Meudon. — 4. Le Fer à Cheval. — 5. Nouveau Chemin de Versailles.

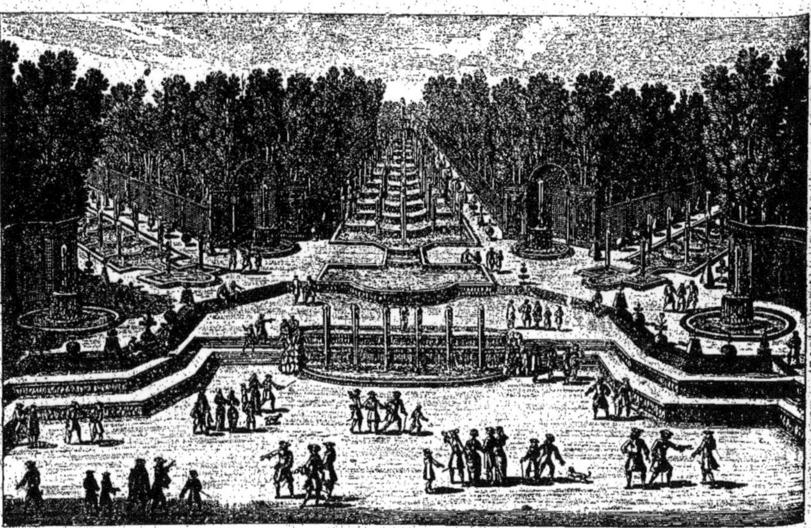

Fig. 88. — Vue des Pièces d'eau à Versailles. (*Voyez* p. 78.)

Fig. 89. — Vue du Château de Meudon. (*Voyez* p. 79.)

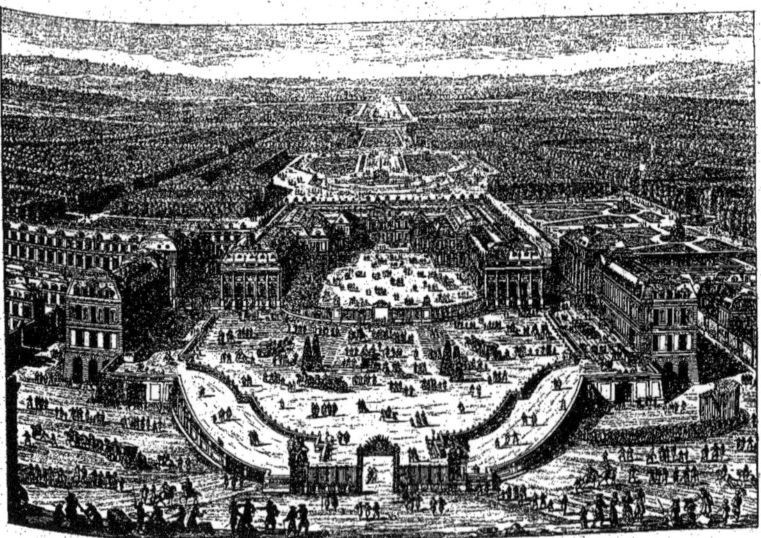

Fig. 90. — Vue du Château de Versailles à vol d'oiseau (1688). (*Voyez* p. 78.)

au-dessus de tout ce qui a été fait depuis, quelque soin qu'on ait pris pour l'imiter. »

Ce fut, comme on sait, le parc de Vaux qui commença la réputation de ce grand artiste; Louis XIV jugea que Le Nôtre ne pouvait être surpassé que par Le Nôtre lui-même. Le parc de Versailles (Fig. 85, 88 à 90, 92), son chef-d'œuvre, a heureusement survécu à toutes les révolutions. C'est le plus prodigieux effort qui ait été jamais tenté, pour mettre la majesté des abords d'une résidence royale en harmonie avec celle du souverain. Cette œuvre mémorable pourrait donner lieu à bien des observations. Nous nous bornons à deux des principales. D'abord, tandis que les décorateurs des villas italiennes de la Renaissance avaient eu presque tous pour auxiliaires la beauté des sites, Le Nôtre a dû, sur ce terrain ingrat de Versailles, se suffire à lui-même; suppléer, par l'harmonie et la belle ordonnance des lignes factices, à la nullité du paysage, et il était difficile d'y mieux réussir. Ensuite, au milieu de ce colossal triomphe du genre régulier, on démêle facilement une certaine recherche de la variété. Ce n'est plus là l'inflexible régularité de la villa Aldrobandini, par exemple. En examinant le détail des bosquets, et même l'ornementation des parterres nord et sud, dans le voisinage immédiat du château, on reconnaît que Le Nôtre s'est écarté de la symétrie par goût et sans nécessité.

Fig. 91. — Portrait d'André Le Nôtre, peint par Carlo Maratti, gravé par Masson.

Le Nôtre travaillait en même temps à Versailles pour Louis XIV, et à Chantilly pour le grand Condé. Mais à Chantilly (Fig. 93, 94), son œuvre a subi des retouches qui en ont sensiblement altéré le caractère. En revanche, c'est lui qui a donné aux jardins de Fontainebleau (Fig. 78) leur physionomie actuelle, par la construction de la terrasse qui encadre et domine les quatre carrés du parterre et le bassin central. Il refit presque entièrement le jardin des Tuileries, comme on le voit en comparant le plan de 1680 à celui de Gomboust (Fig. 87). Dans cette conception largement ébauchée, déjà l'on reconnaît les principaux linéaments de l'œuvre définitive; à droite, la nouvelle plantation de la terrasse des Feuillants; puis la majestueuse allée centrale avec ses deux bassins, prolongée au delà du pont tournant par « le nouveau chemin de Versailles » (n° 4), la future grande allée des Champs-Élysées. Celle-ci, à peine tracée, escalade fièrement l'horizon, et semble déjà réclamer pour point *terminus* un arc de triomphe. A gauche, on voit la terrasse du bord de l'eau, dégagée, mais non encore plantée. La vue, dans cet état ancien, n'en était peut-être que plus belle. Le regard se portait librement sur la porte monumentale de la Conférence, les massifs du Cours-la-Reine et l'amphithéâtre boisé des hauteurs de Meudon.

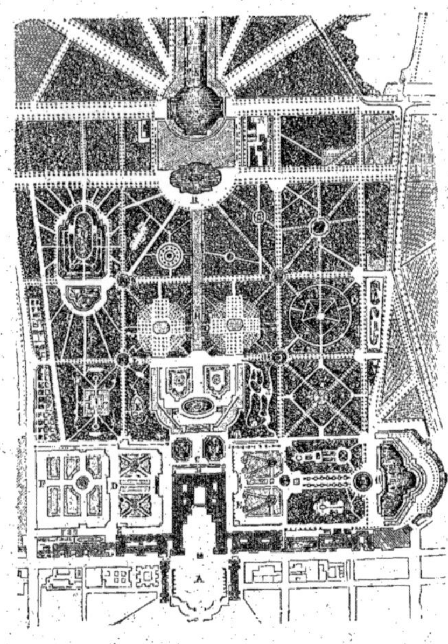

Fig. 92. — Vue du Parc de Versailles. (*Voyez* p. 78.)

A. Cour du Château. — B. Galerie de Tableaux. — C. Parterre d'Eau. — D. Parterre de Fleurs. — E. Parterre de Fleurs. — F. Orangerie. — G. Bassin de Neptune. — H. Allée du Tapis-Vert. — I. Labyrinthe. — J. Bains d'Apollon. — K. Salle de Bal. — L. Fontaine de Saturne. — M. Fontaine de Cérès. — N. Fontaine de Bacchus. — O. Fontaine de Flore. — P. Fontaine. — Q. Ile Royale. — R. Bassin d'Apollon. — S. Canal.

A Meudon (Fig. 89), à Saint-Cloud (Fig. 95 et 96), Le Nôtre avait su tirer un excellent parti des accidents de terrain. Bien des détails de la décoration primitive avaient été remaniés ou supprimés dès le siècle suivant, comme la grotte de verdure qui ombrageait naguère la cascade. Mais combien d'autres choses ont péri à Saint-Cloud!

Après avoir travaillé pour Fouquet, Le Nôtre travailla pour Colbert, et le parc de Sceaux comptait aussi parmi ses plus belles créations (Fig. 97). On connaît la triste destinée de ce domaine quasi-royal, détruit à la Révolution, sauf une parcelle transformée en guinguette! Mieux vaudrait avoir disparu entièrement, comme

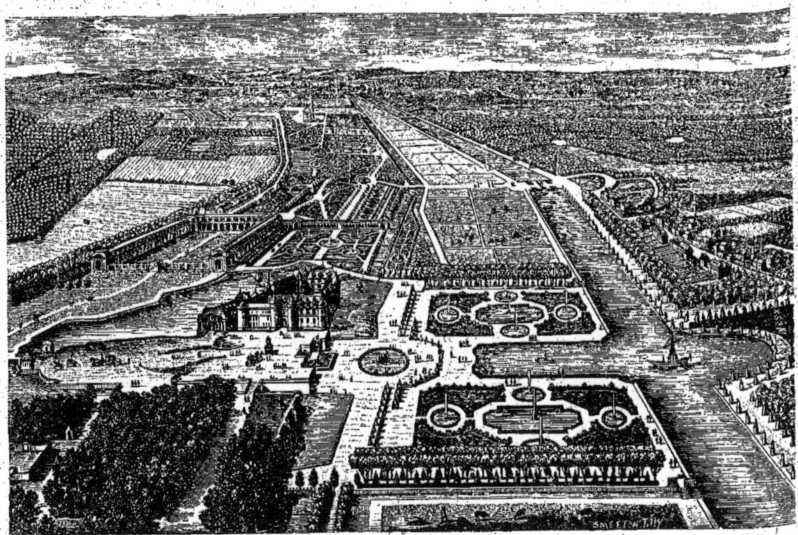

Fig. 93. — Château et Jardin de Chantilly. (*Voyez* p. 78.)

Fig. 94. — Château de Chantilly avec ses Parterres. (*Voyez* p. 78.)

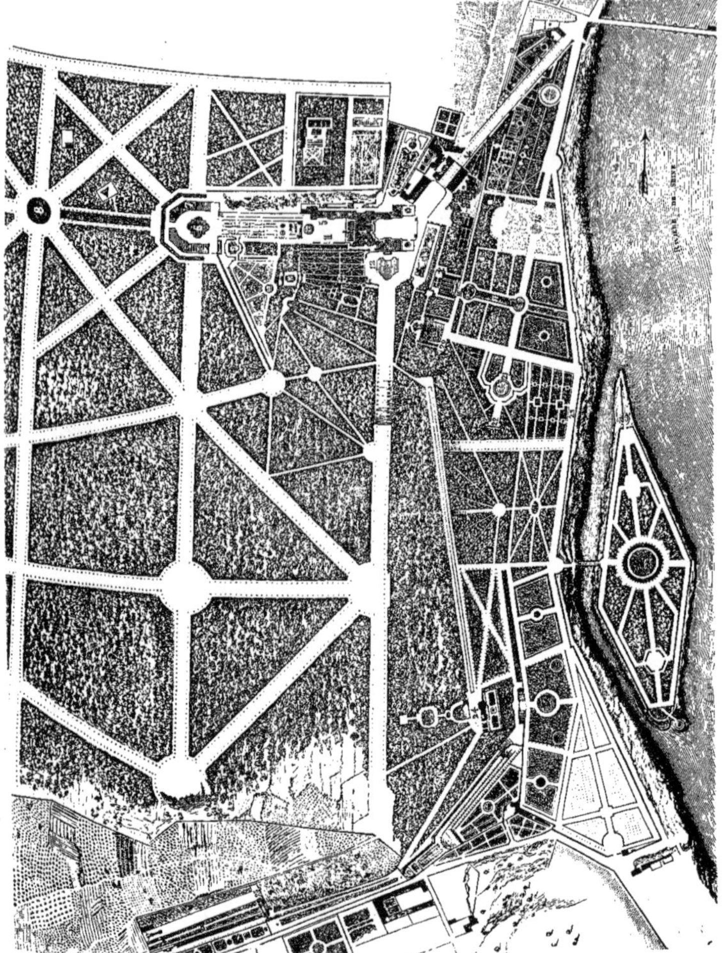

Fig. 95. — Jardins et Parc de Saint-Cloud, créés par Le Nôtre. *(Voyez p. 79.)*

1. Château. — 2. Jardin de M. le duc de Chartres. — 3. Jardin d'Apollon. — 4. Labyrinthe. — 5. Orangerie. — 6. La Gerbe. — 7. Canal des 24 Jets. — 8. La grande Gerbe. — 9. Les Trois Bouillons. — 10. La Table de Marbre. — 11. Les Goulottes. — 12. Bassin du Fer à Cheval. — 13. Bassin des Carpes. — 14. Jardin particulier de Son Altesse royale. — 15. Le Tiller. — 16. Les Cascades. — 17. Les grandes Nappes. — 18. Le Champignon. — 19. Le grand Jet. — 20. Grotte de Rocailles. — 21. Bassin de la Gerbe. — 22. Portique de Treillage. — 23. Les Bassins. — 24. Trianon. — 25. Bassin de Vénus. — 26. Petite Cascade.

Clagny, le « palais d'Armide » de Montespan. Il n'en reste que trois rares gravures du temps, dont une vue d'ensemble (Fig. 98), et quelques lignes de Mme de Sévigné. Elle écrivait, le 7 août 1675 : « Nous fûmes à Clagny... Le bâtiment s'élève à vue d'œil, les jardins sont faits. Vous connaissez la manière de Le Nôtre; il a laissé un petit bois sombre qui fait fort bien. Il y a un

Fig. 96. — Cascade du Parc de Saint-Cloud, d'après Baltar (Calcographie du Louvre). (*Voyez* p. 79.)

bois d'orangers dans de grandes caisses; on s'y promène; ce sont des allées où l'on est à l'ombre; et, pour cacher les caisses, il y a des deux côtés des palissades à hauteur d'appui, toutes fleuries de tubéreuses, de roses, de jasmins, d'œillets. C'est assurément la plus belle, la plus surprenante et la plus enchantée nouveauté qui se puisse imaginer. » Elle ajoute qu'*on* aimait fort ce bois, pour lequel *on* faisait acheter « les tourterelles les plus passionnées. » *On,* c'était l'*ami solide* de la grande marquise (le Roi), et la marquise elle-même, qu'un peu auparavant Mme de Sévigné représentait au milieu de ses ouvriers, pareille à Didon faisant bâtir Carthage. Cette charmante description atteste la souplesse du talent de Le Nôtre, qui savait

Fig. 97. — Cascade du Parc de Sceaux, d'après Rigaud. (*Voyez* p. 79.)

Fig. 98. — Jardin du Château de Clagny, près de Versailles, d'après Perelle. (*Voyez* p. 82.)

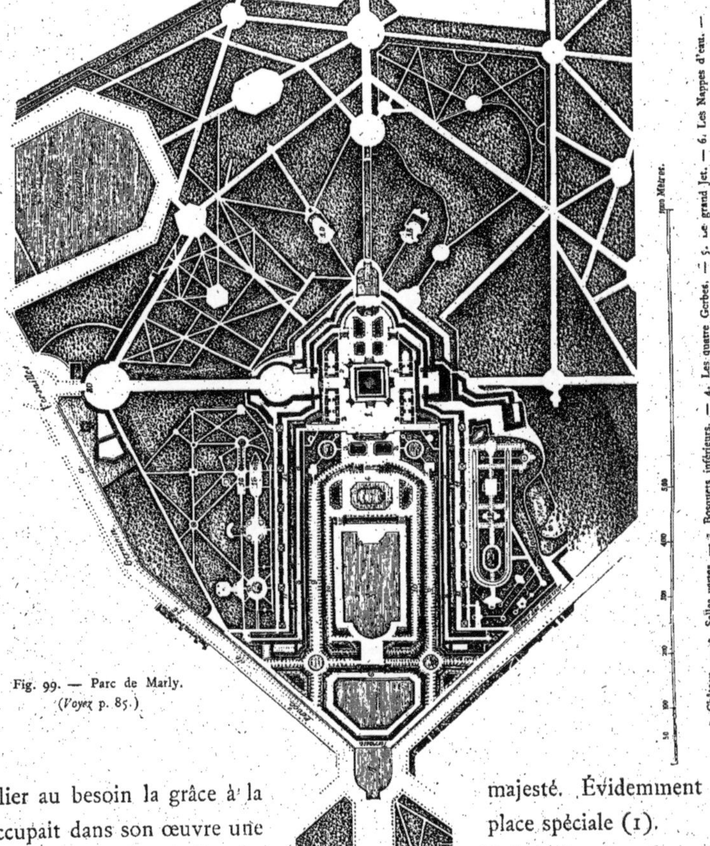

1. Château. — 2. Salles vertes. — 3. Bosquets inférieurs. — 4. Les quatre Gerbes. — 5. Le grand Jet. — 6. Les Nappes d'eau. — 7. Abreuvoir. — 8. Allée des Portiques. — 9. Allée des Boules. — 10. Allée des Ifs. — 11. Pavillons de verdure. — 12. Le Mail. — 13. Salle des Muses. — 14. Bains d'Agrippine. — 15. Théâtre d'eau. — 16. Cascade. — 17. Allée de la Rivière. — 18. Statue de Bacchus. — 19. Statue de Diane. — 20. Grille royale.

Fig. 99. — Parc de Marly.
(*Voyez* p. 85.)

allier au besoin la grâce à la majesté. Évidemment Clagny occupait dans son œuvre une place spéciale (1).

A Saint-Germain (Fig. 70), il faut citer, non le parterre, où le travail de Le Nôtre (1674), plusieurs fois remanié, n'est plus reconnaissable, mais la terrasse, établie par lui en 1672, l'une des plus magnifiques promenades qui existent en Europe, pour la vue et l'étendue du parcours. Le Nôtre, bien qu'octogénaire, conçut et exécuta lui-même en partie une autre création non moins

(1) On sait que Clagny coûta à la France, tout compris, la somme de 2,861,728 livres 7 sous 8 deniers. Quand ce fut fini, le règne de la marquise était sur son déclin. Aussi le Roi, qui avai si souvent prescrit de ne rien épargner, trouva la dépense excessive.

remarquable et d'un genre tout différent, l'*Ermitage* de Marly (Fig. 99) (1), dont les plantations furent terminées par Duruzé, l'un de ses élèves. On doit aussi à Le Nôtre la promenade publique de Dijon, l'une des plus belles de France, qui a heureusement survécu aux révolutions et échappé à peu près aux remaniements; celle d'Amiens (la Hotoie), qu'a chantée Gresset; — le jardin royal de

Fig. 100. — Château de Louvois, près de Reims.

Turin, auquel il avait su fort habilement donner un air de grandeur, malgré sa petitesse réelle, etc. Mieux encore que les palais, les parcs de Le Nôtre mettent en relief la grandeur de l'ancienne société française, et celle des catastrophes qui l'ont frappée.

On retrouve l'imitation de Le Nôtre dans tous les parcs français ou remaniés en France jusqu'à l'avènement du style irrégulier, dont on a conservé d'anciens plans, comme ceux de Louvois, près de Reims (Fig. 100) et de Liancourt (Fig. 101) (2).

(1) *Mémoires du marquis de Sourches*, IV, 194. Ce serait à Marly que Louis XIV aurait fait promener Le Nôtre en chaise à côté de lui, un mois avant la mort du célèbre jardinier.

(2) Dans ce dernier plan, le grand bocage d'allées couvertes et accolées, qu'on remarque sur la droite, doit remonter à une époque antérieure.

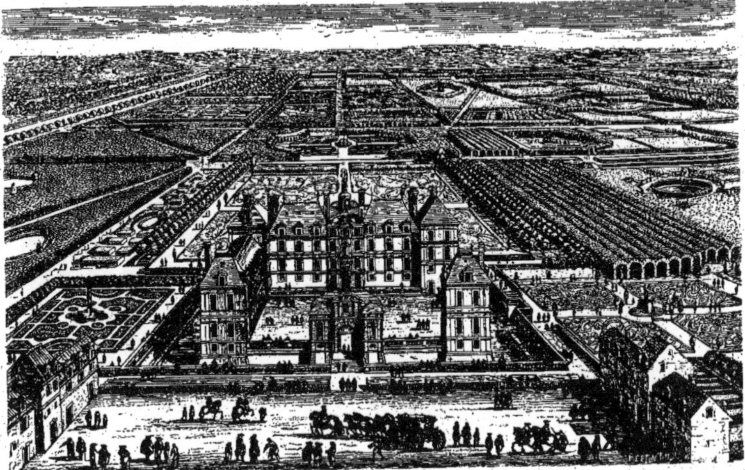

Fig. 101. — Château et Jardins de Liancourt. (*Voyez* p. 85.)

Fig 102. — Parc de Schœnbrunn, près Vienne. (*Voyez* p. 90.)

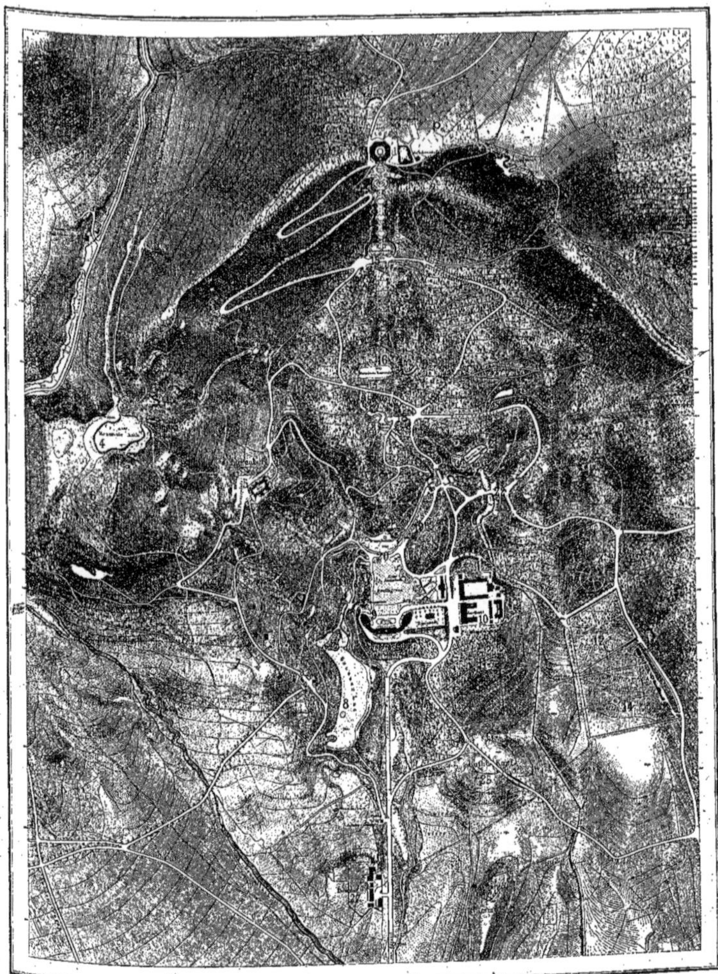

Fig. 103. — Parc de Wilhelmshœhe, près Cassel. (Dessiné par Kaupert. Plan publié par la librairie Schropp, de Berlin.) (*Voyez* p. 90.)

1. Hauteur d'Hercule. — 2. Montagne de Charles. — 3. Hauteur de la Chaumière. — 4. Réservoir Asch. — 5. Ruines de Lion. — 6 Moutagne du Huurod. — 7. Moulang. — 8. Grand Lac. — 9. Grand Lac. — 10. Hôtel et Restaurant. — 11. Ancien Jardin d'arboriculture. — 12. École d'Arboriculture. — 13. École d'Arboriculture forestière. — 14. Jardin potager. — 15. Bassin de Neptune. — 16. Réservoir pour les Fontaines. — 17. Cascades. — 18. Bassin de l'Enfer. — 19. Temple d'Apollon. — 20. Grande Fontaine. — 21. Temple de Mercure et Réservoir des Nouvelles Cascades. — 22. Nouvelles Cascades. — 23. La Bach (Forêts). — 24. Le Seeberg. — 25. La Tête Rouge. — 26. Le Rammelsberg. — 27. Domaine et Écuries. — 28. Rivière la Drusel.

Fig. 104. — Jardin du Comte de Pembroke. (*Voyez* p. 91.)

Fig. 105. — Parc de Drumlanrig, au Duc de Buccleuch. (*Voyez* p. 92.)

Fig. 106. — Vue du Parc du Château de Knebworth. (*Voyez* p. 92.)

Fig. 107. — Château de Knebworth, appartenant à Lord Lytton. (*Voyez* p. 92.)

Cette influence s'étendit dans toute l'Europe civilisée. L'empereur d'Autriche voulut avoir son Versailles à Schœnbrunn (Fig. 102); le roi de Naples, le sien à Caserte; la Russie eut plus tard le sien à Peterhof. Le landgrave de Hesse avait eu la même ambition pour son château de Wilhelmshœhe (Fig. 103). Il prit pour auxiliaire un réfugié français qui a chèrement payé sa gloire future, Denis Papin. Les rois d'Espagne avaient, dès le XVIe siècle, le parc d'Aranjuez, avec des avenues déjà fort

Fig. 108. — Parc de Woodstock, près Kelkenny. Château appartenant à Mme Louisa Tigbe. (*Voyez* p. 92.)

belles du temps de l'ambassade de Saint-Simon (1722), et le reste, arrangé et toujours entretenu depuis l'origine par la volonté expresse de Charles-Quint, dans ce que le noble duc appelait le goût flamand, c'est-à-dire du temps de la Renaissance; « coupé de bosquets, de berceaux bas et étroits, et pleins de fontaines de belle eau, d'oiseaux, d'animaux et de statues mécaniques inondant les curieux. » Accoutumé aux jardins de Le Nôtre, Saint-Simon trouva « bien du petit et du colifichet » à Aranjuez, « mais le tout faisait quelque chose de charmant et de surprenant en Castille, par l'épaisseur de l'ombre et la fraîcheur des eaux. » Aujourd'hui, le « colifichet » a disparu, mais les avenues restent, et comptent parmi les plus belles du monde. Dans les autres parcs royaux, l'ambassadeur reconnaît l'application du nouveau style français. Le parterre du Retiro ressemblait de tout point au Luxembourg. Le château de La Granja était alors en construction, et les jardins à peine ébauchés s'étendaient jusqu'au pied des montagnes, dont la *hideuse beauté* faisait tout l'aspect du château, mais qui avaient l'avantage de « fourmiller des plus grosses sources », et d'approvisionner des bassins et des jets d'eau sans nombre,

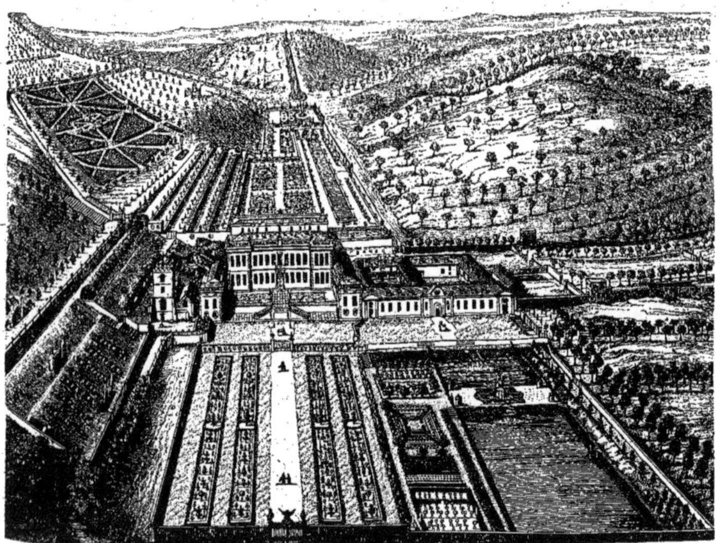

Fig. 109. — Château de Durham, d'après Kip *(Britannia illustrata)*. *(Voyez* p. 92.)

« dont plusieurs jetoient gros comme la cuisse, le double de la hauteur de ce beau jet d'eau de Saint-Cloud, qui faisoit la jalousie du feu roi (Louis XIV). »

Le jardin du comte de Pembroke (Fig. 104), qui paraît être de la fin du xvie siècle ou du commencement du xviie, est un type curieux des plus anciens jardins réguliers anglais. Nous y retrouvons les parterres en broderies et les tourelles, les ifs régulièrement taillés, les carrefours ornés de statues. Après le rétablissement des Stuarts, la prépondérance française s'étendit jusque sur les jardins. Ceux de Greenwich et de Saint-James, dessinés par Le Nôtre lui-même, furent imités dans toute l'Angleterre, et continuèrent de l'être, même après la révolution de 1688.

Nous citerons encore, parmi ces anciens parcs anglais, ceux de Chatsworth (Fig. 111), de Knebworth (Fig. 106 et 107), Drumlanrig (Fig. 105), et Woodskock (Fig. 108). Tout en guerroyant contre la France, l'Angleterre continuait à subir l'influence du goût français. Ce pays, où des principes tout opposés devaient bientôt prévaloir, est peut-être celui où les plus grands efforts avaient été faits pour appliquer le

Fig. 110. — Parc du Château d'Elvaston (dans le Derbyshire), appartenant au Comte d'Harrington. (*Voyez* p. 95.)

système régulier, même dans des localités d'où semblaient l'exclure la description capricieuse des bâtiments de diverses époques et les accidents du sol, comme à Durham (Fig. 109).

On trouvait aussi dans ces jardins réguliers anglais de curieux spécimens de sculptures végétales. Tandis que ce système d'ornementation était à peu près réduit ailleurs, notamment en France, à un rôle tout à fait secondaire, il restait plus que jamais à la mode dans les Pays-Bas et en Flandre. Cette fantaisie persistante s'explique, chez ces peuples, par la monotonie de l'horizon, le morcellement des domaines, la manie de la curiosité, de tout ce qui exige un entretien constant, méticuleux. Un dessinateur de jardins, presque contemporain de Le Nôtre, reproduisait en buis, charmille ou épine-vinette des scènes de chasse, par exemple un groupe composé d'un homme enfonçant un épieu dans la gueule d'un ours et secondé dans ce combat par son chien (1). On a aussi conservé le souvenir d'un jardin, près de Harlem, où toute une chasse au cerf était représentée en charmille; d'une caricature d'abbé, à Saint-Omer, entouré d'un chapitre d'oies, de dindons et de grues, en ifs et romarins; d'un autre, gardé par des gendarmes en buis, etc. Ces tours de force furent répétés en Angleterre sur une grande

Fig. 111. — Chatsworth, au Duc de Devonshire.

échelle, après l'avènement de Guillaume d'Orange. Un dessinateur nommé Wyse, homme d'imagination, après tout, transforma des parcs en ménageries d'animaux dans diverses attitudes, gardés par des géants, le tout en ifs et en buis.

L'ancien *pleasure-ground* d'Elvaston-Castle (Fig. 110) offrait, dans une enceinte de palissades de verdure faisant office de rempart, quantité d'arbres et d'arbustes taillés

(1) On trouve une gravure représentant cette sculpture dans un livre fort rare, l'*Horticultura*, de Lauremberg de Rostok. — *Francfort*, 1654. Aujourd'hui encore, les jardins du fameux village de Bruck sont remplis de sculptures semblables, représentant des colonnes, des statues, des arcades, des animaux réels ou de fantaisie. Quelques tours de force du même genre ont été longtemps conservés en France. On entretenait encore, en 1808, dans un parc voisin de Chartres, des instruments de musique gigantesques, groupés en labyrinthe.

de manière à figurer les ruines éparses d'un temple. Dans un passage de Pope qui raille ces fantaisies grotesques, il est question d'un groupe en buis représentant le combat légendaire du patron de la Grande-Bretagne contre le monstre infernal. « Le bras du saint n'est pas encore assez long, mais au printemps prochain il aura suffisamment poussé pour atteindre le dragon. »

Ces efforts, souvent malencontreux, pour concilier deux choses absolument contraires, pour introduire la variété, l'imprévu dans l'ordre régulier, indiquaient assez l'approche d'une révolution. Le temps des architectures végétales finissait, celui du paysage allait commencer (1).

(1) Parmi les spécimens les plus remarquables de parcs français de cette époque, nous aurions pu citer encore ceux de Le Tellier à Chaville, de Richelieu en Poitou, et plusieurs autres dont il ne reste que les belles gravures de de Pérelle. Une curiosité de ce temps, dont aucun écrivain n'a parlé, c'est, ou plutôt c'était le parc du comte de La Forest, à *Fréchines*, dans le Vendômois, offrant, dans un espace de moins de quatre hectares, une réduction exacte de Versailles. Il a subsisté dans cet état jusque vers 1850.

Les parterres du jardin de Choisy, dont nous reproduisons le labyrinthe (Fig. 112), étaient l'une des œuvres de Le Nôtre les plus réussies.

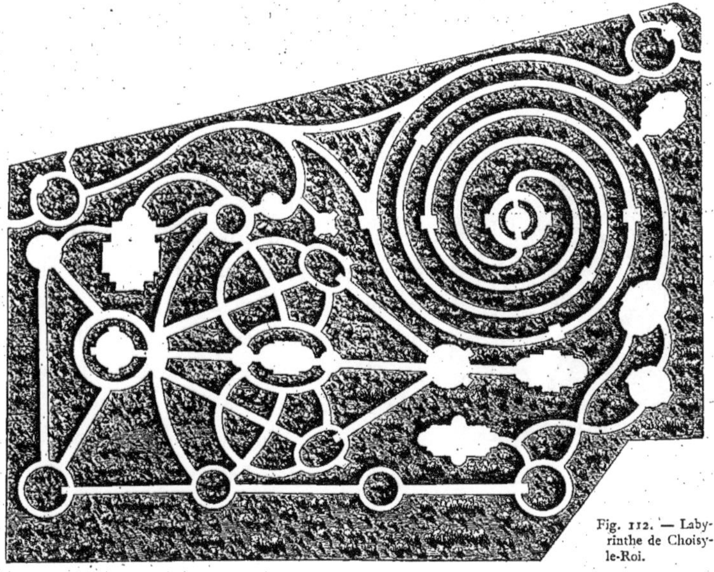

Fig. 112. — Labyrinthe de Choisy-le-Roi.

Fig. 113. — Diogène. Paysage de N. Poussin, gravé par Boudet, 1684. (Calcographie du Louvre.)

LE PAYSAGE

UIVANT un de nos contemporains, à la fois penseur profond et grand écrivain, « les jardins anglais (agrestes ou irréguliers) indiquent l'avènement d'une autre race, la domination d'un autre goût, le règne d'une autre littérature, l'ascendant d'un autre esprit, plus compréhensif, plus solitaire, plus aisément fatigué, plus tourné vers les choses du dedans. » (Taine, *Voyage en Italie*, I, 297) (1). Une des conséquences de cette évolution psychologique, et non l'une des moindres, a été ce qu'on peut appeler

(1) Ceci n'est pas absolument exact, ou plutôt est incomplet. On ne saurait nier que le style des jardins chinois, prototype du genre irrégulier, n'ait une corrélation intime avec celui des constructions. Mais l'observation de M. Taine n'en est pas moins vraie, en ce qui concerne la disposition morale qui a déterminé et favorisé l'adoption de ce genre en Occident.

l'étude analytique des beautés de la nature, des sites de différents caractères. On a recherché à quoi tiennent les impressions si variées qu'ils produisent, à quelles combinaisons d'eaux, de feuillages, de lumière, d'horizons tourmentés ou paisibles, correspondent ces impressions tristes ou gaies, douces ou violentes; ce qui fait la

Fig. 115. — Polyphème, par N. Poussin, gravé par Boudet. (Calcographie du Louvre.)

grâce de certains aspects naturels; et, pour parler comme Saint-Simon, la *hideuse beauté* de certains autres; — hideuse, et pourtant triomphante!

Quelques grands peintres, et notamment le plus grand de l'école française, Poussin, ont été les initiateurs du monde moderne dans cette voie nouvelle. La peinture de paysage n'était, à l'origine, qu'un accessoire de la peinture historique. Les événements reproduits par les artistes se passant souvent en plein air, ils se trouvèrent entraînés insensiblement à étudier tous les aspects sous lesquels peut être reproduite la nature. Plus tard, les figures prirent souvent moins d'importance dans les tableaux, tandis que le site en obtenait davantage. Les représentations des

Mystères, en Italie et ailleurs, exigèrent des décorations, et cette imitation en grand des paysages et des perspectives fit naître l'idée de peindre des sujets analogues dans des dimensions réduites, en les animant de quelques figures. Avant que des artistes se vouassent exclusivement à ce genre, des maîtres de premier ordre, à commencer par Raphaël, avaient donné plus d'importance au paysage dans leurs compositions. A Venise, Titien lui avait imprimé un accent de mâle grandeur et de vérité saisissante. Dans l'un de ses chefs-d'œuvre, *le Martyre de Saint Pierre le Dominicain* (qui malheureusement n'existe plus), il avait placé cette scène terrible dans un paysage admirablement assorti au sujet, et dont les premiers plans étaient grands comme nature. A Rome, le Dominiquin s'exerça dans cette branche de l'art, en traitant parfois des sujets mythologiques en figures de petite

Fig. 116. — Claude Lorrain. — Paysage avec la Vache. (*Voyez* p. 99.)

Fig. 117. — Claude Lorrain. — Paysage; Mercure endort Argus. (*Voyez* p. 99.)

dimension dans des tableaux où le rôle principal appartient au paysage (1). Dans ce genre, il fut imité et surpassé par le Poussin. Cet artiste, grand entre les plus grands, avait été souvent amené à composer des sites en harmonie avec les sujets d'histoire sacrée ou profane qu'il avait à traiter. Il l'avait toujours fait avec le plus heureux discernement, non pas avec une fidélité littérale et absolue dont les éléments n'étaient pas à sa portée, mais en tirant de ce qu il connaissait le parti le meilleur et le plus judicieux. Ce goût si sûr, ce sentiment si développé du beau ne lui firent pas défaut, quand, dans quelques moments d'enthousiasme pour le spectacle de la nature, il choisit le paysage comme but principal et presque unique de ses compositions. Ses tableaux dans ce genre ne sont pas nombreux, mais tous portent le cachet de son génie. Tous offrent le double mérite d'une composition grande et simple, malgré la richesse des détails et de l'heureuse combinaison

Fig. 118. — Paysage par Berghem. (*Voyez* p. 99.)

Fig. 119. — Nicolas Berghem. — Paysage. (*Voyez* p. 99.)

(1) Voir notamment au musée du Louvre les nos 495, 496, 300. On trouve des exemples semblables dans les œuvres de Carrache, de l'Albane, de Mola, etc.

des lignes pour l'unité de l'effet (1). L'étude de ces œuvres n'est pas moins nécessaire aux dessinateurs des jardins paysagers qu'aux peintres. Ils y trouveront, pour la composition des scènes de différents caractères, des modèles dont il convient de s'inspirer, sans les copier servilement (2).

On comprend qu'il n'est pas question ici de l'imitation parfaite de la nature. Sous ce rapport, Poussin est inférieur, non seulement à son contemporain Claude Lorrain (Fig. 116 et 117), mais à plusieurs autres maîtres anciens et modernes. En revanche, il n'a pas d'égal pour la composition des paysages, bien que quelques-uns de ses successeurs, Gaspard Dughet, par exemple, aient marché avec succès sur ses traces, et laissé des œuvres dignes d'être étudiées (3).

Fig. 120. — Isaac Ostade. — Paysage.

Parmi les grands paysagistes, il faut citer également Salvator Rosa, Watteau, dans l'école hollandaise, Berghem (Fig. 118 et 119), Ostade (Fig. 120), Pynaker (Fig. 121), Ruysdaël, Hobbema; dans l'école française moderne, Rousseau, Cabat, Corot, Millet, etc.

On a voulu attribuer au Tasse une part d'initiative dans les commencements

(1) Il ne faut pas oublier, pour bien juger son œuvre, « qu'il y a maintenant deux siècles passés qu'il est mort et qu'il n'y a guère plus de cent ans que l'Afrique du Nord et la côte occidentale de l'Asie sont bien connues au point de vue de l'art et de la nature ». (Bouchitté, *Le Poussin*, p. 395.)

(2) Notamment les *Funérailles de Phocion*, où le paysage s'harmonise si bien avec le sujet; l'*Ouragan*, la *Peur*, le *Diogène* (Fig. 113), le *Polyphème* (Fig. 115) où un artifice de perspective produit un si grand effet, et où Poussin a si heureusement fait intervenir, au second plan, l'idylle du ménage champêtre.

(3) J'ai un paysage de lui, dont le sujet principal est un cours d'eau qui forme successivement plusieurs petits lacs ou bassins naturels bordés de plantations. On pourrait y trouver des indications utiles pour la disposition d'eaux abondantes dans un jardin paysager.

des jardins paysagers, à cause de la description des bocages enchantés d'Armide, au Chant XVI de la *Jérusalem délivrée :*

« L'art qui créa ces beautés, les accroît encore en se dissimulant....; et la nature, en retour, se plaît à imiter son propre imitateur.) » Ces gracieux *concetti* auraient, dit-on, été inspirés au Tasse par le souvenir d'un jardin irrégulier qui existait de son temps près de Turin. L'existence de ce jardin ne nous est connue que par une lettre du Tasse écrite au temps de ses pires accès de folie (1580), et doit, par conséquent, être tenue pour suspecte. C'était d'ailleurs l'époque de la plus grande splendeur des villas italiennes de la Renaissance, notamment de celles d'Este et Aldobrandini, bien plus conformes à la tradition antique, et par conséquent au génie italien (1). Aujourd'hui encore, pour la même raison, les jardins irréguliers sont assez rares en Italie. Ils produisent, en général, moins d'effet dans les contrées du Midi, baignées d'une clarté égale, que dans l'atmosphère brumeuse du Nord. Aussi, suivant des hommes très compétents, ce nouveau style devait réussir d'abord dans le pays brumeux par excellence, l'Angleterre, où les paysages sont moins admirables par la richesse de la végétation, que par les contrastes que produit le jeu de la lumière.

(1) Cette description des jardins d'Armide ne serait-elle pas tout simplement une réminiscence des abords de la grotte de Calypso dans l'Odyssée?

Fig. 121. — Adam Pynaker. — Paysage. (*Voyez* p. 99.)

Fig. 122. — Eridge Castle (Sussex), un des plus anciens Parcs d'Angleterre, appartenant au Marquis d'Abergavenny.

JARDINS AGRESTES OU IRRÉGULIERS (JARDINS ANGLAIS)

CETTE révolution dans l'art des jardins, dont l'Angleterre fut le premier théâtre, n'y commença que vers 1720, mais elle avait été pressentie et même formulée dans la première moitié du siècle précédent. Les principes d'une théorie des jardins, fondée, au rebours de l'ancienne, sur le sentiment et la reproduction des beautés de la nature, avaient été nettement posés par l'universel Bacon, dans un passage important de ses *Sermones*, imprimés dès 1644. Suivant sa théorie, un parc doit se composer de trois sections ou fractions principales, reliées entre elles par un système d'allées embrassant la totalité du domaine. Il commence par une pelouse ouverte et se termine par des bosquets. Entre la pelouse d'entrée et le bocage final, s'étend le jardin proprement dit, enveloppant de tous côtés l'habitation. Bacon recommandait que les allées de liaison et de ceinture fussent plantées de manière à donner de l'ombre à toute heure, *mais il défendait de rechercher cet avantage au moyen d'aucune disposition symétrique d'arbres ou d'arbustes.* Il proscrivait, jusque sous les fenêtres des châteaux, les sculptures végétales et les parterres de mosaïque « dont il faut, dit-il, laisser le

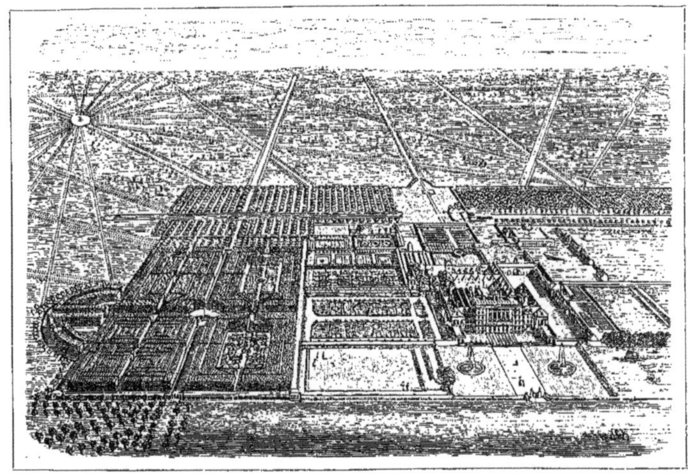

Fig. 124. — Château de Badminton, appartenant au Duc de Beaufort. (*Voyez* p. 103.)

monopole aux confiseurs. » Il condamne aussi, comme désagréables et insalubres, les réservoirs, les bassins où l'eau reste immobile. Un parc doit présenter des ondulations, et, s'il est possible, un point culminant avec belvédère. Il serait bon aussi de ménager sur la lisière quelques élévations, d'où l'on jouirait des plus beaux points de vue des environs et de l'ensemble de la propriété. Il recommande de réserver un emplacement bien exposé, destiné à former un *arboretum* ou pépinière d'essai pour les arbres fruitiers et d'ornement susceptibles d'être acclimatés. Ces préceptes, aujourd'hui d'usage commun, étaient, du temps de Bacon, d'une hardiesse singulière. Lui-même, un peu plus loin, semblait s'effrayer de sa propre audace, et admettait, dans le *pleasure-ground* ou jardin réservé, des ornements réguliers et des édicules conformes au goût du temps.

La fameuse description du *Paradis* de Milton, composée quelques années après, est visiblement conçue dans le même ordre d'idées. Ce jardin, dont Dieu même a été l'ordonnateur, ne contient rien de symétrique; les ruisseaux y tracent de capricieux sillons sous les ombrages; « les fleurs n'y sont pas curieusement disposées en compartiments ou en rosaces, mais répandues en profusion par la nature parmi les vallons, les plaines et les collines boisées... »

Fig. 125. — La Favorite, ancien Parc près Mayence.

Ces aspirations étaient prématurées. Tous les plans de parcs anglais du temps des Stuarts, de Guillaume III et de la reine Anne, appartiennent encore au style régulier (Fig. 122 et 124). Il en était de même en Allemagne, où la lutte se prolongea longtemps entre les deux genres opposés, comme en font foi les curieux plans des jardins de la Favorite, près Mayence (Fig. 125 et 126), de Heidelberg (Fig. 127), et le jardin épiscopal de Würtzbourg, encore remanié d'après le système régulier, dans la seconde moitié du XVIIIe siècle (Fig. 128). On y remarque, dans le voisinage du palais épiscopal et de l'église (1 et 22), un labyrinthe (18) renfermant deux édicules singulièrement placés en si édifiante compagnie; des temples de Flore (20) et de Bacchus (19). Ce jardin est encore conservé dans le même état.

Pourtant le système contraire avait eu en France, et auprès de Louis XIV lui-même, un zélé partisan dans le poète Dufresny, homme fort *irrégulier* de toute manière, et qui improvisait avec la même facilité des jardins et des comédies. Il est au moins vraisemblable que les premières indications des Jésuites sur les jardins chinois (vers 1690) avaient vivement frappé l'imagination ardente et paradoxale de Dufresny. Il avait, dit un de ses biographes (qui écrivait en 1733 et l'avait connu),

Fig. 126. — Fontaine du Parc de la Favorite, d'après Salomon Kleiner. (*Voyez* p. 103.)

un goût dominant pour l'art des jardins. Mais les idées qu'il s'était faites à ce sujet n'avaient rien de commun avec celles des grands hommes que nous avons eus et que nous avons encore en ce genre. Il ne travaillait avec plaisir, et pour ainsi dire à l'aise, que sur un terrain inégal et irrégulier. Il lui fallait des obstacles à vaincre, et quand la nature ne lui en offrait pas, il s'en donnait à lui-même : c'est-à-dire que d'un emplacement régulier et d'un terrain plat, il en faisait un montueux, afin, disait-il, de varier les objets en les multipliant. Pour se garantir des vues voisines (1), il leur opposait des élévations de terre, qui formaient en même temps des belvédères. Il

(1) C'est-à-dire pour empêcher les voisins de voir.

disposa dans ce goût les jardins de Mignaux, aux environs de Poissy, ceux de l'abbé Pajot, près de Vincennes, etc. Louis XIV, dont Dufresny était, dit-on, arrière-cousin de la main gauche, s'intéressait à lui et voulut à diverses reprises faire sa fortune, mais le grand Roi lui-même n'était pas assez puissant pour cela! On a prétendu aussi, tantôt qu'il avait hésité à l'origine entre les plans de Le Nôtre et ceux de Dufresny pour les

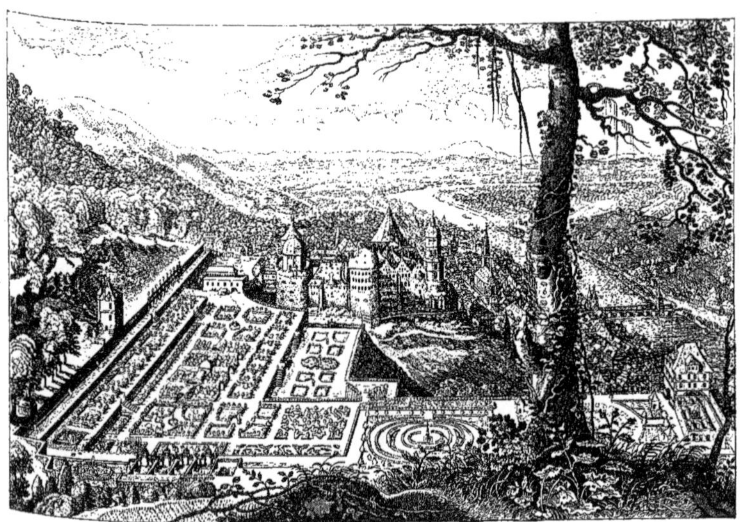

Fig. 127. — Château et Jardins de Heidelberg. (*Voyez* p. 103.)

jardins de Versailles, tantôt que dans sa vieillesse il avait failli se décider à les refaire complètement d'après les idées de ce dernier. Ces assertions viennent, dit-on, de Dufresny lui-même, ce qui ne prouve pas qu'elles soient vraies, au contraire (1)!

Cette première tentative n'eut qu'un succès éphémère, et la vogue du système opposé, considéré plus que jamais comme national, se prolongea en France jusqu'à la

(1) Dufresny descendait, dit-on, d'un fils naturel d'Henri IV et de la femme d'un jardinier, ce qui expliquerait bien, au gré des partisans de la théorie des affections héréditaires, le caractère hâbleur et spirituel du poète et ses goûts de jardinage. Né en 1648, Dufresny était beaucoup trop jeune pour présenter des plans en concurrence avec ceux de Le Nôtre pour Versailles, à l'époque où ceux-ci furent adoptés. D'autre part, dans ses dernières années, Louis XIV n'était préoccupé, en fait de jardins, que de ceux de Marly. Enfin, ce fut surtout dans les dernières années de sa vie (1714-24), et par conséquent après la mort de Louis XIV, que Dufresny s'occupa de jardins.

14

fin du règne de Louis XV. Tous les auteurs français qui ont écrit jusque-là sur les

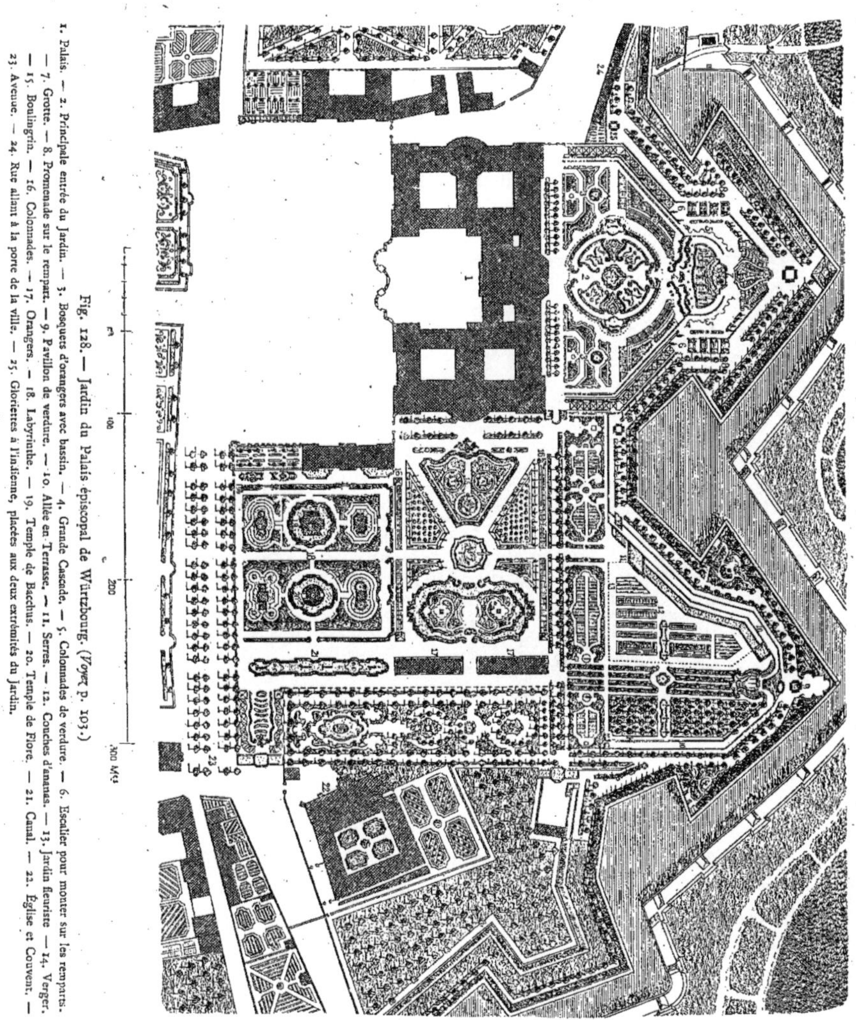

Fig. 128. — Jardin du Palais épiscopal de Würtzbourg. (Voyez p. 103.)

1. Palais. — 2. Principale entrée du Jardin. — 3. Bosquets d'orangers avec bassin. — 4. Grande Cascade. — 5. Colonnades de verdure. — 6. Escalier pour monter sur les remparts. — 7. Grotte. — 8. Promenade sur le rempart. — 9. Pavillon de verdure. — 10. Allée en Terrasse. — 11. Serres. — 12. Couches d'ananas. — 13. Jardin fleuriste. — 14. Verger. — 15. Boulingrin. — 16. Colonnades. — 17. Orangers. — 18. Labyrinthe. — 19. Temple de Bacchus. — 20. Temple de Flore. — 21. Canal. — 22. Église et Couvent. — 23. Avenue. — 24. Rue allant à la porte de la ville. — 25. Gloriettes à l'indienne, placées aux deux extrémités du jardin.

jardins, ne font mention que de ceux du genre régulier, et ne paraissent pas en soupçonner d'autres.

Il n'en était pas de même en Angleterre. Le nouveau système indiqué par Bacon et esquissé à grands traits dans le *Paradise lost*, fut nettement formulé par Addisson. Par une anomalie curieuse, l'auteur froid et compassé de *Caton* proscrivait en horticulture la régularité classique qu'il introduisait dans la tragédie anglaise. On a souvent cité un passage de son poème intitulé: *La Campagne*, qui contient le programme de la « ferme ornée », telle qu'on la comprend aujourd'hui. « Pourquoi, disait-il, un propriétaire ne ferait-il pas de son domaine entier une sorte de jardin?...

Fig. 129 — Vue du Jardin de Kew. (*Voyez* p. 108.)

Si les prairies recevaient de l'art du fleuriste quelques embellissements, il composerait un délicieux paysage, rien qu'avec son petit domaine. »

Ces idées furent vivement reprises par un autre écrivain, qui a joui de son vivant d'une réputation aujourd'hui bien amoindrie. Pope attaqua énergiquement les jardins classiques : il se moqua des arbres taillés, « semblables à des coffres verts posés sur des perches, » et des autres architectures végétales. Il joignit l'exemple au précepte, en disposant dans le goût nouveau son petit domaine de Twickenham près de Londres. Cette plantation fait époque dans les annales de l'horticulture anglaise. Ce fut là que le célèbre dessinateur Kent trouva, dit-on, ses meilleures inspirations : le parc d'Esher, maison de campagne du premier ministre Pelham, et le parc historique de Claremont. En rapprochant la date de ces premiers travaux (1720) de celle des essais de Dufresny (1714-24), on est amené à penser que la France, en ceci comme en bien d'autres choses, pourrait réclamer le mérite de la priorité. Mais, en Angleterre, cette réaction contre le genre régulier, spécialement réputé *français*, devint une affaire d'amour-propre national.

Alors, au rebours de la prophétie d'Isaïe, les espaces unis se soulevèrent en collines, les chemins droits se recourbèrent. Les eaux jadis captives dans des bassins ou des réservoirs, asservies à des fantaisies grandioses ou puériles, furent rendues à leur pente naturelle, encore accélérée par des accidents factices de terrain; les avenues détruites ou absorbées dans des massifs aux contours capricieux. Un peu plus tard, les partisans de cette révolution reçurent de la Chine un puissant renfort. Ce fut la revanche des « magots », jadis repoussés par Louis XIV! Nous avons déjà signalé la lettre du jésuite Attiret, sur le *jardin des jardins*. Chambers, architecte anglais, collaborateur de Kent dans la création du parc important de Kew (Fig. 129), publia à son tour un livre sur les jardins chinois, qui faisait plus d'honneur à son imagination qu'à sa mémoire, car il était resté peu de temps en Chine, et n'avait pas même vu les parcs impériaux. Mais, comme il prêchait au nom des Chinois le retour absolu à la nature; ses descriptions, conformes à l'esprit du temps, obtinrent un grand succès, non seulement dans son pays, mais en France et en Allemagne. Ses préceptes furent bientôt développés et commentés dans un grand nombre d'autres ouvrages. L'un des meilleurs est encore celui de Whately, publié en 1770 sous le nom modeste d'*Observations* (1).

Fig. 130. — Acer negundo. (*Voyez* p. 109.)

Plusieurs de ces observations sur la forme des bosquets, la direction des allées, des ruisseaux, le rapprochement des diverses teintes de verdure, peuvent encore être consultées utilement. Plus sage que la plupart des dessinateurs et propriétaires anglais contemporains, il blâme la prétention de contrefaire, dans des jardins d'agrément, les scènes naturelles les plus violentes.

(1) Whately (Sir Thomas) était, à cette époque, membre du Ministère.

Il avoue, malgré son antipathie pour le style français, « que les avenues formant d'épaisses voûtes de verdure ont un charme particulier, et qu'il vaut mieux conserver cette disposition que de sacrifier des arbres importants, qui ne peuvent plus être déplacés. »

C'est aussi à cette époque de révolution horticole qu'appartient la *Théorie des Jardins*, du professeur danois Hirschfeld. Celui-là, plus radical que Whately,

Fig. 131. — Étang du Désert, à Ermenonville. (*Voyez* p. 110.)

repousse toute symétrie. Il paraît avoir voulu reproduire dans son livre le désordre pittoresque qu'il vante, et manque absolument de goût, bien qu'il répète ce mot à chaque instant. Ses extravagances sont quelquefois curieuses. Il donne, par exemple, un plan de répartition des parcs en quatre compartiments distincts, suivant les saisons; ou bien des préceptes pour appliquer la métaphysique à l'art des jardins, en assortissant leur physionomie à la profession, au caractère et même à la figure du propriétaire, ou aux sentiments dont il veut favoriser l'expansion chez ses visiteurs. Ces impressions morales peuvent être obtenues infailliblement au moyen de certaines combinaisons d'arbres et d'arbustes, indiquées par le jardiniste philosophe. L'*Acer negundo* (Fig. 130) en considération de son feuillage d'un vert tendre, est particulièrement recommandé pour les scènes d'amour! Hirschfeld traite de fabuleuses les descriptions de Chambers et même celle d'Attiret, et bannit en conséquence la chinoiserie de ses parcs. En revanche, il les encombre de temples grecs. Malgré ces puérilités, cet ouvrage est recherché à cause des nombreuses figures qu'il contient, notamment des jardins paysagers composés par Brandt, l'un des introducteurs du genre irrégulier en Allemagne.

En France, Jean-Jacques Rousseau (Fig. 131) fut l'un des plus énergiques promoteurs du nouveau système. « Il faisait voir l'aurore à des gens qui ne s'étaient jamais levés qu'à midi, le paysage à des yeux qui ne s'étaient encore arrêtés que sur des salons et des palais, le jardin naturel à des hommes qui ne s'étaient jamais promenés qu'entre des charmilles tondues et des plates-bandes rectilignes. » (Taine, l'*ancien Régime*, p. 357.)

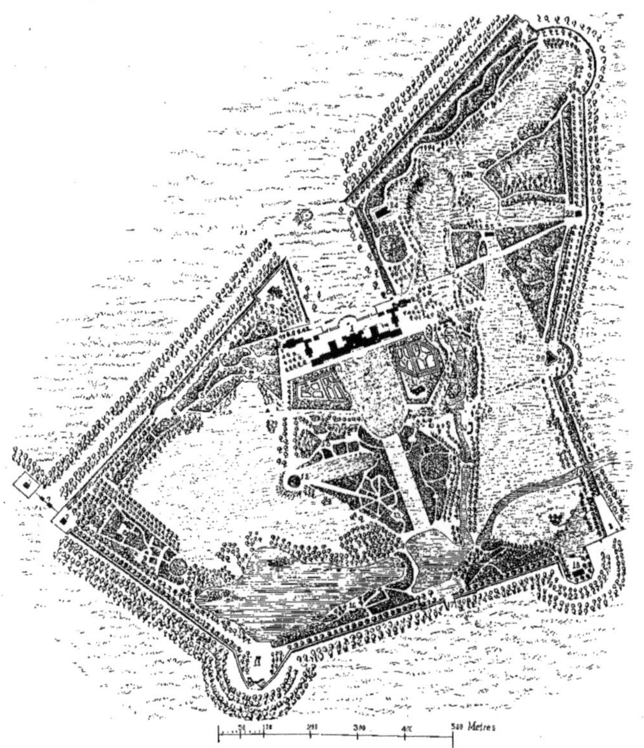

Fig. 132. — Parc de Stowe en Buckinghamshire, amélioré par Kent, en 1738. (*Voyez* p. 112.)

1. Maison d'habitation. — 2. Deux Jardins potagers. — 3. Orangerie. — 4. Temple de Bacchus. — 5. Ermitage Saint-Augustin. — 6. Statue de Dryade. — 7. Pavillon et Grille. — 8. Pyramide. — 9. Monuments de la reine Caroline. — 10. Cascade, — 11. Temple de Vénus. — 12. Rotonde. — 13. Caverne de Didon. — 14. Colonne et Statue du roi George. — 15. Théâtre de la Reine. — 16. Grotte du Berger. — 17. Entrée des Jardins. — 18. Temple de l'Amitié. — 19 Pont de Pembrocke. — 20. Temple gothique. — 21. Hémicycle des sept Divinités saxonnes. — 22. Statue de lord Cobham. — 23. Temple de la Poésie pastorale. — 24. Temple Grec. — 25. Temple des Dames. — 26. Grotte et silex, porcelaine et coquillages, décorée de glaces et d'une statue de Vénus. — 27. Bains froids. — 28. Rivière des Aulnes. — 29. Pont de rocailles et Cascades. — 30. Temple des illustres Bretons. — 31. Église paroissiale. — 32. Temple de l'ancienne Vertu. — 33. Temple à la moderne Vertu et Arcade d'Armide. — 34. Monuments de Congrève. — 35. Grotte en cailloux. — 36. Statue de George Ier. — 37. Salon de Nelson.

L'emploi des jardins irréguliers commença à prévaloir en France vers 1770. Il

Fig. 133. — Les Jardins royaux de Potsdam (avec Sans-Souci et Marly). — Reproduction d'après un Plan gravé en 1853 par M. G. Meyer, et appartenant à M. Jühlke, Directeur général des Parcs royaux. (*Voyez* p. 116.)

1. Palais nouveau. — 2. Temple antique. — 2. Pépinière. — 4. Hippodrome. — 5. Petit Château appelé Charlottenhof. — 6. Marly. — 7. Le Château de Sans-Souci. — 8. Galerie de Tableaux. — 9. Moulin à Vent de Frédéric-le-Grand. — 10. Orangerie. — 11. Vignoble. — 12. Belvédère. — 13. Champ de culture. — 14. Montagnes avec ruines. — 15. Montagnes des Moulins.

donna lieu à la publication d'un grand nombre de dissertations et de traités, parmi lesquels on remarque ceux de Watelet, de Valenciennes, de Morel, de Girardin, l'ami et le dernier hôte de Rousseau. Les anciens jardins avaient été spécialement célébrés par le P. Rapin; les nouveaux le furent par Dallières, Delille et Fontanes. Comme on l'a dit avec raison, les formes délicates de l'architecture de cette époque s'encadraient mieux dans les jardins irréguliers, que les constructions pompeuses et emphatiques

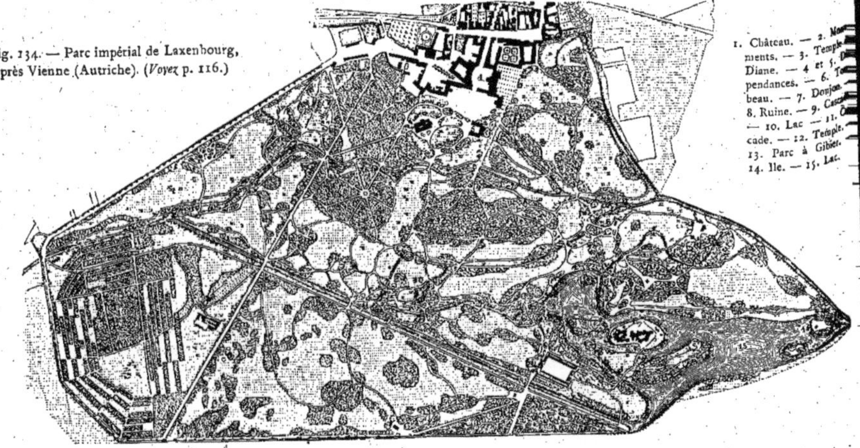

Fig. 134. — Parc impérial de Laxenbourg, près Vienne (Autriche). (*Voyez* p. 116.)

1. Château. — 2. Mon-ments. — 3. Temple Diane. — 4 et 5. D-pendances. — 6. T-beau. — 7. Donjon. 8. Ruine. — 9. Casc-— 10. Lac — 11. C-cade. — 12. Temple. 13. Parc à Gibier. 14. Ile. — 15. Lac.

de l'époque antérieure. C'est un nouveau témoignage en faveur du système de corrélation intime entre le caractère des constructions et celui des jardins.

Il y eut au début de cette révolution, comme de toutes les autres, des tâtonnements et des erreurs regrettables. On s'écarta fort de cette harmonieuse unité dont les compositions paysagères du Poussin offraient pourtant de si beaux modèles. « Les jardins furent des essais de poèmes divisés en différents chapitres », dont les sujets, tantôt religieux, tantôt sérieux ou des plus profanes, formaient des contrastes souvent choquants ou grotesques. Le type le plus curieux de ce genre d'ornementation fut longtemps le fameux parc de lord Granville, Stowe (Fig. 132). Ce parc, dessiné régulièrement à l'origine, avait été remanié de fond en comble par Kent et Brown, vers 1738. On pouvait, en quelques heures, y visiter, dans une étendue de 350 arpents, plus de vingt édifices de *premier ordre*, sans compter les autres. C'était le plus étrange chaos de souvenirs grecs, latins, anglo-saxons, religieux, philosophiques, mythologiques et folâtres. A moins de cinquante mètres du « Temple de Bacchus », se trouvait « l'ermitage de saint Augustin », au sortir duquel on accostait une statue de Dryade. Près du « Temple des illustres Bretons », on voyait la sépulture d'un lévrier favori, avec une épitaphe interminable. La « caverne de Didon », ornée du groupe des deux amants, s'ouvrait non loin du « Temple de la Vertu féminine *antique* », et de la véri-

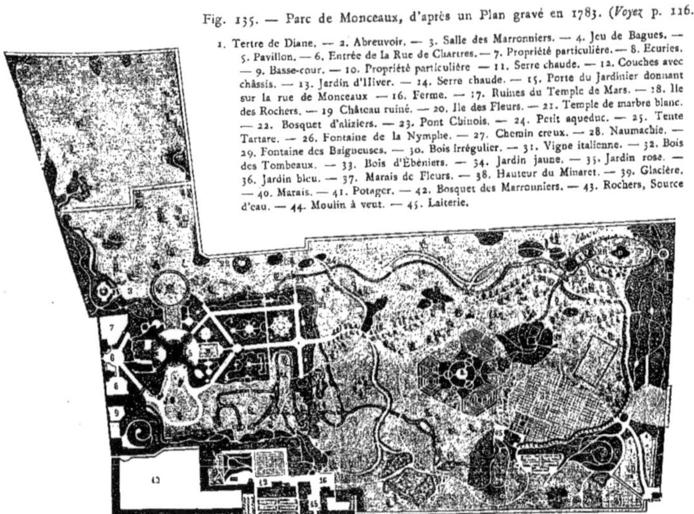

Fig. 135. — Parc de Monceaux, d'après un Plan gravé en 1783. (*Voyez* p. 116.)

1. Tertre de Diane. — 2. Abreuvoir. — 3. Salle des Marronniers. — 4. Jeu de Bagues. — 5. Pavillon. — 6. Entrée de la Rue de Chartres. — 7. Propriété particulière. — 8. Ecuries. — 9. Basse-cour. — 10. Propriété particulière — 11. Serre chaude. — 12. Couches avec châssis. — 13. Jardin d'Hiver. — 14. Serre chaude. — 15. Porte du Jardinier donnant sur la rue de Monceaux — 16. Ferme. — 17. Ruines du Temple de Mars. — 18. Ile des Rochers. — 19 Château ruiné. — 20. Ile des Fleurs. — 21. Temple de marbre blanc. — 22. Bosquet d'aliziers. — 23. Pont Chinois. — 24. Petit aqueduc. — 25. Tente Tartare. — 26. Fontaine de la Nymphe. — 27. Chemin creux. — 28. Naumachie. — 29. Fontaine des Baigneuses. — 30. Bois irrégulier. — 31. Vigne italienne. — 32. Bois des Tombeaux. — 33. Bois d'Ébéniers. — 34. Jardin jaune. — 35. Jardin rose. — 36. Jardin bleu. — 37. Marais de Fleurs. — 38. Hauteur du Minaret. — 39. Glacière. — 40. Marais. — 41. Potager. — 42. Bosquet des Marronniers. — 43. Rochers, Source d'eau. — 44. Moulin à vent. — 45. Laiterie.

table église paroissiale, comprise dans le parc. Il y avait aussi, fort près de cette église, un temple de la Vertu féminine *moderne*. C'était un édifice en ruines, presque entièrement caché sous des plantes pariétaires, allégorie peu flatteuse pour le beau sexe contemporain... Le parc de Kew (Fig. 129), non moins célèbre, offrait un nouvel élément de variété, ou plutôt de confusion. Plusieurs fabriques de style chinois, notamment « la maison de Confucius », toute voisine d'un « Temple du Dieu des Vents », attestaient que Chambers avait passé par là. Ce même Chambers donnait des recettes soi-disant chinoises, plutôt iroquoises, pour forger des sites terribles. Il fallait :

Choisir des rochers de forme hideuse et fantastique, arrangés de façon qu'ils semblent prêts à tomber sur les promeneurs;

Rechercher aussi les arbres les plus contournés, les planter de manière qu'ils semblent ployés sous l'effort incessant des tempêtes (il sera bon d'en casser et d'en enfumer quelques-uns, pour simuler les traces de la foudre);

Précipiter les eaux sur des pentes abruptes, à travers des obstacles de toute espèce (quartiers de rocs, troncs d'arbres, etc.), qui les maintiennent à l'état de cataractes mugissantes;

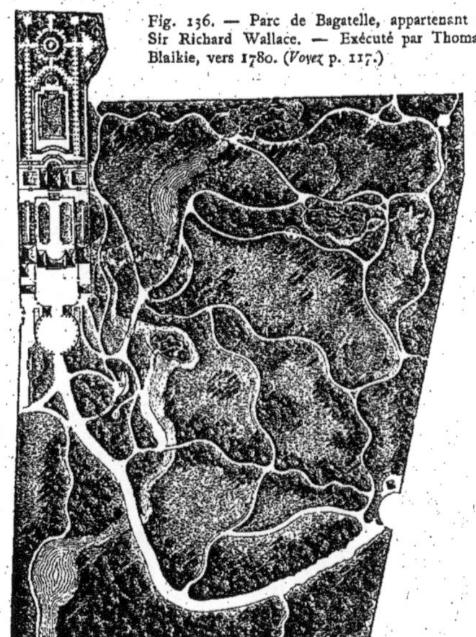

Fig. 136. — Parc de Bagatelle, appartenant à Sir Richard Wallace. — Exécuté par Thomas Blaikie, vers 1780. (*Voyez* p. 117.)

Disposer çà et là quelques sombres cavernes, qu'on puisse supposer habitées par des bêtes ou des hommes de proie. Çà et là, aussi, des croix ou des obélisques avec des inscriptions rappelant la cruauté et la fin tragique des bandits. La fumée de fours à chaux ou de verreries masqués par les bois, ajoutera à la terreur en simulant des volcans. Quelques petits gibets, dressés de distance en distance, seront aussi du meilleur effet;

Enfin, pour couronner le tout, dans un ravin ou sur une hauteur de l'aspect le plus farouche, un temple de la Vengeance ou de la Mort, auquel conduira un sentier escarpé, « couvert d'herbes sinistres ». Bien que novateur zélé et convaincu, le dessinateur français Morel, auteur de la *Théorie des Jardins,* reste ébahi de cette fantasmagorie, à propos de jardins d'agrément. Ces excentricités n'en avaient pas moins passé dans la pratique; on exagérait le pittoresque en dépit de la nature elle-même. Kent planta à Kensington des arbres rachitiques, d'autres tout à fait morts. Son collègue Brown, surnommé le Shakespeare du jardinage, proscrivait toute trace apparente de culture, et conduisait jusque sous les fenêtres principales de l'habitation des bosquets de la plus sauvage apparence (1).

(1) On trouve de curieux exemples, avec figures, de parcs anglais créés ou remaniés à cette époque, dans un volume intitulé : *Observations sur les jardins anglais,* publié à Londres en 1801.

Bientôt les parcs du continent rivalisèrent avec ceux d'Angleterre, pour la bizarrerie et le mauvais goût des décors artificiels. Celui des Radziwill, auquel Delille a consacré quelques vers, était un des chefs-d'œuvre du genre. Pour franchir un cours d'eau large d'une vingtaine de pieds, on montait dans un bac amarré d'un côté à un Sphinx, emblème des périls de la navigation, de l'autre à un autel de l'Espérance. On débarquait dans un bois sacré, encombré d'autres autels. Un sentier ombragé conduisait à un édicule gothique, asile de la Mélancolie, d'où l'on passait au temple grec, où un goût exquis avait réuni des figures de Vestales autour des statues de l'Amour et du Silence!!! On rencontrait ensuite la tente d'un paladin, un salon oriental avec des portes en acajou, un Musée d'antiquités, la plupart factices; enfin, le monument funèbre que la princesse Radziwill s'était fait faire d'avance, pour l'agrément des visiteurs.

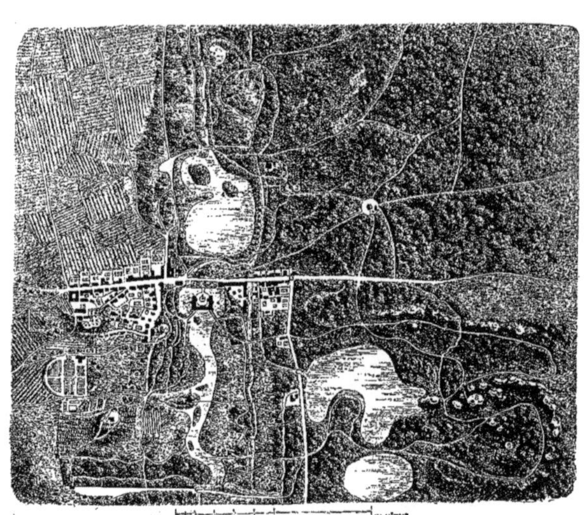

Fig. 137. — Parc d'Ermenonville. (*Voyez* p. 117.)

Dans la plupart des grands parcs allemands, le style régulier est maintenu aux alentours immédiats des habitations; le reste est du style pittoresque. Dans ce genre mixte, c'est surtout le travail de raccordement qui fait ressortir le mérite du dessinateur. Parmi ces parcs, on remarque Nymphenbourg (Bavière), Wœrlich (Anhalt-Dessau), Wilhelmshœhe (Fig. 103) près Cassel, déjà nommé; puis, en Prusse, Postdam et Sans-Souci (Fig. 133); en Autriche, Laxenbourg (Fig. 134) et Lundenbourg, le plus vaste et le plus beau. Il faut citer encore, dans de plus lointains parages, l'ancienne résidence favorite de Catherine II, Tzarskoë-Selo. Il y a là aussi une collection d'édicules cosmopolites, des ruines gothiques, un pavillon chinois, un bain turc et un obélisque égyptien qui est le monument funéraire des chiens favoris de la grande Impératrice.

Ce parc, comme bien d'autres œuvres du même genre, offre encore de l'intérêt, non pour ces ornements factices auxquels on attachait jadis l'importance la plus grande, mais à cause des souvenirs historiques qui s'y rattachent et de la beauté des plantations.

Fig. 138. — Vue du Château de Méréville. (*Voyez* p. 117.)

L'un des plus remarquables jardins irréguliers français créés avant la Révolution, fut celui de Monceaux, dessiné en 1778 par Carmontelle, pour le duc d'Orléans (Fig. 135).

Le plan primitif offre un des plus anciens exemples de compromis entre les deux genres opposés. Le style régulier était maintenu aux abords de l'habitation; et l'on retrouvait même, dans l'intérieur du parc, une réminiscence des plus anciens parterres; les « jardins rose, jaune et bleu. »

Tout le reste était franchement irrégulier, et le dessinateur avait fait de louables efforts pour intéresser par des moyens purement naturels. Néanmoins, il s'était conformé au goût du jour, par l'installation d'un pont chinois, d'une *tente tartare* et autres fabriques dont les plus intéressantes ont été conservées dans le Square actuel.

Les parcs de Bagatelle (Fig. 136), d'Ermenonville (Fig. 137), de Méréville (Fig. 138 et 143), de Morfontaine (Fig. 142), justifient encore leur vieille célébrité.

Ermenonville, chef-d'œuvre de Morel, reste l'un des plus beaux types du genre

Fig. 139. — Château de Guiscard. (Dessin de Constant Bourgeois.)

irrégulier primitif. Il y a encore trop de *fabriques*, plus que n'eût voulu le dessinateur, qui n'était pas tout à fait le maître. Mais tout n'est pas factice dans les ornements de ce parc; on y trouve, habilement encadrés, la dernière habitation de Rousseau et son monument funèbre. Inspiré par le souvenir de l'homme célèbre auquel la France devait déjà, en attendant mieux, la Révolution dans les jardins, Morel s'est surpassé lui-même, en cherchant surtout ses effets dans la disposition des points de vue, le caractère varié des eaux et des plantations. Le contraste du *Désert* avec le reste du parc est à lui seul presque un trait de génie; malheureusement il fut reproduit à satiété. Chaque propriétaire voulait avoir son désert, comme autrefois son labyrinthe.

On citait encore de confiance, il y a très peu d'années, une autre œuvre très

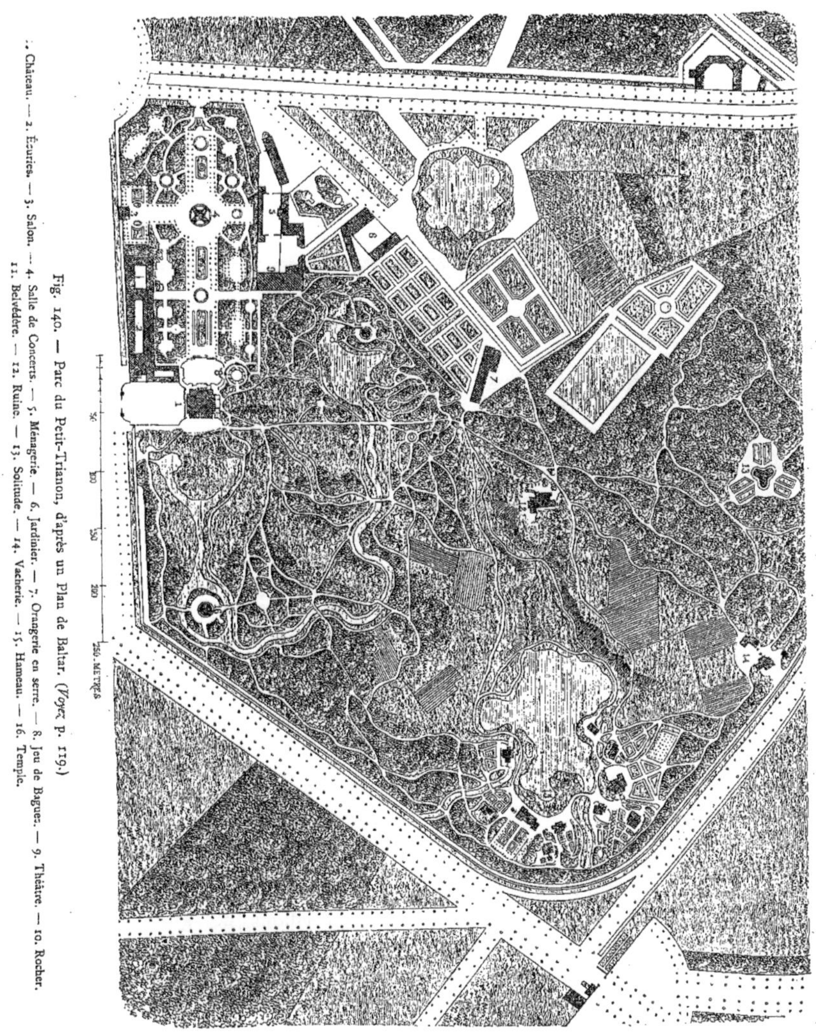

Fig. 140. — Parc du Petit-Trianon, d'après un Plan de Baltar. (*Voyez* p. 119.)

1. Château. — 2. Écuries. — 3. Salon. — 4. Salle de Concerts. — 5. Ménagerie. — 6. Jardinier. — 7. Orangerie en serre. — 8. Jeu de Bague. — 9. Théâtre. — 10. Rocher. 11. Belvédère. — 12. Ruine. — 13. Solitude. — 14. Vacherie. — 15. Hameau. — 16. Temple.

remarquable de Morel, le parc de Guiscard (Fig. 139). Malheureusement celui-là était comme la jument d'Arlequin, qui joignait à ses perfections le léger défaut d'être morte. Il n'existe plus depuis 1831 (1). Enfin, parmi les anciens parcs irréguliers qui existent encore, il ne faut pas oublier celui du Petit-Trianon (Fig. 140), qui emprunte un charme particulier au souvenir de Marie-Antoinette.

Cette évocation nous amène naturellement à la Révolution, qui fit, comme on le sait, une terrible exécution des grandes propriétés. Depuis ce cataclysme, la vogue est plus que jamais au style irrégulier, mieux approprié aux domaines de médiocre étendue (2). Mais il y eut encore, dans son application, bien des aberrations de goût.

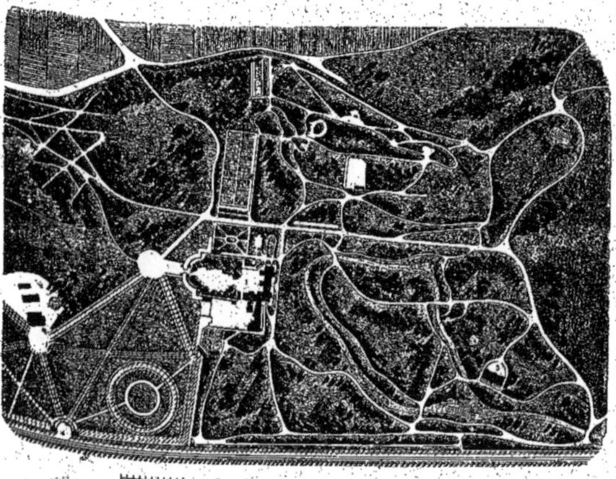

Fig. 141. — Jardin de la Malmaison.

1. Château. — 2. Temple. — 3. Serres. — 4. Entrée. — 5. Lac. — 6. Potager.

Cependant, depuis 1850, on remarque un progrès incontestable. Les artistes et les amateurs éclairés ont compris que le véritable charme de ce style réside non seulement dans la disposition et les teintes habilement variées des plantations, mais dans l'unité de plan ou le rapport des diverses parties du domaine à l'habitation principale. Les plus anciens jardins paysagers, échappés aux dévastations, fournissent aux dessinateurs modernes des renseignements précieux. Par un heureux et rare privilège, en vieillissant ils embellissent! La nature, en reprenant ses droits, a opéré dans ces jardins d'heureuses transformations. Elle a fait disparaître bien des ornements puérils, et le développement des plantations autour des pavillons, des grottes, des ruines

(1) Bien d'autres parcs, depuis longtemps détruits, méritent au moins un souvenir; celui de Boutin, par exemple, dessiné avant Monceaux dans le genre agreste, et fameux depuis comme jardin public sous le nom de Tivoli. Paris renfermait déjà, à l'époque de la Révolution, un grand nombre de jardins irréguliers, quelques-uns publics ou quasi-publics; nous en citerons quelques-uns, dans le chapitre des jardins de ville anciens ou modernes.

(2) Deux parcs des plus remarquables, celui de la Malmaison (Fig. 141) (détruit) et celui de Morfontaine (Fig. 142) (dans son état actuel), datent des premières années du XIXe siècle.

factices, leur donne souvent bien plus de caractère et d'agrément qu'elles n'en avaient à l'origine. On peut aussi se rendre compte, dans ces parcs, de l'effet définitif d'un grand nombre d'arbres et d'arbustes relativement nouveaux.

En résumé, après des changements qui correspondent aux évolutions psychologiques et sociales des différents peuples, l'Art des jardins, exercé par d'habiles artistes disposant de ressources plus étendues que jamais, est entré, depuis la seconde moitié du présent siècle, dans une voie plus rationnelle, dans un ordre d'idées plus en harmonie avec l'esprit moderne et le mode actuel de division et d'exploitation des propriétés. Nous allons essayer, dans les pages suivantes, de formuler les principes admis par les hommes les plus autorisés pour l'établissement des parcs et jardins, et particulièrement celles du genre ou style paysager, le plus fréquemment appliqué aujourd'hui.

Fig. 142. — Bosquet à l'entrée du petit Parc de Morfontaine.
Fig. 143. — Tombeau de Cook dans le Parc de Méréville.
144. — Vue prise dans le Parc de Rambouillet.
145. — Ruine dans le Parc de Boëtz.

DEUXIÈME PARTIE
THÉORIE
DE
L'ART des JARDINS

Fig. 147. — Rotonde et Grotte de l'Ile de Reuilly, au Bois de Vincennes.

CHAPITRE PREMIER

TRACÉ DES JARDINS IRRÉGULIERS OU PAYSAGERS

Voulant donner à notre travail un caractère marqué d'utilité pratique, nous allons exposer avec plus de détail les préceptes qu'on a le plus fréquemment occasion d'appliquer, ceux qui concernent les jardins et parcs irréguliers. Cependant nous consacrerons un chapitre spécial au style régulier, à cause de l'usage partiel qu'on en fait encore assez souvent aux abords des habitations, dans les œuvres du genre mixte, ou *symétriques-paysagères*.

I. — Définition. — Principes généraux. — Suivant un des classiques de l'art des jardins paysagers, cet art consiste dans « la concentration d'un ensemble de paysages naturels, idéalisés et poétisés (1). » Nous reproduisons ici (Fig. 149) le

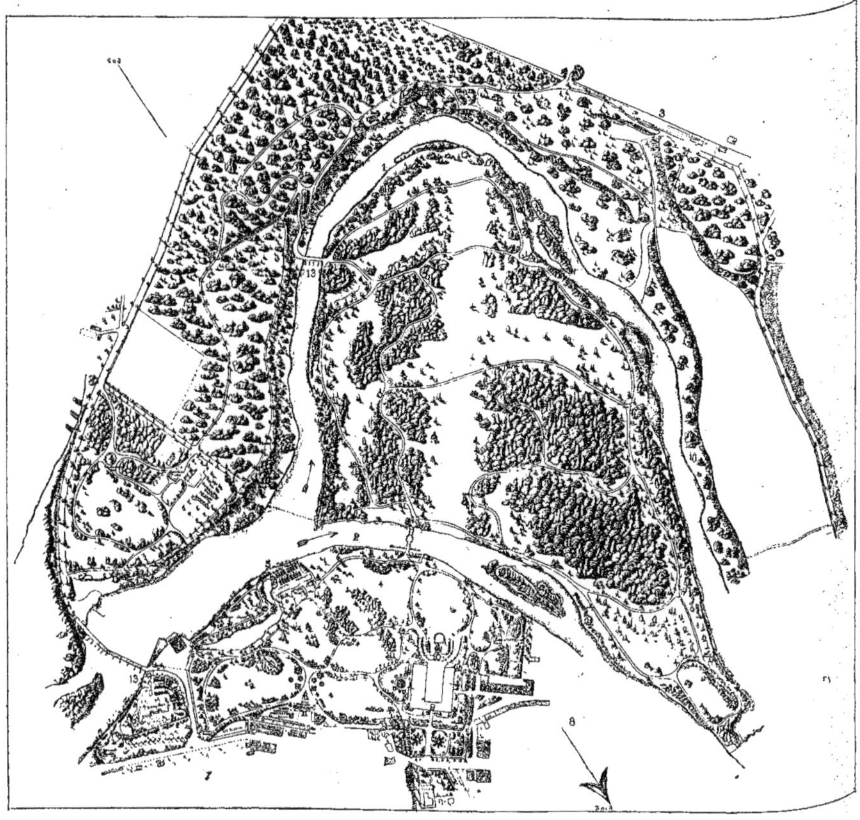

Fig. 149. — Parc de la Duchesse de Sagan, d'après le Plan de Teichert.

1. Rivière le Bober. — 2. Branche de la Rivière du Bober. — 3. Chemin de fer de Sagan à Glogau. — 5. Jardin hollandais et Orangerie. 7. Ville de Sagan. — 8. Ville de Sagan. — 9. Château. — 10. Orangerie derrière le Château. — 11. Serre. — 12. Ponts sur le Bober.

fameux parc de Sagan, strictement conforme à ce système, dont les adeptes les plus habiles ont été en Allemagne, L. de Sckell et le prince Pückler. Cette définition ingénieuse paraîtra peut-être trop complexe, trop aristocratique, pour un art qu'on

(1) Prince Pückler-Muskau, *Étude sur la Plantation des Parcs* (1847).

peut aujourd'hui pratiquer avec succès, même avec des ressources pécuniaires très limitées. Il se peut, en effet, que les conditions restreintes de l'emplacement ne permettent qu'une scène, qu'un tableau; et ce tableau unique offrira de l'intérêt, s'il est bien composé et bien exécuté. De plus, il importe de tenir compte de l'effet que produisent, considérés isolément, les mouvements de terrain et les effets de plantation qui concourent à l'ensemble. Ils doivent satisfaire au besoin de variété, fournir des incidents ou épisodes agréables. Mais l'unité doit, partout et toujours, être une condition prédominante et comme la clef de voûte de la composition du parc le plus vaste, comme du plus modeste jardin paysager.

Fig. 150. — Maison sur une Hauteur.

Cette unité, qui paraît facile à obtenir, est trop fréquemment mal comprise ou violée. Aujourd'hui encore, on rencontre souvent, dans des propriétés arrangées d'une façon prétentieuse, un pitoyable amalgame d'ornements artificiels, un mélange incohérent de tous les genres; une profusion d'édicules inutiles et de mauvais goût, d'allées mal dessinées et faisant double ou triple emploi; d'arbres et d'arbustes mal assortis, etc. Dans les jardins comme partout, l'harmonie est la base de tout ce qui est beau, de ce qui donne à l'esprit une satisfaction durable, et mérite par là de fixer l'attention.

Cette harmonie sera toujours plus aisément réalisée, si l'habitation est située sur une éminence. Alors le jardin, disposé en pente douce, paraît plus grand et donne à l'habitation plus d'apparence. Ceci sera mieux compris par l'examen de la figure ci-jointe (Fig. 150), qui représente un terrain convexe avec une maison à son sommet. Si le terrain est ondulé, comme dans la figure suivante (Fig. 151), l'aspect sera encore plus agréable.

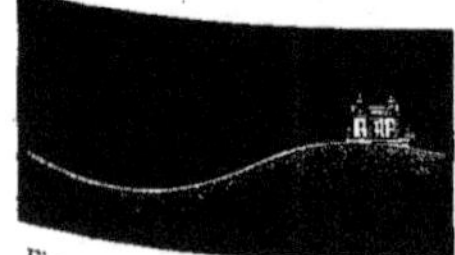
Fig. 151. — Maison sur une Hauteur dominant un Terrain ondulé.

Ajoutons que des objets qui souvent seraient à peine remarqués en rase campagne, gagnent infiniment s'ils se présentent habilement encadrés dans les perspectives d'un jardin paysager. Dans ces conditions, la plus modeste église, une tour, une ruine même peu importante, une chaumière, un moulin, peuvent ajouter quelque chose à l'intérêt d'une propriété (Fig. 152).

Il ne faut pas négliger, si la disposition des lieux le permet, d'augmenter l'effet d'un paysage, de lui donner l'attrait de l'imprévu, en le faisant apparaître tout à coup comme dans un cadre, au débouché d'une allée sous bois, ou d'un passage souterrain, comme Petzhold l'a fait, en dégageant dans le parc de Muskau, une perspective soudaine sur la Neisse (Fig. 153 et 154). Sans aller si loin, on peut trouver un exemple très remarquable et peu connu de ce dernier effet dans un parc de la vallée d'Auge, aux environs d'Orbec. A l'issue d'un court tunnel pratiqué à travers les hauteurs faisant point de partage, on se trouve tout à coup en présence

Fig. 152. — Moulin de Longchamps, au Bois de Boulogne. (*Voyez* p. 125.)

d'une nouvelle vallée non moins gracieuse, celle de Livarot. Nous reproduisons une autre de ces surprises, ménagée dans la transformation du bois de Vincennes avec la perspective lointaine et imprévue du donjon (Fig. 155).

II. — Étude et Appropriation des Alentours. — L'étude et l'appropriation des alentours est un des préceptes les plus essentiels pour les plus grandes créations, comme pour les moindres. « Tous les objets éloignés qui offriront un intérêt quelconque, dit le prince Pückler-Muskau, devront être, pour ainsi dire, attirés dans notre domaine, de manière à dissimuler les limites. » — Par contre, les aspects disgracieux seront soigneusement cachés par les plantations. En thèse générale, un jardin paysager doit d'autant moins s'isoler, qu'il peut davantage emprunter au dehors. Il est rare que la campagne la plus unie n'offre pas quelque scène intéressante; par exemple, quand le printemps déroule d'immenses pelouses de blés verdoyants; ou bien encore à l'époque des travaux de la moisson, ou même plus tard, quand les bestiaux sont parqués dans les champs. C'est là l'idylle, le « ménage champêtre », dont l'attrait est si puissant, que des personnages fort peu idylliques, Néron, par exemple, ou les Borgia, aimaient à le contempler, soit en perspective, soit même en détail et de près, dans les intervalles des avenues de leurs jardins réguliers. (Voir les *Jardins romains*, 1re partie.)

Fig. 153. — Bords plantés de la Rivière Neisse, dans le Parc du Prince Pückler. — *Vue avant les Travaux.* — (*Voyez* p. 126.)

Fig. 154. — Percée pratiquée par Petzhold, dans le Parc de Muskau. — D'après ses Dessins. — *Vue actuelle donnant sur la Neisse.* — (*Voyez* p. 126.)

On augmentera l'intérêt de ces horizons de cultures, si l'on peut les relier à la propriété au moyen de quelques bouquets de bois habilement disposés. On peut même, par des artifices de terrassement et de plantation, tirer bon parti d'une grande route ou d'un chemin de fer (Fig. 156), qui borde ou traverse le domaine en vue de l'habitation. Si ce travail est bien exécuté, les trains, les voitures, les piétons, qui semblent circuler dans l'enceinte du parc, lui donnent de l'animation, et le talent du dessinateur transforme en un ornement nouveau ce qui semblait un défaut sans remède (1).

(1) On peut voir un bel exemple de ce genre de travail dans le parc de Franqueville, près Rouen, coupé en deux par la route de Paris. C'est une des œuvres les plus réussies d'un habile dessinateur normand, Duclos, mort misérablement en 1858.

Il est pourtant des circonstances où le jardin paysager, cerné impitoyablement par des constructions ou d'autres obstacles d'aspect disgracieux, doit tirer tout son agrément de lui-même. Une œuvre de ce genre, bien réussie, est un des plus beaux triomphes de l'art du dessinateur paysager. L'un des meilleurs spécimens de ce genre est le Square des Batignolles (Figure 157). Il offre l'aspect de certains vallons solitaires des Vosges et du Jura, et un contraste des plus heureux avec les abords plus que prosaïques qu'il a fallu cacher complètement. Mais, dans tous les cas, qu'il faille masquer les alentours ou les démasquer, les clôtures doivent être soigneusement dissimulées; c'est une des lois inflexibles du genre. Cette dissimulation est toujours facile à réaliser; dans les espaces ouverts par des artifices de terrassements,

Fig. 155. — Percée au Bois de Vincennes avec échappée lointaine sur le Donjon. (*Voyez* p. 126.)

des levées qui dérobent à la vue le fossé, le mur ou la haie établis en contre-bas; — et, dans les intervalles fermés, par des rideaux de plantations dont les arbres à verdure persistante doivent toujours former pour ainsi dire la trame.

Dans les plus anciens parcs de style irrégulier, le tracé des allées de *ceinture* trahissait une préoccupation constante d'obtenir le circuit le plus long possible, pour

Fig. 156. — Vue à vol d'oiseau du Parc des Buttes-Chaumont. (*Voyez* p. 127.)

faire paraître le domaine plus grand. En conséquence, Kent, Brown et leurs premiers imitateurs effleuraient presque les murs, cachés seulement par une mince lisière de broussailles. L'expérience a condamné ce système. Au bout d'un certain nombre d'années, les grands arbres prennent leur essor, détruisent les broussailles et découvrent les clôtures, dont l'aspect incessant fait au contraire paraître la propriété moins grande qu'elle ne l'est. Pour produire et entretenir l'illusion, il faut donc ne pas serrer de trop près les limites, et les dissimuler le mieux possible en couvrant les murs ou les palissades de plantes grimpantes, si on ne peut pas établir un saut-de-loup.

Nous reproduisons ici, d'après Repton, un modèle de ce genre de travail sur la limite d'une propriété (Figures 158 et 159).

Fig. 157. — Vue à vol d'oiseau du Square des Batignolles. (*Voyez* p. 128.)

III. Double Destination du Jardin paysager. — La tendance à la retraite, à la possibilité de s'isoler, n'est pas moins conforme à la nature que l'amour du paysage. Bien des gens, même, sacrifient le plaisir de voir à celui de ne pas être vus. L'un des mérites de l'art des jardins consiste précisément à combiner ces deux avantages, qui au premier abord semblent s'exclure; à s'emparer en quelque sorte de l'extérieur par des percées intelligentes, mais sans se laisser envahir, de manière à être chez soi, tout en jouissant à volonté de vues agréables sur le dehors. Ce précepte est d'une application générale. Tous les jardins irréguliers, grands et petits, doivent être disposés de manière à satisfaire ce double besoin de retraite ou d'expansion.

Il faut dire encore que des tableaux d'un aspect vulgaire prennent une élégance imprévue quand ils sont ajustés habilement dans un paysage bien composé. Dans cette condition, l'aspect d'un village des plus ordinaires, de constructions isolées, comme un petit pont, un moulin ou même une simple chaumière, produira un excellent effet. On peut aussi tirer parti de la vue d'une gare, d'un bâtiment industriel ou de toute autre construction, pourvu qu'elle soit convenablement encadrée dans le paysage. (Fig. 160).

Fig. 158. — Vue d'une Plantation de Limite, avant la Transformation. D'après Repton. (*Voyez* p. 130.)

Fig. 159. — Même Emplacement, après la Transformation. Ces deux dessins sont empruntés à l'ouvrage de Petzhold. (*Voyez* p. 130.)

IV. — Rejet des anciennes Classifications. — Division des études. — Nous croyons devoir rejeter absolument les classifications de jardins imaginées par les novateurs du dernier siècle. Ainsi, outre les jardins maraîchers, fruitiers, botaniques et d'agrément symétriques, G. Thouin distinguait huit genres de jardins de plaisance irréguliers : chinois, anglais, fantastique, champêtre, sylvestre, pastoral, romantique, plus le *parc* proprement dit ou *carrière*. D'autres se contentaient de quatre genres : le *pays*, le *parc*, la *ferme*, le *jardin*. Il serait facile de montrer, par de nombreux exemples, que ceux-là même qui ont imaginé ces divisions n'en ont tenu aucun compte dans la pratique.

Parmi les jardins irréguliers primitifs, les plus agréables présentaient un caractère complexe; des ornements chinois, mythologiques, cosmopolites. Ils auraient dû par conséquent être considérés comme appartenant à la fois à ces diverses catégories, dont la délimitation rigoureuse n'a jamais existé que dans les livres.

Les études pour le tracé d'un jardin irrégulier ou agreste peuvent être décomposées en trois parties principales :

Le Relief du Terrain;

Les Plantations;

Les Allées.

V. — Relief du Terrain. — L'étude du relief d'un projet de jardin agreste

Fig. 160. — Vue prise dans le Bois de Vincennes. (*Voyez* p. 131.)

doit comprendre : 1°, la forme et la direction des vallées ou vallonnements; 2°, l'emplacement des plateaux, belvédères et stations de promenade, tant dans l'intérieur que sur les limites de la propriété; 3°, tout ce qui se rapporte à la direction et à l'aménagement des eaux; 4°, le choix et l'encadrement des points de vue.

Il est évident que ces diverses parties du travail ont entre elles une corrélation intime. Le tracé des cours d'eau, par exemple, est déterminé par le relief naturel ou factice du terrain, par sa pente plus ou moins rapide. Réciproquement, l'abondance plus ou moins grande des eaux doit être prise en sérieuse considération dans la formation ou l'accentuation des mouvements de terrain.

Les travaux préparatoires d'un jardin paysager sont justement l'inverse de ceux des jardins réguliers, où l'on ne craint pas au besoin, suivant l'expression heureuse de Stace, de *dompter la nature (domuit possessor)*, d'asservir le terrain à la fantaisie de son maître. Tout au contraire, dans le jardin paysager, l'art n'est jamais le dompteur, le tyran de la nature, il s'en fait en quelque sorte le courtisan. Il la consulte sur le choix de sa parure, sur tout ce qui peut l'orner et l'embellir.

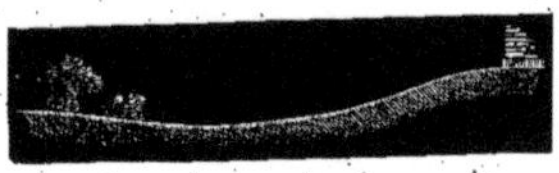

Fig. 161. — Exhaussement d'un Massif.

Cette étude préliminaire du terrain fournit à l'artiste intelligent toutes les données principales de son plan d'ensemble; la direction des perspectives principales, celle des ruisseaux, l'emplacement des rapides, des cascades, des pièces d'eau, l'emploi le plus judicieux à faire des déblais. Remuer la terre pour composer un relief de fantaisie, est un mauvais système qui aboutit presque toujours à une déception, après d'énormes dépenses. On peut et souvent l'on doit retoucher le sol, mais sans modifier trop sensiblement le relief primitif. Ainsi, essayer, dans une plaine, un vallonnement trop tourmenté et trop accusé, c'est s'épuiser à faire de petites buttes, dont l'effet est toujours mesquin... C'est l'opération fondamentale, dont tout le reste dépend. Dans un terrain accidenté, cette tâche est souvent facile. Il suffit d'adoucir les pentes, de donner aux courbes une forme agréable, d'effacer les bosses et de combler les vides disgracieux. Mais dans une plaine, les ondulations du sol ne peuvent être obtenues qu'au moyen et en proportion des déblais. L'une de ces éminences sera réservée pour l'habitation, s'il n'y a ni hauteur, ni versant naturel où l'on puisse l'établir. Cette disposition est importante au point de vue de la salubrité, comme de l'agrément. Le parc ou jardin, vu de la maison, doit s'élever en pente douce à mesure qu'il s'en rapproche. Il paraîtra ainsi plus grand, et donnera aussi meilleure apparence à l'habitation, tout en dégageant le paysage. Le rez-de-chaussée doit être toujours exhaussé de quelques marches. On devra pareillement, s'il se peut, exhausser les massifs, les plates-bandes, afin de les grandir, d'en dissimuler les limites (Fig. 161). Entre ces levées, il y aura une sorte de creux où l'allée trouvera sa place (Fig. 162).

Fig. 162. — Creux pour les Allées.

Nous recommandons aussi de ménager ou de créer au besoin un ou deux plateaux, d'où l'on puisse embrasser non seulement l'intérieur du jardin, mais des vues extérieures. Ce précepte a été appliqué avec succès dans les embellissements de Paris, notamment au bois de Boulogne, par la création de la butte Mortemart (Fig. 163).

VI. — Nécessité absolue d'un Plan d'ensemble. — Travail préparatoire. — Dans tous les cas, en plaine ou sur un terrain accidenté, il importe, avant tout et par-dessus tout, de ne commencer les travaux qu'avec un plan d'ensemble bien arrêté, sous peine de tâtonnements ruineux, ou même d'échec complet. Après avoir terminé l'avant-projet, on le contrôle et on le rectifie par une nouvelle série de recherches et d'épreuves préparatoires sur le terrain, en plaçant des jalons dans les directions principales, et s'efforçant de se rendre compte des effets qu'on veut obtenir. Les lignes tracées dans l'avant-projet suivant les axes de vision, doivent être reportées sur le terrain au moyen des jalons, reliant le centre de chaque tableau à créer aux stations principales, d'où il sera visible en tout ou en partie. D'autres lignes de jalons relient entre elles ces stations principales, et aussi les points secondaires. Les résultats de ces épreuves préparatoires, qu'on ne saurait trop réitérer, sont reportés sur l'avant-projet, qu'ils transforment en projet définitif. C'est d'après cette reconnaissance du champ d'opérations que se règlent : 1° les modifications à apporter au relief du sol, qui sont comme des jours ouverts sur les perspectives et les paysages; 2° les plantations qui encadrent ces perspectives,

Fig. 163. — Vue du Lac du Bois de Boulogne, prise de la Butte-Mortemart.

3° la distribution des eaux. Nous plaçons ici, comme spécimen de ce genre de travail, l'avant-projet du parc de Montsouris (Fig. 164).

VII. — Époque des premiers Travaux de Terrassement. — L'époque de la création du jardin est un détail de la plus haute importance. Dans les climats tempérés, l'été et l'automne sont les meilleures saisons pour les terrassements. Les terres qui ont été disposées pendant l'été ont le temps de se tasser avant que l'on ne plante, et tous les travaux s'y font dans des conditions meilleures. Le moment le plus favorable est la fin de l'été et le commencement de l'automne (fin août-septembre), parce que dans cette période le sol commence à être ramolli par les pluies, et qu'aussitôt après, les gazons et les arbres peuvent être changés de place sans trop souffrir. (Règle variable, bien entendu, suivant

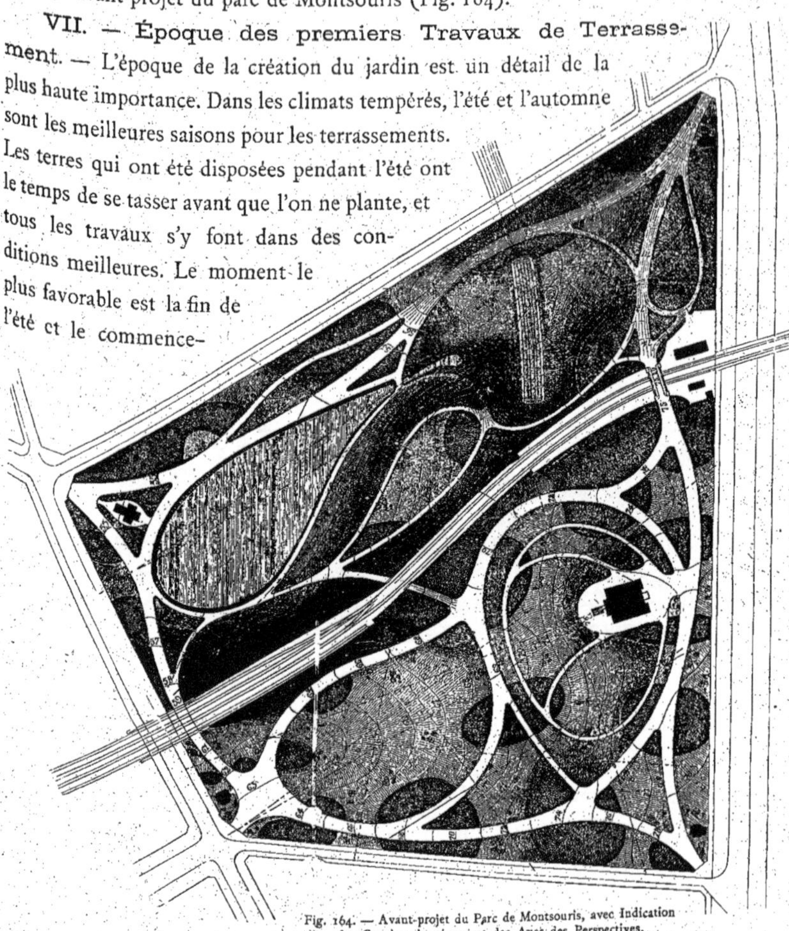

Fig. 164. — Avant-projet du Parc de Montsouris, avec Indication des Courbes de niveau et des Axes des Perspectives.

les latitudes.) La terre réclame des soins différents, suivant qu'elle est destinée à recevoir des plantations ou des gazons. Il y a des plantes, comme par exemple le *Gynerium* (Fig. 165), des arbres, comme l'*Eucalyptus* (Fig. 166), qui exigent une terre fertile et légère. D'autres arbres, notamment le mélèze, l'*Aylanthe* (vernis du Japon), préfèrent les sols les plus médiocres; d'autres, comme l'*Abies pinsapo* (Fig. 167), se plaisent dans tous les terrains, même crayeux; ou, comme le *Pinus excelsa* (Figure 168), exigent une terre légère substantielle. Une forte proportion de terre végétale neutralise dans une certaine mesure, pour les plantations d'arbres et d'arbustes, le désavantage d'un climat ingrat et d'une mauvaise exposition. Pour les pelouses, au contraire, mieux vaut un sol léger, même pauvre, s'il a été bien nettoyé et préparé. Les herbes fines y réussiront plus facilement, et les mauvaises herbes ne s'y plairont pas.

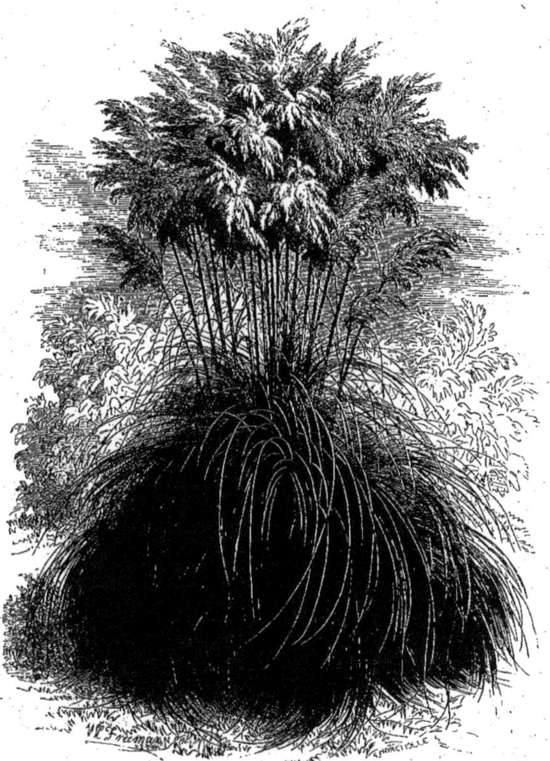

Fig. 165. — Gynerium argenteum.

VIII. — Drainage. — L'opération préliminaire du drainage dans les terrains humides n'est pas moins nécessaire pour la création d'un jardin ou d'un parc que pour toute autre culture. Un sol marécageux à l'excès ne convient pas plus aux végétaux qu'aux animaux et aux hommes.

Le drainage est non seulement nécessaire pour débarrasser le sol de l'eau stagnante préjudiciable aux plantes, mais aussi pour permettre à l'air d'y pénétrer plus librement. Il peut, de plus, fournir au parc futur un supplément précieux d'eau courante.

Plus le sous-sol est dur et serré, plus il faut que les drains soient enfoncés profondément. La profondeur requise pour les drains ordinaires est de 1^m à $1^m,25$, et de quelques centimètres de plus pour les drains plus forts. Un mètre suffit, en général, quand la couche inférieure est sablonneuse.

Fig. 166. — Eucalyptus globulus. (Voyez p. 136.)

La distance entre les drains varie suivant la profondeur des tranchées et la nature du sol; la pente se règle d'après l'inclinaison du terrain à assainir. Les tuyaux de tuile ou d'argile, qu'on emploie d'ordinaire, ne valent rien dans les terrains boisés. Ils y sont promptement effondrés et obstrués par les racines.

En pareil cas, et presque toujours, les drains en moellons ou en cailloux sont bien préférables. Ceux-là doivent avoir quinze à seize centimètres de largeur dans le haut. Les grands drains recevront une inclinaison plus prononcée (1).

(1) Le drainage, qu'on croit d'invention moderne, était déjà pratiqué de temps immémorial dans les grandes cultures monastiques. Nous avons vu, dans le vaste enclos d'une chartreuse détruite à la Révolution, de ces drains de cailloux admirablement installés, qui fonctionnaient encore soixante ans plus tard, sans avoir eu besoin d'être réparés. Les drains en fascines ou en branchages disposés en croix sont absolument condamnés par l'usage.

Après le drainage, la terre doit être bien remuée à un mètre de profondeur, pour faire bénéficier de l'opération une plus grande quantité de terre végétale. Il faut que le produit des drains déversé dans le collecteur ait une issue d'accès facile, pour qu'on puisse en tout temps s'assurer qu'ils fonctionnent bien. L'observation de cette règle est particulièrement importante dans les jardins et parcs où ce produit peut être employé d'une façon agréable et utile, pour alimenter un bassin, simuler un ruisseau d'eau courante, pour l'irrigation, etc.

Fig. 167. — Abies pinsapo. (*Voyez* p. 136.)

Il faut bien se rendre compte de la nature du sol, avant d'entreprendre cette opération, qui, même dans un espace restreint, peut être bonne à certaines places et inutile ou nuisible dans d'autres; par exemple, si le sol est naturellement sec, léger, disposé en pente, ou si l'on trouve un fond sablonneux ou pierreux.

Les deux figures 169 et 170 représentent, l'une un petit drain fait avec des pierres cassées et couvertes de mottes, l'autre un grand drain plus enfoncé en terre, avec un tuyau au fond.

IX. — Terrassements. — Les terres lourdes, épaisses ou nouvellement drainées devront être retournées à fond, soit pour être mises en herbes, soit pour recevoir des plantations. Si le sous-sol est argileux, il faut éviter de le ramener en dessus. L'argile ne fait jamais bon effet à la surface d'un jardin d'agrément. Il en est autrement dans les potagers : là, elle peut servir à des mélanges, et sa présence n'est point un empêchement à l'application du système de culture qui consiste à intervertir alternativement le sol et le sous-sol. Toute la terre végétale enlevée sur l'emplacement des allées, des constructions, doit être utilisée pour les plantations, le potager et les parterres. On peut aussi en reprendre, pour la même destination, dans les endroits destinés aux pelouses, où il suffit amplement d'une couche de vingt-cinq à trente centimètres de bonne terre.

Fig. 168. — Pinus excelsa. (*Voyez* p. 136.)

En général, les engrais, la chaux, les phosphates, les cendres, ne sont pas nécessaires dans la partie ornementale, sauf pour les rosiers, qui réclament un sol riche. Toutefois, quand la superficie est dure ou argileuse, les engrais deviennent indispensables partout. Si les circonstances le permettent, le sol du futur jardin devra être préparé une année d'avance. On pourra alors détruire les mauvaises herbes et améliorer la terre, en y cultivant des pommes de terre, navets et autres plantes sarclées. Une année ainsi employée n'est pas perdue.

X. — Mouvements de Terrain. — Les retouches des accidents naturels du sol, et la création d'éminences et d'ondulations artificielles, constituent l'une des parties les plus intéressantes et les plus difficiles du travail.

La règle fondamentale en ce qui concerne les mouvements de terrain dans les jardins et parcs irréguliers, c'est que tous ces changements doivent avoir un air naturel. C'est en quelque sorte d'après elle-même que la nature doit être corrigée et embellie.

En général, il ne faut user des mouvements de terrain artificiel qu'avec sobriété, en tenant compte de la physionomie générale du pays, ou de l'importance du parc ou jardin à créer. Des accidents de terrain trop multipliés dans un pays naturellement uni, et dans une propriété peu étendue, rappellent la fable de la Grenouille voulant se faire aussi grosse que le Bœuf.

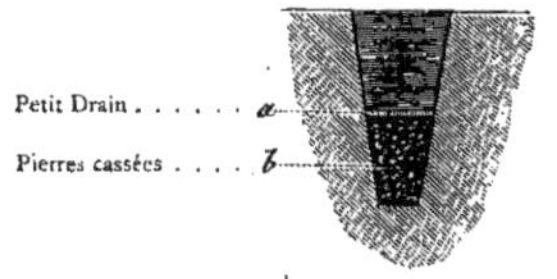

Fig. 169. — (Voyez p. 138.)

Toute éminence factice doit s'harmoniser avec les alentours, se raccorder en pente douce avec la plaine, comme la plupart des vraies collines, et présenter de même, sur sa surface entière, des ondulations plus ou moins caractérisées. D'autre part, l'importance de ces ondulations doit être proportionnée à celle de la hauteur elle-même. Une éminence lilliputienne trop accidentée, est aussi ridicule dans un grand parc que dans une petite propriété.

Disons encore que les points culminants de collines artificielles devront être, en règle générale, les plus larges, les plus arrondis, suivant la forme la plus harmonieuse des collines naturelles.

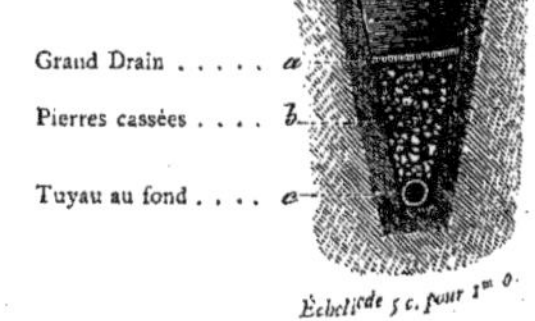

Fig. 170. — (Voyez p. 138.)

La figure 171 nous donne les contours d'une éminence, avec des lignes désignant les points auxquels se rapportent les sections. De plus, comme on le verra tout à l'heure, l'importance des accidents de terrain naturels ou factices, pourra être singulièrement accrue par les artifices de la plantation.

Le système d'adoucissement général des pentes, d'exclusion des lignes abruptes, comporte de nombreuses exceptions dans les grands parcs, où l'on dispose d'assez vastes espaces pour rechercher les effets pittoresques. Mais cette recherche serait presque toujours de mauvais goût dans les petits jardins paysagers, auxquels convient essentiellement le style tempéré.

XI. — Plantations. — Après l'étude du sol, vient naturellement celle des plantations (1). Les effets du développement des arbres, qui se rapproche et associe les feuillages, justifient les prévisions du véritable artiste, révèlent tout le mérite de ses combinaisons, souvent incomprises à l'origine. Le dessinateur habile esquisse des tableaux dont il confie l'achèvement à la lente mais infaillible collaboration de la nature. Il lui prépare, lui impose en quelque sorte sa tâche, et travaille ainsi plutôt pour l'avenir; — comme le fameux luthier de Crémone, Stradivarius, qui eut le courage de fabriquer des instruments dont le mérite ne pouvait être pleinement apprécié qu'un siècle plus tard.

On a beaucoup écrit, beaucoup divagué sur la manière d'assortir le caractère des plantations avec celui des édifices. Par exemple, un célèbre artiste anglais, Repton, prétend que les arbres de forme pointue s'harmonisent mieux avec l'architecture gothique, et ceux à têtes rondes avec le style grec. Cette distinction nous paraît au moins subtile, à propos de jardins irréguliers. Si l'habitation a un caractère architectural tellement important et accentué, qu'on éprouve le besoin de lui raccorder le décor du jardin d'une façon tout à fait marquée, mieux vaudrait revenir franchement à « l'architecture verte », et aux préceptes des Molet et des Le Nôtre. Mais, si la régularité en est bannie, on aura bien de la peine à démontrer que le voisinage d'un sapin colossal, d'un if plusieurs fois centenaire, puisse être plus convenable dans le voisinage d'un édifice gothique ou pseudo-gothique, que celui d'un chêne ou d'un orme; et que la présence d'un cèdre du Liban ait quelque chose de *shoking* à proximité d'un portique corinthien.

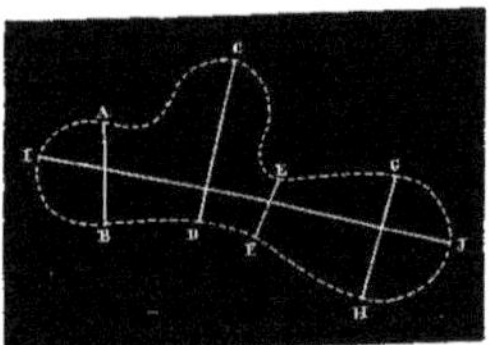

Fig. 171.— Contours d'une Éminence. (*Voyez* p. 140.)

En un mot, il nous paraît chimérique et anormal de rechercher à maintenir,

(1) Arboretum et Fleuriste de la Ville de Paris. Description, culture et usage des arbres, arbrisseaux, et des plantes herbacées et frutescentes de plein air et de serre, employées dans l'ornementation des parcs et jardins, par A. Alphand. — Un volume in-folio. Prix : 50 fr. — Paris, J. Rothschild, éditeur.

« Cet ouvrage intéresse au plus haut degré les *Horticulteurs, Pépiniéristes et Propriétaires de parcs et jardins.* Il contient les noms français et latins de toutes les plantes ornementales, l'origine, l'indication du sol, l'exposition, l'emploi, les caractères principaux des feuilles, fleurs, fruits, l'époque de la floraison et la hauteur des végétaux. Il est divisé en deux parties :

« I. — *Arboretum.* — 1. Arbres et grands arbrisseaux d'ornements à feuilles caduques. — 2. Conifères. — 3. Arbrisseaux et arbustes à feuilles caduques. — 4. Arbrisseaux et arbustes à feuilles persistantes. — 5. Arbrisseaux et arbustes de terre de bruyère.

« II. — *Fleuriste.* — Plantes herbacées et frutescentes, de plein air et de serres, fleurissantes et à feuillage décoratif. »

dans le genre irrégulier, une harmonie entre la forme naturelle des arbres et la structure des édifices. Un bel arbre de n'importe quelle essence sera toujours le bienvenu près d'une habitation de n'importe quel style.

Si pourtant l'on veut à toute force que les contours de certains arbres s'accordent mieux avec certaines architectures, nous ajouterons qu'il importe encore plus de tenir compte des teintes de la verdure, et aussi de la densité et de la forme du feuillage. Ainsi, la verdure sombre sied bien aux abords des édifices antiques ou qui simulent l'antiquité, tandis que les teintes moins foncées s'harmonisent mieux avec ceux d'un caractère plus moderne et moins grave. Suivant Kemp, les feuilles légères, découpées, conviendraient aux abords des constructions de style grec ou oriental, tandis que les feuillages épais feraient mieux ressortir les détails délicats des sculptures gothiques et de la Renaissance. Pourtant tous les amateurs qui connaissent l'Orient ont pu apprécier le puissant effet que produit le rapprochement de la verdure opaque des cyprès pyramidaux, tranchant sur les blancheurs ensoleillées et les découpures de l'architecture orientale, et sur le bleu du ciel (Fig. 172).

XII. — Rapport des Plantations à l'Habitation. — En général, « les grandes plantations ne doivent commencer autour d'un édifice qu'à une distance double de sa hauteur. Aucun détail intéressant de construction ou de sculpture ne doit être dissimulé, *de tous les côtés*, par ces plantations. Pour la même raison, il ne faut pas, en principe, mettre de grands arbres trop près d'une construction monumentale. » Tels sont les préceptes fort sages de Lothar Abel, l'auteur de l'*Esthetik der Gartenkunst*. Mais des buissons, ou quelques arbustes, peuvent être employés avantageusement pour dissimuler les inégalités de niveau qui se présentent fréquemment aux abords des constructions vraiment anciennes.

Dans une propriété du genre irrégulier, l'habitation ne doit jamais paraître isolée; il importe qu'elle se relie au paysage. Si les lignes ne peuvent se raccorder d'une manière harmonieuse, on y pourvoit au moyen d'arbres isolés ou en groupes. L'observation de ce précepte est encore plus nécessaire quand la maison est sur une hauteur. Mais, à moins de circonstances exceptionnelles, les arbres ne doivent jamais toucher aux constructions.

La plantation est une des parties les plus difficiles de l'art. L'harmonie entre les formes diverses des arbres comme entre les nuances des feuillages est une étude inépuisable, mais dans laquelle les plus habiles peuvent se tromper. Là aussi, toutefois, l'observation de certains principes généraux peut préserver de graves erreurs, et mettre au moins sur la route du succès. Le premier de tous est un respect scrupuleux pour les beaux et vieux arbres (Fig. 173, Chêne vert du bois de Vincennes). « La main de l'homme est prompte et forte pour détruire, lente et débile pour recréer. Ni les Crésus, ni les Alexandre ne sauraient rétablir dans sa majesté le chêne que dix siècles avaient respecté. » Sans doute, dans les rares contrées encore riches en grands arbres, il est parfois indispensable d'en sacrifier quelques-uns pour mettre en évidence d'autres plus beaux, démasquer un point de vue remarquable, etc. Mais une absolue nécessité peut seule justifier ces sacrifices, et c'est faire acte de bon goût que de pousser jusqu'aux dernières limites l'audace de la transplantation, pour des arbres très forts qu'il faut absolument déplacer.

Fig. 172. — Chêne vert au Bois de Vincennes.

Ce sujet (la transplantation) est d'un intérêt majeur. Nous y reviendrons,

Fig. 173. — Jardin princier au Caire. (*Voyez* p. 142.)

au point de vue pratique, dans un autre chapitre de ce volume, celui des *Promenades publiques.*

Nous rappellerons encore, comme susceptible d'une application au moins fréquente, le précepte d'un dessinateur anglais : « Ne plantez jamais un arbre isolé, sans lui donner un buisson pour compagnon et pour protecteur! » On est sûr, par exemple, d'obtenir des effets agréables en associant au feuillage d'arbres verts de teintes sombres, des touffes de chèvrefeuilles ordinaires ou à réseaux d'or, de rosiers grimpants, de vignes vierges, de sureaux, qui égaient tour à tour ces compagnons sévères; de leurs grappes de fleurs ou des teintes variées de leurs feuillages.

Fig. 174. — Groupe de Cèdres du Liban.

C'est aussi une règle généralement admise de composer la plus grande partie des plantations, surtout dans le fond des parcs, d'arbres et d'arbustes indigènes, et de réserver les productions exotiques, même de pleine terre, pour les groupes isolés au premier plan (Fig. 174), et surtout pour les places les plus rapprochées de l'habitation et des serres. C'est d'ailleurs le meilleur moyen de faire l'essai des variétés nouvelles, de connaître leurs qualités et leur tempérament. D'habiles horticulteurs ont conçu, pour ces végétaux exotiques, une aversion qui semblerait justifiée par d'insignes déceptions, et aussi par l'abus qu'on a fait quelquefois de certaines variétés à feuilles panachées. Il est certain que ces produits de caprices maladifs de la nature (et quelquefois d'artifices mercantiles), n'offrent souvent qu'un médiocre intérêt; l'amateur, qui les a payés fort cher, est exposé à les voir demeurer malingres et rachitiques, ou se confondre, en grandissant dans un terrain plus riche, avec les espèces ordinaires. Toutefois, une exclusion absolue des nouveautés susceptibles d'acclimatation serait par trop rigoureuse. Si l'on avait toujours procédé ainsi, nous ne compterions parmi nos arbres fruitiers ni le cerisier, ni le pêcher, d'origine persane. Nous aurions repoussé des arbres comme l'acacia-robinia, le sophora, le magnolia, et même le peuplier de Lombardie, qui fait très bonne figure isolément ou dans certains massifs, bien qu'on en critique l'emploi pour les avenues où il produit, suivant un célèbre dessinateur, l'effet d'une file de grenadiers au port d'armes. Nous ne saurions non plus regretter l'introduction récente d'un grand nombre de conifères rustiques, quoique exotiques, dont les teintes variées tranchent agréablement (Fig. 175) sur celles en général plus sombres de nos arbres verts d'Europe (1). Des arbres symétriquement alignés seront toujours d'un mauvais effet dans les petites propriétés. Il faut y éviter aussi les plantations trop denses. Un jardinet ainsi obstrué a l'air d'une prison dont l'intérieur ne peut être vu de personne, mais d'où l'on ne peut rien voir non plus.

Fig. 175. — Vue d'une Plantation variée.

Fig. 176. — (*Voyez* p. 148.)

Fig. 177. — (*Voyez* p. 148.)

Rien de plus monotone encore, qu'une plantation dont les arbres sont tous de même hauteur, de même variété, de même forme.

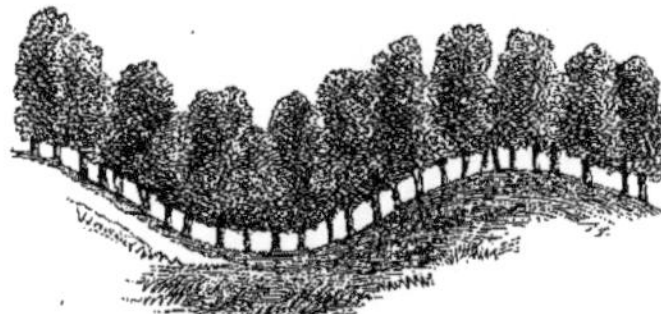
Fig. 178. — (*Voyez* p. 148.)

Fig. 179. — (*Voyez* p. 148.)

(1) L'hiver de 1880 a été, il est vrai, une terrible épreuve pour plusieurs de ces conifères, notamment pour le *Wellingtonia*, l'*Abies pinsapo* des sierras espagnoles, le cèdre *Deodara*, le *Pinus excelsa*. Comme les animaux malades de la peste,

Ils ne mouraient pas tous, mais tous étaient frappés.

En revanche, plusieurs autres, et des plus beaux (par exemple les A. *Nordmanniana, Canadensis, Pindrow*, le *Cupressus Lawsoniana*, ont victorieusement résisté.

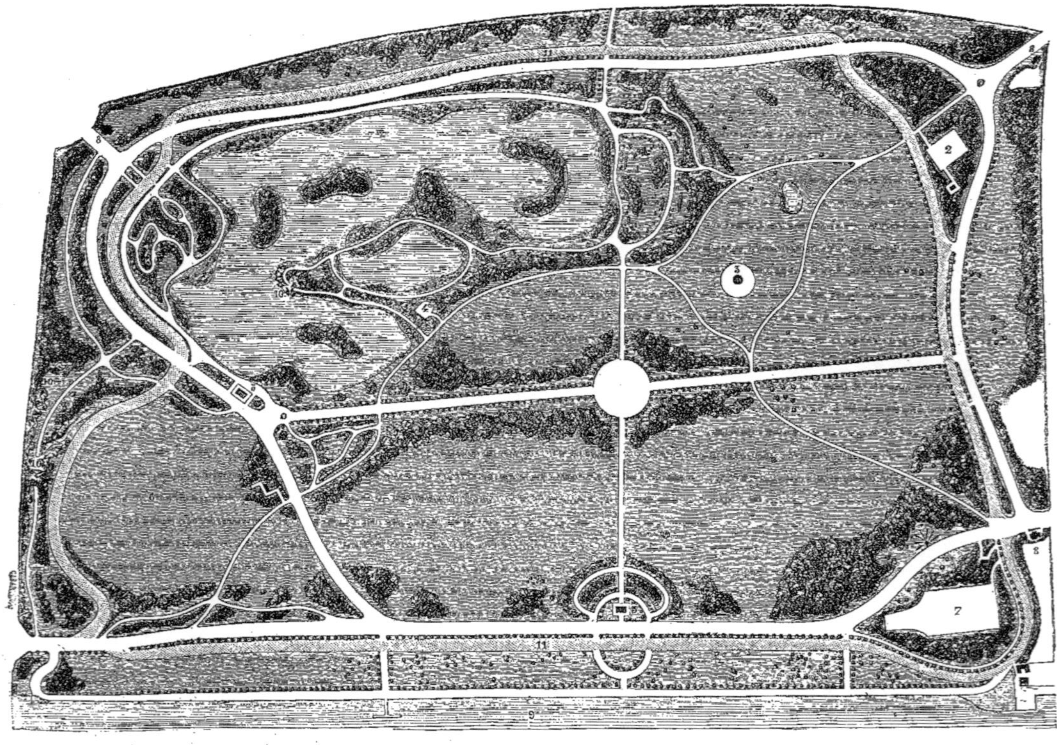

Fig. 180. — Battersea Park à Londres. — Dessiné et exécuté par John Gibson. (*Voyez* p. 151.)

1. Plantes tropicales. — 2. Gymnase. 3. Orchestre. — 4. Turbine — 5. Buvette. — 6. Cricket-Ground. — 7. Pépinière. — 8. Maisons de Garde. — 9. La Tamise. — 10. Rocher. — 11. Allées cavalières.

La Figure 176 nous montre une de ces lignes symétriques sur un terrain plat. La Figure 177 nous apprend la manière de rompre cette uniformité, en employant quelques arbustes, tels que des épines, des houx, etc... Le même défaut apparaît, moins disgracieux toutefois, sur un terrain ondulé (Fig. 178), et la manière de le corriger est indiquée dans la Figure 179, où les arbres sont disposés en massifs, suivant le relief du terrain.

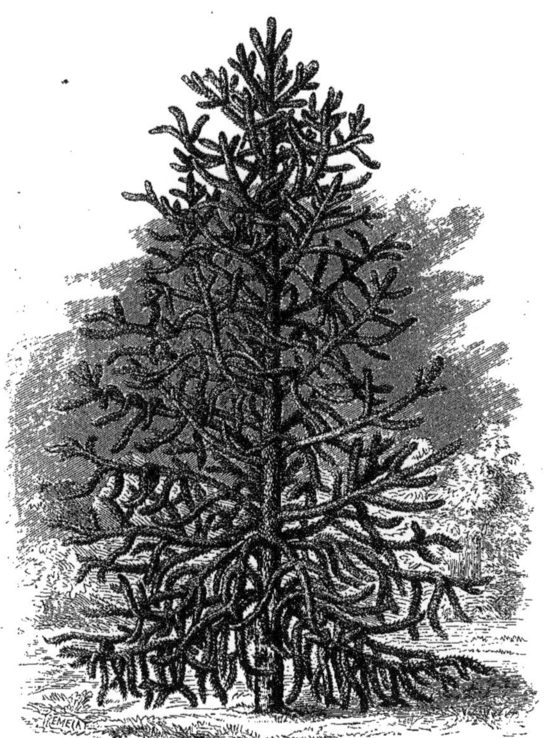

Fig. 181. — Araucaria imbricata. (*Voyez* p. 151.)

XIII. — Combinaison des Feuillages. — La combinaison des feuillages est un des sujets sur lesquels il est le plus difficile de donner des régles fixes, et qui font le désespoir des artistes. Plusieurs des plus habiles (notamment le prince Pückler), ont loyalement avoué que les dispositions sur lesquelles ils comptaient avaient très souvent échoué, et qu'en retour ils avaient reçu force compliments à propos d'effets qu'ils n'avaient ni cherchés ni prévus lors de la plantation. Nous voilà bien loin de la confiance naïve de Hirschfeld, qui donne imperturbablement des recettes infaillibles pour fabriquer à volonté des scènes des quatre saisons, mélancoliques, amoureuses ou terribles.

Ici, comme presque toujours, la vérité est entre les extrêmes. Il est difficile, mais non impossible de produire, par la combinaison de divers feuillages, des effets originaux et gracieux. On peut, par exemple, tirer un heureux parti des reflets du soleil sur des arbres d'une couleur exceptionnelle, comme le hêtre pourpre; sur des tiges élancées d'une nuance particulière, comme celles des bouleaux, des platanes, apparaissant dans la pénombre d'une futaie. On peut également combiner d'avance un effet vraiment féerique, qui se produira infailliblement au bout d'un certain nombre d'années, en plaçant sur la lisière des massifs, aux endroits

Fig. 182. — Ile des Cèdres. (*Voyez* p. 152.)

les plus exposés aux vents, des arbres à feuilles bicolores, comme le tilleul argenté, le taxodium, le genévrier-cèdre *(Oxycedrus)*, qui donnent de charmants reflets en ondulant au gré de la brise. Nous avons vu aussi les dispositions fortuites ou préparées d'arbres à feuillages d'un vert tendre; — trembles, peupliers suisses, érables *negundo*, mélèzes, etc., — apparaissant à la suite de masses d'un vert sombre, simuler à s'y méprendre des prolongations de perspective, surtout quand ces cimes s'éclairaient des rayons du soleil levant, ou se coloraient des derniers feux du soir. Mais, pour obtenir de ces résultats exceptionnels, il faut s'affranchir des règles banales du poncif paysager; tenir compte de l'orientation des arbres, des variantes d'allure des diverses essences juxtaposées, des changements de teintes suivant les saisons. Il faut, pour donner ces touches magistrales, non seulement un grand fonds d'expérience, de connaissances spéciales, mais un instinct divinatoire fort semblable au génie.

Fig. 183. — Larix europæa pendula. (*Voyez* p. 153.)

XIV. — Étude des Effets d'Ombre et de Lumière. — On voit, par ce qui précède, que la recherche et l'étude des effets d'ombre et de lumière conviennent aux dessinateurs de jardins, aussi bien qu'aux peintres et aux architectes.

Parmi les ondulations d'un jardin paysager, comme à travers les lignes majestueuses des avenues classiques, le soleil a son rôle ainsi que l'ombre. Ces jeux alternatifs sont d'un attrait singulier par les temps brumeux, si fréquents dans les régions du Nord, alors que le soleil ne brille que par intermittences, et que l'ombre des nuages interposés promène çà et là parmi les pelouses, les massifs, les cimes des grands arbres, ses traînées capricieuses.

Le dessinateur doit s'appliquer à faire valoir ces gracieuses oscillations, ces fuites et ces retours de lumière. Aussi il importe de disposer spécialement les plantations à l'ouest et au sud-ouest, en vue de ces effets alternatifs. C'est en effet la direction dans laquelle ils se produisent avec le plus d'avantage, à cause de l'allongement des ombres.

Parmi ces effets, l'un des plus heureux est celui d'un rayon de soleil couchant, arrivant par une coulée habilement ménagée entre deux massifs, en traçant un long sillon d'or sur la verdure des pelouses. Les autres expositions, bien que moins importantes à ce point de vue spécial, ne sont pas à négliger. A l'est, on ne doit planter qu'avec précaution, car trop d'ombre de ce côté serait nuisible. Dans toute l'étendue de la propriété, la position des massifs doit être calculée de manière à donner des ombres commodément variées suivant les heures, et à diversifier agréablement l'aspect des allées.

Fig. 184. — Cedrus Deodara. (*Voyez* p. 153.)

XV. — Combinaisons diverses des Plantations. — Les plantations d'un grand parc doivent naturellement être plus denses que celles d'une petite propriété, à moins toutefois que le climat ne soit particulièrement froid. Ainsi, la plantation de Battersea Park, à Londres (Fig. 180, p. 147), habilement disposée pour accompagner les eaux et les pelouses, mais sans profondeur, est bien appropriée au climat de Londres.

Il importe que l'aspect d'un grand parc tende insensiblement à se confondre avec celui des alentours. Pour cette raison, les arbres et les arbustes, même de pleine terre, dont le port et le feuillage trahissent l'origine exotique, comme l'*Araucaria imbricata* (Fig. 181, p. 148), seraient déplacés dans les parties lointaines du parc. On emploiera avantageusement les épines, les diverses variétés de houx, sur la lisière des massifs, ainsi que les rhododendrons et azalées ordinaires, réservant les plus belles variétés pour le voisinage de l'habitation. Quand on défriche un bois pour l'arranger en parc, il faut avoir soin de réserver çà et là, surtout dans les endroits les plus retirés, des touffes de bruyères et de fougères, pour retenir quelque chose du caractère forestier.

Fig. 185. — Cupressus Lawsoniana. (*Voyez* p. 153.)

Les essences d'arbres à feuilles caduques les plus propres à composer, dans nos climats, les masses principales d'un parc, sont le chêne, le châtaignier, le charme, l'orme, le bouleau, les diverses variétés de tilleuls, de peupliers, l'érable, le frêne, le hêtre ordinaire et pourpre; les acacias (pseudo), le catalpa, le tulipier et autres arbres d'Amérique dont le feuillage prend de si belles teintes en automne; le marronnier, l'aune ordinaire et à feuilles en cœur, les magnolias, le vernis du Japon, etc.

Parmi les grands conifères, il faut citer d'abord les espèces indigènes; épicéa et sapinette, puis le mélèze et le pin d'Autriche, qui ont le précieux avantage de réussir dans les plus mauvais terrains. Le cèdre du Liban soutient fièrement sa vieille réputation. C'est encore un des arbres verts qui produisent le plus d'effet; planté isolément ou par petits groupes (Fig. 182, p. 149). Mais sa verdure est trop sombre, son aspect trop sévère pour qu'on puisse en composer exclusivement de très grandes masses, comme on a fait en Angleterre dans le parc de Chiswick, qui présentement a l'air d'un cimetière de grands hommes. Ce roi des conifères produit au contraire un excellent effet, mélangé à d'autres essences d'une teinte plus gaie et à branches plus flexibles, comme le *Larix pendula* (Fig. 183) ou le cèdre *deodara*. Ce dernier (Fig. 184) est d'un aspect des plus séduisants, surtout dans sa jeunesse, mais résiste difficilement à nos grands hivers, quand il n'est pas très abrité. On peut en dire autant d'un autre arbre également d'origine himalayenne, et plus remarquable encore par son encolure et les teintes variables de son feuillage, le *Pinus excelsa* ou du Népaul.

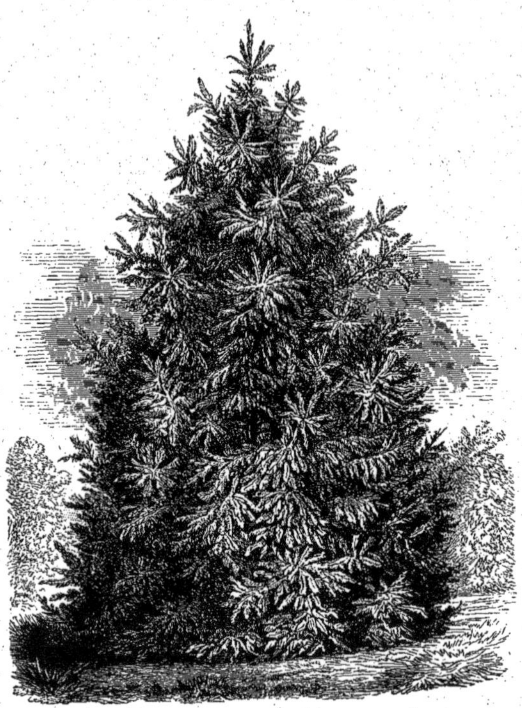

Fig. 186. — Picea Morinda.

Nous recommandons particulièrement les espèces suivantes d'arbres verts, très rustiques, avec lesquelles on peut arriver à des combinaisons de verdure très heureuses : cèdre de l'Atlas ou *argenté*; — *Cupressus Lawsoniana* (Fig. 185), l'un des plus élégants, et trop peu employé jusqu'ici; — *Picea Morinda* (Fig. 186); — *Tsuga Canadensis* (Hemlok), très attrayant à cause de ses branches allongées et flexibles; — *A. Nordmanniana*, l'un de ceux qui forment le mieux la pyramide; beau feuillage bicolore; — *Thuya gigantea* (Fig. 187), arbre magnifique, d'une verdure sombre, mais brillante; — *Abies Pindrow*, très rustique; — *A. Pinsapo*, qui nous vient des sierras d'Espagne, et semble en effet l'*hidalgo* des conifères par sa fière tournure; — *Thuyopsis borealis,* à plusieurs tiges se reliant en faisceau de forme sphérique, l'un de ceux qui produisent le plus d'effet, plantés isolément. Son surnom indique à quel point il est rustique; celui-là ne se contente pas de braver les grands froids, il les aime!

Fig. 187. — Thuya gigantea. (*Voyez* p. 153.)

Le géant des conifères, *Sequoia Wellingtonia* (Figure 188), paraît définitivement acclimaté, ainsi que l'autre Sequoia qui croît également très vite; celui à feuilles d'if, dont les bourgeons, toutefois, sont fréquemment atteints par la gelée. On sait que ce dernier offre une exception remarquable à l'une des principales lois de la végétation des conifères. Il drageonne et donne sur le vieux bois, sur la souche, même sur les racines, des cépées d'une beauté remarquable. Comme en même temps il supporte bien l'ombrage et le couvert, on entrevoit la possibilité d'obtenir, au moyen de cet arbre, un effet tout à fait original; des taillis résineux sous futaie d'arbres verts ou même à feuilles caduques.

En premier plan, on emploiera avantageusement les conifères de seconde et troisième grandeur, comme les diverses variétés de Thuyas, de Genévriers, l'*Abies nigra nana,* le *Taxus hibernica* (Fig. 189), le Cèdre de Virginie. On peut aussi, à l'occasion, y joindre des arbustes à feuilles persistantes : houx, lauriers, alaternes, etc.

Au rebours de nos essences indigènes, plusieurs de ces conifères étrangers, notamment le *Wellingtonia*, le *Pinus excelsa*, le *P. Cimbro* (Fig. 190), le *C. Lawsoniana*, l'*A. Nordmanniana*, préfèrent les terres fraîches aux sablonneuses.

L'un des massifs du bois de Boulogne nous offre un heureux essai de réunion du cèdre du Liban avec le *Laryx pendula* (Fig. 183).

Ce rapprochement rappelle le beau vers de Victor Hugo :

> C'est la grâce tremblante à la
> force appuyée.

Nous avons obtenu un effet du même genre en mêlant le vert presque noir de l'*A. Pindrow* au feuillage plus gai de l'*A. Nordmanniana* (Fig. 191) et du *Lawsoniana*, et en y joignant deux arbres encore peu employés en France, l'*A. Cephalonica* et le *Chamærops Fortunei*.

Fig. 188. — Wellingtonia gigantea. (*Voyez* p. 154.)

Nous recommandons aussi cette autre combinaison expérimentée par nous avec succès : *P. Morinda*, *A. Canadensis*, *Thuya fastigiata*, *Pinus excelsa*, *Cunninghamia sinensis* (Fig. 192), *Abies Douglasii* (Fig. 193).

XVI. — Autres Conseils sur le même Sujet. — Si les grandes perspectives se présentent obliquement, on atténuera ce défaut en traçant des lignes partant des fenêtres, et arrivant dans cette direction (Fig. 194, p. 161). On réglera les plantations d'après ces lignes, en laissant des intervalles irréguliers entre les projections. Ces intervalles sont indiqués dans la figure par les flèches.

Généralement, d'ailleurs, la plantation doit être ordonnée d'après les points de vue pris des principaux appartements. En conséquence, quand on crée un jardin, il faut tracer une série de lignes partant en faisceau de la partie la plus importante de l'habitation et se dirigeant vers différents points de l'horizon, de manière à s'entre-croiser avec les perspectives latérales et à former ainsi une sorte de damier irrégulier sur le terrain d'opérations. La figure 195 (page 161), donnera une idée suffisante de l'importance de ce travail préliminaire, pour la fixation des éléments essentiels de la plantation.

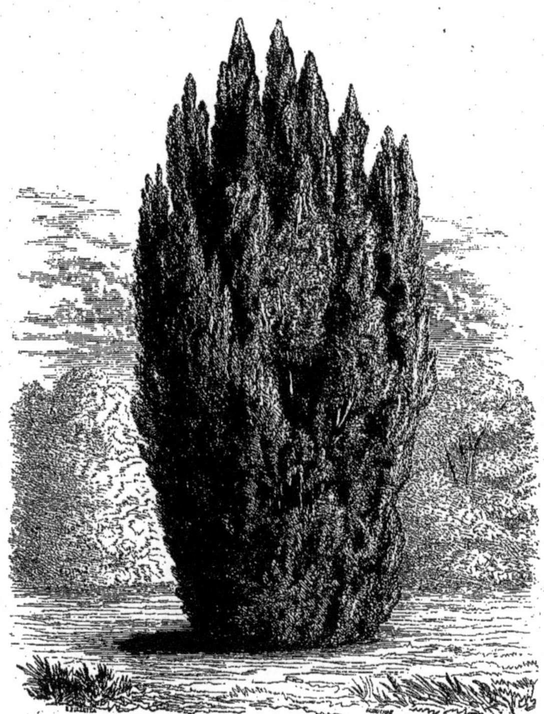

Fig. 189. — Taxus baccata Hibernica. (*Voyez* p. 154.)

Voici encore, sur ce sujet, quelques observations essentielles :

Les lignes de vision (Fig. 196, p. 161) ayant été établies dans toutes les directions choisies, il faut éviter de créer, trop près de ces lignes, des masses de verdure trop compactes, qui resserreraient ou obstrueraient les perspectives. Les abords de l'habitation doivent rester libres, ou très peu couverts, et être disposés en pelouses. Les plantations des pelouses se composent de quelques arbres isolés, ou de groupes de trois à quatre sujets (Fig. 197), ou de quelques bouquets d'arbustes. C'est là que doivent figurer les espèces les plus rares... En plantant les massifs ou les arbres isolés, on doit tenir compte de la forme des silhouettes, du feuillage, de la grandeur des feuilles, de manière à obtenir un grand nombre d'oppositions et de plans dont la succession augmente, en apparence, les profondeurs de la perspective et produise d'agréables contrastes de coloris...

Les massifs rapprochés de l'habitation sont le plus souvent composés, partie d'arbres de haute taille et partie d'arbustes à fleurs ou à feuilles décoratives. Les arbustes à fleurs doivent être mélangés de manière à obtenir des floraisons successives (1). Il en est de même de la couleur changeante des feuilles... Il faut donc prévoir le rôle que jouera un arbre ou un arbuste dans un massif, surtout quand il occupe une place bien en vue... Il faut encore tenir compte de la hauteur des végétaux employés, éviter que ceux qui atteignent un très grand développement soient placés dans le voisinage d'autres sujets qu'ils écrasent par comparaison; ou bien qu'ils n'occupent un espace trop considérable. Cette précaution est utile surtout dans les jardins peu étendus; il faut en bannir les arbres et les arbustes de trop large envergure. On trouvera plus loin un curieux spécimen de plantations transformées par Petzhold dans le parc de Tieffurt. La figure 198 nous montre ces plantations dans l'état antérieur. Elles cachaient la vue de l'eau, que l'habile paysagiste a restituée en leur donnant la forme que nous voyons dans la figure 199, page 162.

Fig. 190. — Pinus Cembro. (*Voyez* p. 155.)

Enfin, on doit disposer, dans les parties découvertes, quelques arbres auprès

(1) Par exemple, arbres de Judée, lilas, syringas, *Virgilia lutea;* les diverses variétés de spirées, les magnolias *grandifolia* et *grandiflora*.

des allées. Il est indispensable de placer sur les hauteurs les espèces qui y croissent naturellement, et, dans les parties basses, celles qui aiment l'humidité ou qui ont besoin d'être abritées. Cette répartition conserve au paysage un air de réalité (Fig. 200). Par exemple, les trembles, les platanes, les diverses variétés d'arbres pleureurs, se plaisent au bord de l'eau. Il faut y joindre l'aune, qui contraste heureusement avec la verdure argentée des saules; et le cyprès chauve ou de la Louisiane, dont le feuillage, d'un beau vert, prend une si belle teinte rouge dans les derniers jours d'automne. Le tulipier, qui devient à la même époque d'un jaune orangé magnifique, demande aussi un terrain humide; il produit beaucoup d'effet, planté isolément dans un îlot, surtout en automne, quand il se détache sur la verdure sombre des rives de la pièce d'eau. C'est un des arbres qui, pendant quelques semaines, donnent à nos parcs du Nord quelques-unes des teintes éclatantes de la végétation tropicale. Les cimes des peupliers d'Italie, s'élançant au-dessus des masses, produisent un excellent effet. Cette espèce est du très petit nombre d'arbres à feuilles caduques qui peuvent être mélangés aux arbres verts.

Fig. 191. — Abies Nordmannia. (*Voyez* p. 155.)

Les hauteurs doivent être plantées, suivant la physionomie générale du pays, tantôt de sapins, tantôt de charmes, d'ormes, de châtaigniers et de chênes. Ce dernier arbre sera toujours un des plus beaux ornements des grands parcs, comme des forêts. Son seul défaut est la trop grande lenteur de croissance, mais les sujets remarquables qui se trouveraient sur le terrain confié au dessinateur, devront être soigneusement réservés et mis en évidence (Fig. 201, p. 164, chêne du parc des Minimes). Cette régle est d'ailleurs applicable aux beaux arbres de toute espèce; aucun ne doit être sacrifié qu'en cas de nécessité absolue.

Fig. 192. — Cunninghamia sinensis. (*Voyez* p. 155.)

XVII. — Formes diverses des Arbres. — Pour un paysagiste, les arbres peuvent être classés d'après leur taille, leur forme, la couleur ou la dimension de leurs feuilles. Certains arbres affectent nettement une forme *fuselée* (peupliers d'Italie), pyramidale (sapins), de parasols (pins du Midi) (Figure 202), sphérique (marronniers, tilleuls), retombante (arbres pleureurs) (Fig. 203, p. 165), ou franchement irrégulière, comme le chêne, le frêne, l'orme, etc. Chaque arbre a une attitude particulière, qui se rapproche plus ou moins d'une de ces formes simples.

Dans les parcs iréguliers, les plantations doivent être généralement composées de plusieurs espèces d'arbres, mais assortis avec goût et discernement au point de vue de la taille, de l'attitude, des formes et des teintes de feuillage. Dans toute plantation, deux écueils sont à éviter : la monotonie et la confusion. Si le jardin paysager est, comme on l'a dit, « une symphonie de formes et de couleurs », une plantation composée d'une seule espèce d'arbres produit la même impression de fatigue qu'un seul et même son prolongé, tandis qu'une plantation trop mélangée et faite au hasard est un charivari « de formes et de couleurs ».

Fig. 193. — Abies Douglasii. (*Voyez* p. 155.)

Il importe de faire prédominer, dans le jardin paysager à créer, les espèces d'arbres les plus communes dans le pays; parce que ce sont elles qui fournissent les plus beaux sujets. On y ajoute d'autres essences, en les répartissant de telle sorte que les masses forment des lignes onduleuses, dont émergent çà et là des cimes plus élevées, peupliers d'Italie, trembles, etc. La composition des silhouettes doit être prévue quand on plante de jeunes arbres; il faut les disposer d'après la taille moyenne qu'ils atteindront, arrivés à leur entier développement. Il importe aussi de varier les essences, non seulement sur les rebords, mais jusque dans l'intérieur des massifs, même les plus profonds, afin de ne pas avoir un couvert d'un aspect trop monotone, comme dans les futaies ordinaires. Pour les dessous de bois, que l'on peut appeler les *paysages intérieurs*, on doit mélanger les essences, afin d'obtenir de la variété dans l'éclairage des massifs de verdure. Ainsi, il est bon d'avoir tantôt des groupes d'arbres à feuillages très épais, et tantôt des feuillages légers, laissant pénétrer la lumière. Pour ces effets d'irradiation dans les bois, l'artiste consultera utilement l'œuvre de Diaz; comme celle de Poussin pour la composition générale

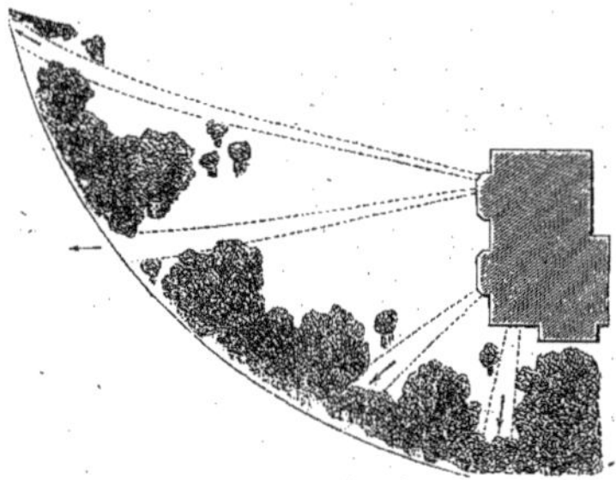

Fig. 194. — (Voyez p. 155.)

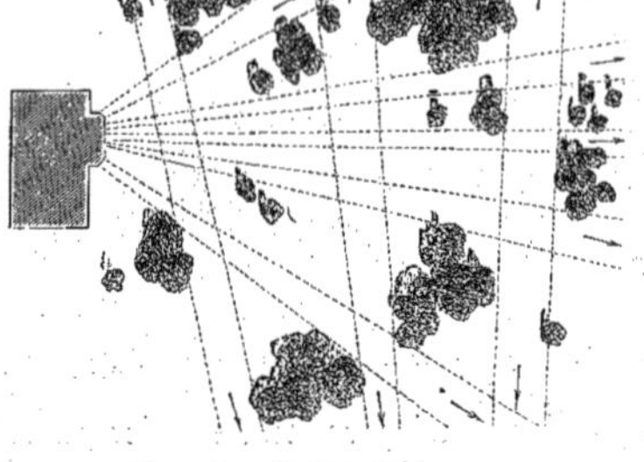

Fig. 195. — (Voyez p. 156.)

du paysage. Afin de faciliter ces jeux de lumière au fort des massifs, il faut y ménager des clairières qui permettent aux rayons du soleil de descendre çà et là

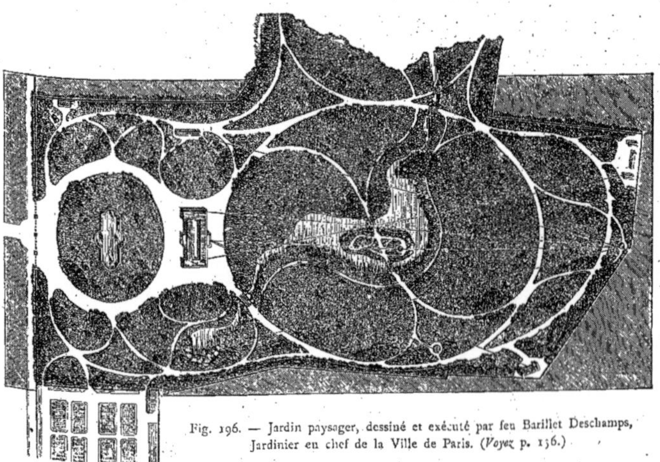

Fig. 196. — Jardin paysager, dessiné et exécuté par feu Barillet Deschamps, Jardinier en chef de la Ville de Paris. (Voyez p. 156.)

jusqu'au sol. Il faut tenir compte aussi, à l'intérieur comme à l'extérieur, des péripéties de la coloration des feuillages : du bel effet, par exemple, que ne manquera pas de produire en automne le contraste de la riche coloration des hêtres avec le vert persistant des chênes.

Nous recommandons encore d'éviter, dans la composition des massifs, le rapprochement continu d'un trop grand nombre d'arbres absolument de la même teinte, ce qui donnerait des plaques disgracieuses de couleurs trop sombres ou trop pâles. Sur le fond doucement nuancé de la masse, on peut détacher çà et là des groupes ayant des tons plus clairs ou plus sombres. Il faut encore observer la grandeur du feuillage; ce dernier détail permettra d'isoler davantage certains groupes et d'approfondir les perspectives. Une autre précaution indispensable, et trop souvent négligée, est de ne mettre aux prises que des essences de force à peu près égale; sans quoi les plus vigoureuses étoufferaient les plus faibles, au grand détriment de l'harmonie générale. Le hêtre, par exemple, et l'épicéa, parmi les conifères, passent avec raison pour des voisins dangereux.

Fig. 197. — Massif d'Arbres et d'Arbustes. (*Voyez* p. 156.)

Fig. 198. — Vue du Parc de Tieffurt. (*Voyez* p. 157.)

Fig. 199. — Vue du Parc de Tieffurt après la Transformation, faite par Petzhold. (*Voyez* p. 157.)

Chaque massif doit avoir son rôle dans la scène entière, et être disposé de manière à former partie du tout. Il faut donc, quand on dispose des groupes, ne jamais perdre de vue le plan général. Un massif double qu'une allée divise, doit, par l'arrangement des contours, sembler de loin n'en former qu'un. Les bords de ces groupes doubles, du côté de l'allée, doivent affecter un profil plutôt irrégulier, quand les masses ont une certaine ampleur (Fig. 204) ; plutôt uniforme, si elles sont étroites et petites (Fig. 205). Dans une grande propriété, si le sol est acccidenté, on obtiendra un effet heureux en plantant çà et là des arbres sur le versant et le sommet d'une hauteur, pour simuler les abords d'une forêt (Fig. 206).

On ne saurait trop le répéter, la disposition des groupes sera toujours défectueuse, si on ne tient pas compte de l'effet à venir des lignes supérieures. La

Fi . 200. — Vue du Château de Bleenheim, terminé en 1715. — Appartenant au Duc de Marlborough. (Voyez p. 158.)

meilleure partie de l'art du dessinateur consiste à tout combiner en vue de la collaboration de la nature, de manière à l'avoir pour auxiliaire, et non pour ennemie.

Dans les grands parcs irréguliers, largement conçus, notamment dans ceux d'Angleterre, le « ménage champêtre » a son rôle comme dans ceux des grandes villes de l'Empire romain et de la Renaissance. Les plantations s'y confondent pour ainsi dire avec les cultures : « les larges allées sinueuses » servent à la fois à la promenade et aux transports agricoles. Par contre, on passe des champs cultivés, des grands bois et des taillis au parc, et du parc au jardin *(Pleasure Ground)*. C'est pour celui-ci qu'il faut réserver les arbres, arbustes et plantes exotiques qui réclament des soins particuliers, ou qui, par leur rareté et leur beauté, méritent d'être le plus en vue; les bordures et les corbeilles de fleurs et de plantes à feuillage ornemental; les plantes de serre installées sur les pelouses pendant la belle saison, etc. La nature n'y est ni annulée ni esclave, comme dans les « architectures vertes » d'autrefois, mais au contraire cultivée avec une recherche spéciale, et comme *revêtue d'art*.

Fig. 201. — Le Chêne des Minimes, au Bois de Vincennes. (*Voyez* p. 159.)

XVIII. — Des Eaux. — Forme à leur donner. — Plantations sur les Bords — Un ruisseau d'eau courante dirigé avec intelligence, une pièce d'eau bien dessinée, bien entretenue, contribuent beaucoup à l'agrément d'un jardin ou d'un parc. Mais, si les eaux ne sont pas l'objet de soins bien entendus et suivis, elles cessent d'être un agrément pour devenir un fléau; — celles surtout qui ne peuvent se renouveler d'une façon constante.

Suivant la judicieuse maxime d'un célèbre dessinateur anglais, l'artiste doit surtout se préoccuper de la marche *(progress)* en ce qui concerne l'eau courante, et des détails du pourtour *(circuity)* pour les eaux plus ou moins dormantes (1). Les premières pourront cheminer sans inconvénient sous bois, tandis que les autres devront être exposées, au moins d'un côté, à l'action de l'air et de la lumière. On sait en effet par expérience, que les étangs entièrement enveloppés d'arbres sont généralement tristes et malsains. Quant aux formes du pourtour, les plus simples sont toujours les meilleures, surtout si la pièce d'eau est petite. Dans ce cas, la recherche de bords contournés à l'excès serait absolument ridicule.

Fig. 202. — Pin Parasol. (*Voyez* p. 159.)

Dans les jardins irréguliers, la forme la plus convenable est celle d'une ellipse allongée. Le principal avantage de cette configuration est d'empêcher qu'on n'embrasse entièrement la pièce d'eau d'un seul coup d'œil. Quelques courbes, quelques creux garnis de plantations hautes ou basses, suivant les circonstances, pourront faire paraître une pièce d'eau plus grande qu'elle n'est en réalité. Les îles et les îlots contribuent aussi beaucoup à la beauté des pièces d'eau, pourvu qu'elles soient suffisamment grandes. On peut en voir des exemples remarquables : à Ermenonville (la fameuse île des Peupliers) (Fig. 207), plusieurs au bois de Boulogne, et à Vincennes (Fig. 208), l'île de Saint-Mandé. (*Voyez* p. 167.)

Fig. 203. — Massif avec Arbres retombants. (*Voyez* p. 159.)

Les bords doivent toujours être plus ou moins exhaussés, et plantés en partie d'arbres dont les branches fassent saillie ou s'inclinent sur l'eau. Les diverses variétés d'arbres à branches retombantes, saules, *sophoras,* frênes, hêtres pleu-

(1) Repton, *Observations on modern gardening* (1801).

reurs, seront toujours d'un excellent effet dans cette situation. On obtiendra aussi un résultat très heureux et peu commun, en mettant un platane sur un rebord escarpé, de manière à ce que la tige incline fortement sur l'eau. Pour les plantations isolées sur le bord des lacs ou étangs artificiels, nous recommandons aussi le cyprès de la Louisiane, qui se plaît dans les terrains humides, et dont le feuillage se colore magnifiquement en automne; les *Arundo donax, Bambusa aurea* (Fig. 209), *Thalia dealbata* (Fig. 210), etc. On peut aussi l'employer avec avantage dans les îlots. Toutes ce plantations, dans le voisinage immédiat de l'eau, doivent être faites avec la plus grande circonspection, en ménageant les points de vue et réservant des espaces libres pour l'air, la lumière et le jeu des reflets (Fig. 211, p. 170.)

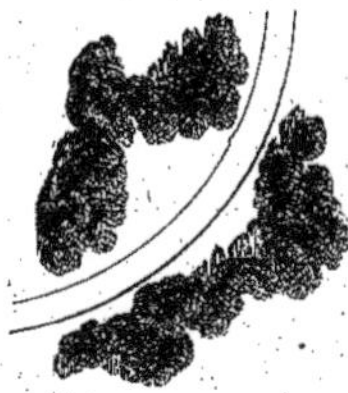

Fig. 204. — (*V.* p. 163).

Fig. 205. — (*V.* p. 163.)

Fig. 206. — (*Voyez* page 163)

Petzhold cite, dans son remarquable ouvrage sur l'Art des Jardins, la Transformation de Fromhouse; nous le reproduisons (Voir p. 171), avant et après les modifications faites par Repton. L'eau est traversée aux extrémités par deux ponts produisant

Fig. 207. — Vue du Château d'Ermenonville. (*Voyez* p. 165.)

ainsi l'illusion d'une grande étendue, grâce aux arbres qui masquent la perspective (Fig. 210 et 211).

Dans les ondulations des rives, il faut s'efforcer de reproduire les caprices gracieux de la nature. On peut, pour varier les effets, disposer çà et là sur les berges quelques rocailles ornées, principalement à l'approche d'une cascade ou d'un gué. Mais il faut user sobrement de ce genre de décor, ainsi que des plantes aquatiques, roseaux, nénuphars, etc., surtout dans les jardins et les pièces d'eau d'étendue médiocre.

Fig. 208. — Lac de Saint-Mandé au Bois de Vincennes. (Voyez p. 165.)

Il est facile de tirer parti du moindre filet d'eau courante, mais on peut aussi rendre les eaux dormantes agréables, en ayant soin d'en combattre les inconvénients. En thèse générale, plus l'eau d'un étang ou lac artificiel se renouvelle difficilement, plus il importe que les bords soient en partie découverts, surtout du côté le plus exposé aux grands vents. Ils emportent la mauvaise odeur, et donnent à l'eau une agitation factice, capable de faire illusion, si la pièce d'eau est bien dessinée. On ne doit pas négliger non plus d'augmenter l'approvisionnement d'eau, au moyen du drainage. Si la forme et la nature du terrain s'y prêtent, des drains dont l'orifice est dissimulé par quelques pierres ou quelques plantes, déversant leurs eaux sur une pente rapide, produiront, pendant une grande partie de l'année, l'effet de sources d'eau vive.

Les cygnes, canards, sarcelles, etc. (Fig. 214, p. 172), animent singulièrement une pièce d'eau, mais ils ont l'inconvénient d'en dégrader les bords, de détruire les plantations aquatiques et le frai des poissons.

XIX. — Conduite des Cours d'Eau; Iles. — Les eaux sont une des parties les plus difficiles des jardins irréguliers. — La création d'une cascade, d'un étang ou d'une rivière demande à la fois des connaissances pratiques très approfondies, beaucoup de goût et d'imagination, pour éviter tout effet banal ou affecté. Nous donnons, comme spécimens de cascades, la cascade des Buttes-Chaumont (Fig. 215), celles des bois de Boulogne (Figure 216) et de Vincennes (Fig. 217), la très curieuse cascade Aldobrandini (Figure 218), exemple rarissime et dont nous ne conseillons pas l'imitation, d'emploi du style régulier dans la disposition des rocailles; enfin, les cascades pittoresques de Méréville (Figure 219) et du parc Monceaux (Fig. 220).

Fig. 209. — Bambusa aurea. (*Voyez* p. 166.)

Meyer est un des meilleurs auteurs à consulter pour la conduite des cours d'eau (Fig. 221). Il donne de judicieux conseils sur les plantations les plus convenables aux abords des rivières et ruisseaux; sur la manière de motiver, par des exhaussements factices auxquels les plantations donneront, en grandissant, un air de plus en plus grand de vérité (Fig. 222); des courbes brusques, des replis qui, tout en ménageant l'espace, donnent au cours de l'eau l'attrait de la surprise. Dans les courbes, les rives doivent en général être plus écartées (Fig. 223, p. 176).

Kemp, auquel nous empruntons un projet bien conçu de lac artificiel avec îlot (Fig. 224), recommande de ne pas encaisser les cours d'eau trop profondément. Cette disposition peut néanmoins avoir son utilité pour l'effet pittoresque, dans certains passages accidentés. Mais, employée d'une façon continue, elle aurait le double inconvénient de trop cacher l'eau et de lui retirer son plus grand charme, la transparence. Aussi, quand on ne peut éviter cet encaissement, il faut dégager les rives par des talus très ouverts.

Fig. 210. — Thalia dealbata. (*Voyez* p. 166.)

La forme des îles, l'escarpement et la composition de leurs bords, doivent se régler d'après la rapidité plus ou moins grande du courant. En les rapprochant ou les écartant plus ou moins des rives de la pièce d'eau, on peut simuler, suivant les circonstances, tantôt le confluent de deux rivières, tantôt une seule embouchure. Dans l'un et l'autre cas, les promontoires à la pointe des îles ou à l'extrémité des courbes les plus prononcées, sont un emplacement des plus favorables pour l'installation d'édicules ou de stations de repos. (Fig. 225.) Le prince Pückler-Muskau a donné des indications pratiques fort utiles à ce sujet. Il conseille notamment de multiplier les plantations, tant de grands arbres, que d'arbustes et de roseaux (Fig. 226, *Saccharum egyptiense*, Fig. 227, *Andropogon formosum*) dans les îles, et généralement sur le bord des ruisseaux, des pièces d'eau, car « c'est surtout dans les lignes sèches que la nature est difficile à imiter. »

XX. — Voici encore, sur ce sujet délicat, quelques indications dont on pourra tirer parti.

Quand il est nécessaire d'avoir recours à des chutes, il faut éviter de les faire trop rapprochées ou équidistantes. Pour rendre moins apparent cet inconvénient, quelquefois difficile à éviter, on dissimule les chutes dans la verdure... Les pièces d'eau, dans des endroits découverts, doivent avoir le plus d'étendue possible. Dans les parties boisées, au contraire, elles peuvent n'avoir qu'une étendue restreinte... Les contours de leurs rives, toujours justifiés par les mouvements du bassin qui les contient, sont d'autant plus agréables que leurs lignes sont d'un dessin plus simple. En général, il faut bien se garder d'établir le niveau des eaux au-dessus des pelouses et des allées voisines. Toutefois, cette règle comporte quelques exceptions. Nous avons obtenu un effet assez original, en faisant passer une allée dans un isthme entre deux pièces d'eau situées à des niveaux très différents, et dont l'une est alimentée par le trop plein de l'autre, que ramène un ruisseau artificiel. Cette allée passe en corniche au-dessus de l'étang de décharge inférieur, et en même temps en contre-bas de la pièce d'eau supérieure, qui paraît comme suspendue au-dessus d'elle avec son cadre de verdure.

Fig. 211. — Vue de la Rivière de Charenton. (*Voyez* p. 166.)

Enfin, il importe de disposer les plantations, aux abords d'une pièce d'eau, de telle sorte que le spectateur n'en puisse embrasser d'un coup d'œil toute l'étendue. Au moyen d'îles boisées et de massifs sur les bords, l'on peut toujours donner à une nappe d'eau une apparence de grandeur indéterminée. Ajoutons que la forme donnée au contour des rives peut et doit aider puissamment à l'illusion. Nous en trouvons un exemple remarquable dans la disposition de la pièce d'eau irrégulière du jardin Flora, à Cologne, l'une des œuvres du célèbre jardinier paysagiste Lenné. (Figure 228) (1).

Fig. 212. — Vue de Fromhouse avant la Transformation. (Voyez p. 167.)

XXI. — Ponts. — Dans les grands parcs, comme dans les petits, les ponts rustiques sont presque toujours d'un aspect plus agréable que ceux en bois ouvragé et que les ponts métalliques. Si toutefois on préfère ces derniers, à cause de leur solidité, il faut du moins que leurs lignes maigres et anguleuses soient dissimulées par des plantes grimpantes.

Fig. 213. — Vue de Fromhouse après la Transformation. (Voyez p. 167.)

Les *Promenades de Paris* fournissent des spécimens de ponts rustiques, ponceaux, passerelles, etc., etc., entre lesquels on n'a que l'embarras du choix. Nous recommandons spécialement le pont rustique sur le ruisseau de Longchamps (Fig. 229), la passerelle sur le lac de Charenton, qui toutefois ne convient que pour un très grand parc; le pont rustique sur la rivière de Joinville, et celui du restaurant de la Porte-Jaune (Fig. 231) au bois de Vincennes.

(1) Quelques dessinateurs de jardins recommandent ce qu'ils appellent *les cascades par dérivation*, c'est-à-dire l'emploi, sous cette forme décorative, du trop plein des retenues d'eau affectées à des usages industriels ou à l'arrosement des prairies. Cette combinaison de l'effet utile avec l'effet pittoresque ne saurait être bonne, que si la retenue est assez forte pour que la cascade ne reste jamais complètement à sec.

Nous y joignons un modèle de ponceau plus modeste qui peut convenir dans une petite propriété (Fig. 235, p. 183). Nous reproduisons aussi deux types de ponts rustiques assez originaux, empruntés à l'ouvrage d'Hirschfeld (Figures 233, 234, p. 183). Celui en forme d'escalier pourrait être d'un heureux effet dans un emplacement accidenté, où l'une des rives serait fort en contre-bas de l'autre.

Fig. 214. — Lac du Jardin d'Acclimatation, au Bois de Boulogne. (*Voyez* p. 167.)

Nous avons vu un essai, probablement unique, de *ponceau végétal*. Les balustrades étaient faites avec de jeunes plants d'osier recourbés, dont on avait piqué en terre les extrémités qui avaient repris de boutures, tandis que des tiges ainsi ployées en arcs repoussaient des jets verticaux. Cette combinaison neuve et d'un effet gracieux, avait été imaginée par Duclos, le dessinateur normand dont nous avons déjà parlé.

Nous figurons également un pont en osier d'un paysage de Java (Fig. 232, p. 182), dont on peut se servir comme modèle.

Les ponts rustiques en pierre sont d'un usage moins fréquent (Fig. 230, p. 181) que ceux en bois. On peut les employer avec avantage dans les pays où la pierre est commune, et surtout aux abords des agrégations de roches ou de rocailles. Certains passages, dits gués, ne demandent ni ponts ni ponceaux; il y suffit de quelques pierres disposées d'une façon commode, mais dont le rapprochement doit toujours paraître naturel (Figure 230, p. 181).

Fig. 215. — Cascade des Buttes-Chaumont. (*Voyez* p. 168.)

Disons enfin que tout pont ou ponceau, si modeste qu'il soit, doit être *suffisamment motivé;* cette règle ne comporte pas d'exception. Ainsi, un pont jeté sur une pièce d'eau trop exiguë, et dont une extrémité au moins n'est pas dissimulée par des plantations, sera toujours d'un effet mesquin, sinon ridicule. Il faut que l'établissement d'un pont soit justifié par la direction de l'allée, par l'importance du cours d'eau ou du ravin à franchir, ou par celle au moins apparente

Fig. 216. — Cascade du Lac supérieur, au Bois de Boulogne. (*Voyez* p. 168.)

Fig 217. — Cascade du Lac des Minimes, au Bois de Vincennes. (*Voyez* p. 163.)

de la pièce d'eau. Nous insistons sur ce précepte, parce qu'il est souvent oublié, même par d'habiles dessinateurs. Combien ne voit-on pas de passerelles et même d'ouvrages plus importants, jetés sur des flaques d'eau auxquelles on dirait volontiers, comme Saint-Amant au Tibre, dans sa *Rome ridicule* :

C'est bien à vous d'avoir un pont!

Fig. 218. — Cascade dans la Villa Aldobrandini. (*Voyez* p. 168.)

XXII. — Fabriques; — Temples, Édicules mythologiques, allégoriques ou historiques. — C'est surtout dans le choix et la disposition des ornements de ce genre, que le vrai style paysager, dont nous cherchons à formuler les principes, s'écarte des errements primitifs du genre irrégulier. L'art tend aujourd'hui à réunir, autant que possible, l'agréable à l'utile; il rejette les monuments, ermitages, ruines tactices, *les pièces à surprises*, les inscriptions, dont on abusait si fort autrefois. « Les pensées des plus célèbres auteurs ne sont nulle part mieux placées que dans leurs ouvrages. »

Fig. 219. — Cascade naturelle du Parc de Méréville. D'après de Laborde. (*Voyez* p. 168.)

Cependant ce genre de décoration a encore ses partisans. Il n'y a pas bien des années qu'on a vu s'élever, dans le parc d'un prince germanique, un pavillon crénelé de notes figurant l'air populaire : *Freut euch des Lebens!* Non loin de là, on rencontre un banc dédié à l'Amitié, avec un dossier dont les courbures en bois rustique forment les noms d'Oreste et de Pylade. Dans un parc près de Vienne, nous avons vu, il n'y a pas longtemps, un édicule en forme de tonneau, dans laquelle est assis un Diogène tenant sa lanterne allumée. En arrivant sur le seuil, le visiteur marche nécessairement sur un ressort qui fait éteindre la lanterne, comme si le philosophe apercevait enfin l'homme longtemps cherché. Tous les colifichets, toutes les puérilités cosmopolites des anciens jardins réguliers et irréguliers se retrouvent accumulés dans un parc moderne italien, admirablement situé, celui de la villa Palavicini (Fig. 237, p. 184), près de Gênes, encombré de monuments et d'édicules égyptiens (un obélisque surgissant brusquement au beau milieu d'un lac), turcs, grecs, temples païens, chapelle gothique, etc. On y a même reproduit, pour l'agrément des touristes qui aiment le frais, quelques-unes des surprises aquatiques des parcs de la Renaissance. L'art n'a rien à voir dans ces enfantillages, mais certaines réminiscences allégoriques ont encore de nos jours leur raison d'être. Ainsi, l'on comprend qu'après d'immenses travaux poursuivis avec

Fig. 220. — Cascade et Entrée de la Grotte, au Parc Monceaux. (*Voyez* p. 168.)

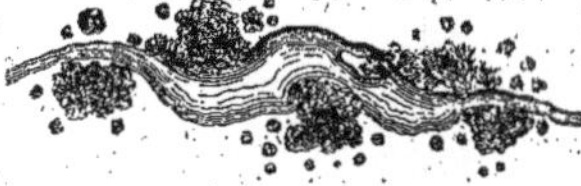

Fig. 221. — (*Voyez* p. 168.)

Fig. 222. — (*Voyez* p. 168.)

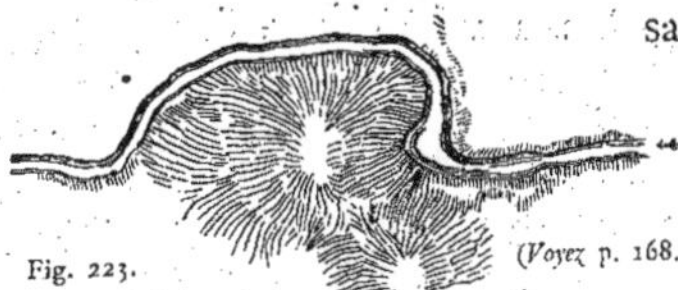

Fig. 223. (*Voyez* p. 168.)

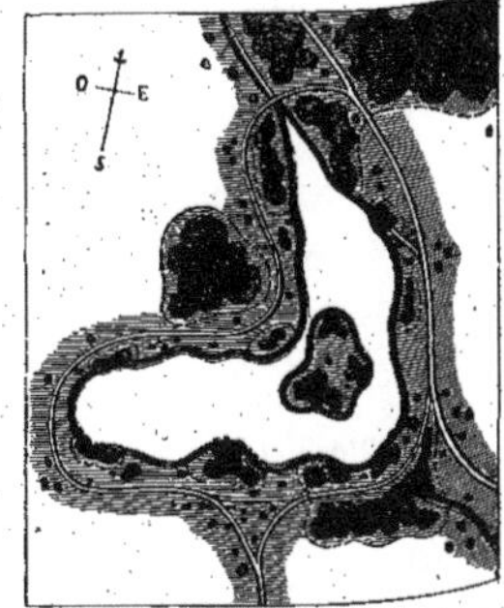

Fig. 224. — (*Voyez* p. 169.)

ardeur pendant de longues années, le prince Pückler-Muskau ait élevé dans son célèbre parc un temple à la *Persévérance*. Nous croyons qu'on peut aussi considérer comme bien motivée une autre construction plus moderne du même genre, le « Temple de la Sibylle », érigé dans le parc des Buttes-Chaumont (Fig. 239), sur un promontoire qui domine cet océan parisien si plein de mystères. Mais ces édicules symboliques ne doivent être admis dans un jardin paysager (Fig. 238), que dans les circonstances, fort rares, où ils ont le mérite de l'à-propos. Nous en dirons autant des évocations de l'Égypte, de la Grèce et de Rome, et des imitations du style chinois. Cette exclusion ne saurait s'étendre avec la même rigueur au rappel de souvenirs locaux, quand la mémoire d'un ancien édifice, d'une ruine, d'un événement mémorable ou d'un personnage célèbre se rattache à l'emplacement ou au proche voisinage du jardin paysager. C'est

(Fig. 225. — Vue du Gué de la Rivière de Charenton, au Bois de Vincennes. (*Voyez* p. 169.)

ainsi qu'un des plus beaux ornements du parc de Méréville est la colonne rostrale érigée à la mémoire des deux frères de Laborde, compagnons de Lapeyrouse, héroïques jeunes gens qui se dévouèrent pour sauver leur camarade d'Escures, et périrent avec lui. Le parc de Rambouillet se recommande surtout par la chaumière (entièrement construite en coquillages) et la laiterie de Marie-Antoinette; par l'île *des Roches*, où suivant une ancienne tradition, Rabelais serait venu souvent, quand il était de la suite de François Ier; et par le kiosque octogone, bâti au bord de cette île. C'était la place favorite de Napoléon. « On sait par lui-même, dit Gozlan, que ses plus hardies entreprises furent conçues au murmure des eaux de Rambouillet, et tracées au crayon dans le petit kiosque qui porte son nom. » De même, en dépit de la profusion des sentences anciennes ou modernes, de « l'autel de la Rêverie », de la pyramide dédiée aux poètes, de la pierre moussue, sous laquelle sont censés ensevelis les infortunés tués dans les temps de superstition, du temple de la « nouvelle Philosophie », etc., les restes du parc d'Ermenonville empruntent un charme réel à l'aspect du donjon authentique de Mont-Épiloy, superbe ruine féodale heureusement dégagée par Morel, et au souvenir de J.-J. Rousseau, « l'homme de la Nature et de la Vérité (?) ». Plusieurs des plus beaux parcs modernes de l'Europe offrent, de même, des souvenirs

Fig. 226. — Saccharum egyptiense. (*Voyez* p. 169,)

locaux du plus vif intérêt (Fig. 244). A Twickenham, par exemple, le tombeau véritable de la mère de Pope; et à Sans-Souci, le fameux moulin qui rappelle un des plus beaux traits de la vie du grand Frédéric, font bien plus d'impression que tous les monuments et ruines factices. A Prague, le parc Kinsky, magnifiquement planté, occupe l'emplacement de l'ancienne forteresse, théâtre de plusieurs des scènes les plus émouvantes de l'histoire d'Allemagne, de l'héroïque défense du maréchal de Belle-Isle. Ces souvenirs ajoutent encore à l'effet que produisent, parmi les massifs de verdure, les restes authentiques de cette citadelle. Nous citerons encore dans ce genre, en France, le parc de Radepont (Eure), qui jouit du rare avantage de réunir dans l'espace d'une centaine d'hectares : un ravin d'aspect farouche, où s'accomplit jadis plus d'un sacrifice humain; les substructions d'un château-fort pris et ruiné par Philippe-Auguste, et de beaux débris gothiques d'une abbaye de femmes dont la fondation remonte au XIe siècle. Avec de pareilles ressources, pas n'est besoin de ruines artificielles.

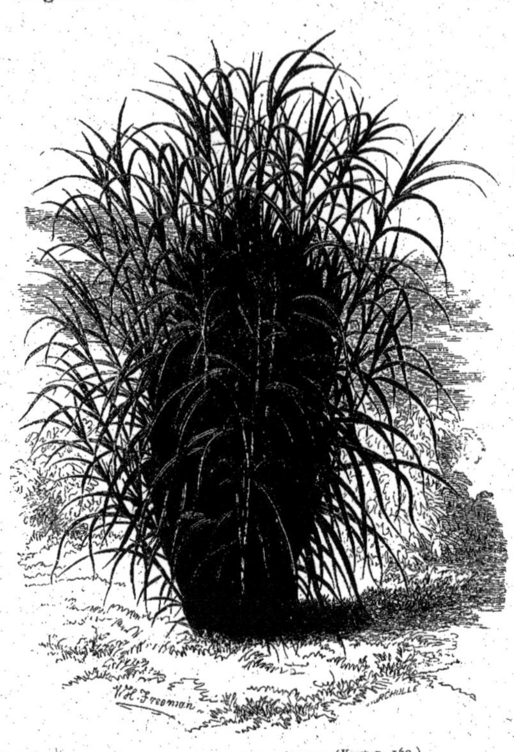

Fig. 227. — Andropogon ormosum. (*Voyez* p. 169.)

La récente transformation des grandes promenades parisiennes offre aussi plusieurs exemples du respect et de l'évocation des souvenirs historiques; au bois de Boulogne, la Croix-Catelan (Fig. 245); à Vincennes, la pyramide de 1731 (Fig. 243), etc.

XXIII. — Loges d'Entrée, Maisons de Garde, etc. — Toutefois, en dehors de ces bonnes fortunes exceptionnelles, les meilleures *fabriques* dans les jardins paysagers sont celles qui joignent à l'attrait d'une forme gracieuse et pittoresque, le mérite d'une destination utile : belvédères, salles de repos, abris pour les cavaliers, volières, embarcadères, maisons de garde, de jardinier, loges d'entrée, etc.

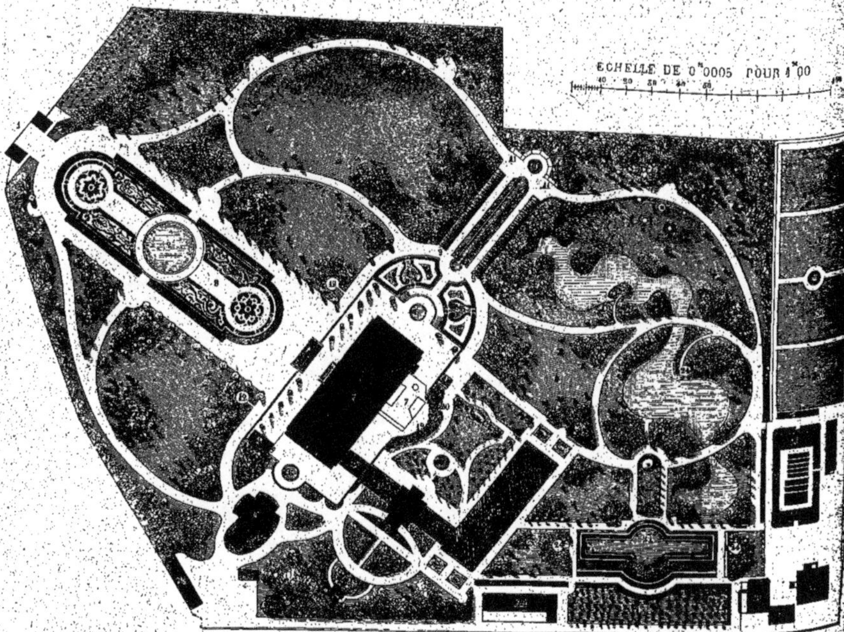

Fig. 228. — Jardin La Flora, à Cologne, dessiné par Lenné, exécuté et modifié par J. Niepraschk en 1863. (*Voyez* p. 171.)

1. Entrée principale. — 2. Jet d'eau. — 3. Jardin d'hiver. — 4. Kiosque à musique. — 5. Machine à vapeur. — 6. Bassin. — 7. Aquarium d'eau douce et de mer. — 8. Cascades. — 9. Cascades. — 10. Temple de Lysicrate. — 11. Véranda. — 12. Tente. — 13. Dépendances. — 14. Magasin de charbon. — 15. Water-closets. — 16. Galerie de communication. — 17. Serres. — 18. Orangerie. — 19. Roche. — 20. Entrée de l'aquarium en été. — 21. Bassin de Neptune. — 22. Serre chaude. — 23. Culture de Conifères. — 24. Gloriette. — 25. Kiosque. — 26. Habitation du Directeur. — 27. Habitation du Jardinier. — 28. École d'Horticulture. — 29. Serres. — 30. Jardin fruitier.

Dans une propriété un peu étendue, l'un des buts de promenade les plus agréables qu'on puisse créer, sera toujours une loge d'entrée en forme d'habitation rustique avec une petite pièce d'eau soigneusement entretenue ; un potager et un verger touchant immédiatement à la campagne, et d'une dimension assez restreinte pour qu'on comprenne de suite qu'ils sont à l'usage d'une seule famille. Plus l'aspect de cette maisonnette sera champêtre, plus heureusement il contrastera avec l'élégance croissante de la décoration végétale jusqu'aux abords de la grande habitation, « tout

Fig. 229. — Pont rustique sur le Ruisseau de Longchamps, au Bois de Boulogne. (*Voyez* p. 171.)

Fig. 230. — Barrage sur le Ruisseau de Longchamps, au Bois de Boulogne. (*Voyez* p. 173.)

en projetant à une grande distance l'idée de cette habitation. » C'est à Whately que revient le mérite de cette remarque, dont nous avons plus d'une fois constaté la

Fig. 231. — Pont du Restaurant de la Porte jaune, au Bois de Vincennes. (*Voyez* p. 171.)

justesse. Par contre, on doit proscrire absolument ces constructions bâtardes improprement nommées chalets, amalgame choquant des styles les plus opposés, moitié helvétiques, par exemple, et moitié gothiques. L'usage de ces édifices hybrides avait commencé dès le temps des premiers jardins irréguliers (1), et a malheureusement persisté sans cesse jusqu'à nos jours. Nous ne saurions trop engager les dessinateurs et les propriétaires à s'abstenir de telles aberrations, et nous mettons sous leurs yeux plusieurs modèles de loges, d'abris, stations de repos, etc., d'un goût plus pur, parmi lesquels ils n'auront que l'embarras du choix.

Fig. 232. — Pont dans un Paysage de Java. (*Voyez* p. 172.)

(1) *Voir*, par exemple, dans la collection Le Rouge, le chalet d'entrée de Bagatelle, avec son toit en saillie à la façon des chalets du Jura, surplombant une terrasse gothique! Nous avons eu le regret de trouver, dans certains ouvrages très modernes, de ces constructions hybrides, proposées comme modèles. Les deux maisons de garde du Bois de Boulogne et des Buttes que nous reproduisons ici, sont gothiques; mais l'unité de style y a été scrupuleusement observée.

Le style et l'importance de ces loges doivent être en harmonie non seulement avec l'habitation principale, mais avec les alentours immédiats de la loge. La forme de la grille, celle de l'entrée, doivent aussi être prises en considération. Ces constructions doivent généralement être simples, garnies de plantes grimpantes. Voici d'abord deux spécimens empruntés à Kemp. Le premier (Fig. 241) convient pour une propriété de moyenne étendue; l'autre (Fig. 242) se rapporte évidemment à un domaine plus considérable.

Fig. 233. (Voyez p. 172.)

Fig. 234. (Voyez p. 172.)

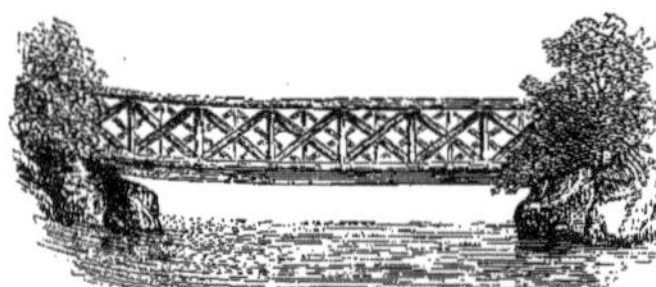

Fig. 235. (Voyez p. 172.)

Fig. 236. — Rapide du petit Ravin de Saint-Mandé. (Voyez p. 173.)

Nous indiquons ensuite les maisons de garde et pavillons du bois de Boulogne (Fig. 246, p. 189), l'Exèdre à la pointe nord de l'île du grand lac (Fig. 248), le modèle d'abris (Fig. 249); les maisons de garde du parc des Buttes-Chau-

Fig. 237. — Temples du Parc de la Villa Pallavicini, près de Gênes. (*Voyez* p. 176.

mont, dans la décoration desquelles on a fait un essai d'emploi de la faïence, imité du château de Madrid et de quelques autres constructions du XVIe siècle (Fig. 246). Sans doute on ne doit pas s'en tenir, pour l'ornementation d'un grand parc (même irrégulier), à l'emploi des arbres et des fleurs. Les œuvres de l'architecture et de la sculpture sont charmantes dans un paysage, lorsqu'elles sont bien employées et qu'elles ont une destination sérieuse. Que tous ces édicules soient donc décoratifs, mais justifiés par une certaine nécessité; que les ponts soient proportionnés à l'importance des cours d'eau; que les salles de repos soient aménagées et visiblement construites pour l'usage auquel on les destine; qu'on ne leur donne pas, par exemple, un faux air de temple antique; qu'un banc soit un banc, et non un rocher, un fragment de colonne, et ainsi du reste. — Ces petites constructions ne doivent pas être placées trop en évidence, mais se montrer discrètement, et ne se laisser voir tout à fait que d'un ou deux points de vue (1).

Fig. 238. — Temple de Vénus, à Trianon. (D'après la Calcographie du Louvre. (*V.* p. 177.)

XXIV. — Rocailles. — Même dans un parc d'étendue médiocre, il serait

(1) Un lavoir rustique, bien encadré de verdure, est un des ornements les plus naturels et gracieux d'une pièce d'eau.

regrettable de se priver des plantes dites *rocaille;* notamment des plantes alpines et des fougères.

Fig. 239. — Temple des Buttes-Chaumont. (*Voyez* p. 177.)

Nous empruntons à l'ouvrage de M. Verlot sur les plantes alpines les conseils judicieux qu'il donne pour leur emploi dans les rocailles, et généralement dans les jardins paysagers. « Plus on s'éloigne des lieux où croissent spontanément les plantes alpines, plus les exigences de culture augmentent, et partant plus leur emploi est rendu difficile. Aussi n'y a-t-il, parmi les espèces essentiellement alpines, qu'un très petit nombre pouvant être cultivées en pleine terre dans les jardins situés à une distance très éloignée de leurs stations naturelles. Si, en effet, nous voulons établir le bilan de celles qui sont répandues dans nos parterres, nous ne trouverons à citer, en dehors des rustiques *Sempervivum* et *Sedum* et de quelques Saxifrages à feuilles cartilagineuses, que quatre espèces : les *Gentiana acaulis, Arabis alpina, Valeriana montana* et *Myosotis alpestris,* employées à la formation de belles et durables

Fig. 240. — Temple dans le Parc de Saragota. (*Voyez* p. 177.)

bordures; et encore avons-nous vu que la première avait besoin, pour produire tout son effet, d'habiter un lieu quelque peu éloigné des grands centres, et que là seulement elle pouvait montrer en nombre ses admirables fleurs. Cependant, si on modifie un peu la nature du sol naturel du jardin et qu'on

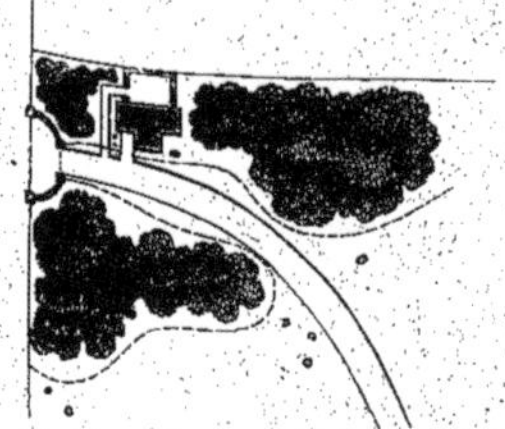

Fig. 241. (*Voyez* p. 181.)

lui substitue une terre légère, fraîche et plus perméable, on

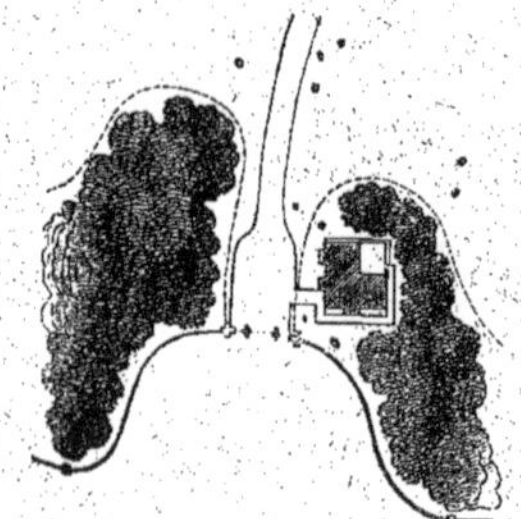

Fig. 242. (*Voyez* p. 183.)

Fig. 243. — Pyramide, au Bois de Vincennes. (*Voyez* p. 179.)

aura un petit nombre d'espèces à ajouter aux précédentes. Nous les trouverons surtout dans le genre *Saxifraga*, ce seront les : *S. hypnoides, geranioides, furcata, Geum, hirsuta* et *umbrosa*, etc. Si enfin à un terrain plus léger et plus poreux, mais un peu élevé au-dessus du niveau du sol, s'ajoute une exposition demi-ombragée, ce nombre s'accroîtra encore, et nous verrons, sur les talus ou les glacis qui présenteront ces conditions, prospérer un nombre plus grand d'espèces empruntées aux altitudes

Fig. 244. — Pyramide et Obélisque du Parc Monceau. (*Voyez* p. 179.)

Fig. 245. — La Croix Catelan, au Bois de Boulogne. (*Voyez* p. 179.)

Fig. 246. — Façade principale d'un Pavillon de Garde, aux Buttes-Chaumont. (*Voyez* p. 185.)

Fig. 247. — Maison de Garde à la Porte des Princes, au Bois de Boulogne. (*Voyez* p. 183.)

élevées. Là pousseront, outre plusieurs Saxifrages délicats, tels que *S. muscoides, oppositifolia, tenella, cuneifolia,* etc., la plus grande partie des primevères à souches caulescentes, notamment les *Primula marginata* et *viscosa,* puis l'*Adonis vernalis,* le *Gentiana asclepiadea,* le *Swertia perennis,* les *Campanula cœspitosa, muralis* et *garganica.*

Les plantes alpestres qui caractérisent la végétation d'une zone moins élevée et qui se rapprochent par conséquent davantage des lieux où nous pouvons les placer,

Fig. 248. — Elévation de l'Exèdre au Bois de Boulogne. (*Voyez* p. 183.)

offrent par cela même moins de difficultés. Aussi, la plupart des espèces cultivées généralement sous l'épithète d'alpines n'appartiennent, il faut le reconnaître, qu'à cette seconde division.

Mais il ne faudrait pas croire cependant que celles-ci n'ont pas besoin de soins particuliers. Ces soins ne seront pas différents de ceux que nous venons d'indiquer pour les plantes de nos hautes montagnes. Les plus rustiques de la série : *Potentilla alba, Alchimilla alpina,* etc., pourront servir à former des bordures ; d'autres, un peu plus délicates, exigeront une terre spéciale comme aussi un lieu incliné ; d'autres enfin se refuseront à croître en pleine terre, si le sol n'offre pas les qualités de légèreté nécessaire, ainsi qu'une exposition convenable. Ajoutons qu'il ne faut pas donner une importance absolue à l'altitude peu considérable à laquelle une plante aura été trouvée, car il n'est pas rare de voir les plantes des hauts sommets descendre dans des régions plus basses où elles ne seront en réalité que des transfuges. Tel est le cas des *Silene vallesia, Saponaria ocimoides, Gypsophila repens,* etc. (1).

Fig. 249. — Abri de Cavaliers. (*Voyez* p. 183.)

Il est donc indispensable, pour cultiver dans nos plaines les plantes alpines ou alpestres, de les réunir dans un lieu qui remplira au plus haut degré les conditions suivantes : sol léger, frais, incliné, reposant sur un épais drainage et situé à une exposition à demi ombragée. Cette exigence, qu'explique du reste le milieu dans lequel elles vivent spontanément, est facile à satisfaire jusqu'à un certain point, car, dans un jardin de quelque étendue, il est bien rare de ne point rencontrer un endroit sinon montueux au moins incliné (talus ou tertres) qui pourrait en recevoir (V. Fig. 256). Nous avons dit que les conditions essentielles pour ces plantes étaient, dans le milieu que nous habitons, un sol léger, poreux et frais, et un endroit abrité autant que possible contre les

Fig. 250. — Partie d'un Pont du Central-Park, à New-York. (*Voyez* p. 172.)

(1) Voir pour plus de détails l'ouvrage de M. Verlot : Les Plantes Alpines; leur Culture, Botanique, Emploi, etc. Avec 50 chromotypies. — J. Rothschild, Éditeur.

rayons du soleil. Dans les jardins paysagers, il n'est pas rare de rencontrer ces conditions réunies.

Fig. 251. — Sedum oppositifolium.

Fig. 252. — Linum flavum.

Nous reproduisons ici le *Sedum oppositifolium* (Figure 251), le *Linum flavum* (Figure 252), le *Linum suffruticosum* (Fig. 253), le *Cypripedium spectabile* (Fig. 254), le *Saxifraga longifolia* (Fig. 255), l'*Aster alpinus* (Fig. 257), et le *Dianthus monspessulanus* (Fig. 258, p. 193).

Fig. 253. — Linum suffruticosum.

Il faut aussi faire, avec discrétion, usage des fougères, ces végétaux non moins gracieux que curieux, et dont la vogue s'accroît tous les jours (1).

La *Fougeraie*, comme l'appelle M. Naudin, devra être organisée d'une façon pittoresque, en évitant néanmoins toute exagération dans ce sens, en désaccord avec la nature générale du terrain et l'importance du parc. Les arbres et arbustes à feuilles persistantes conviennent particulièrement aux abords de ces retraites. Ces plantations doivent être faites avec un soin particulier. On doit réserver des parties couvertes pour les fougères et autres plantes qui ont besoin d'ombre, et aussi des parties découvertes

Fig. 254. — Cypripedium spectabile.

Fig. 255. — Saxifraga longifolia.

(1) Consulter *Les Fougères*, par MM. Rivière et Roze; 2 volumes in-8°. — Paris, J. Rothschild, Éditeur

pour celles qui réclament du soleil. L'humidité est très nécessaire à plusieurs de ces plantes. Il faut donc tâcher d'amener de l'eau courante dans les rocailles, et d'y organiser une petite cascade. Le choix de l'emplacement de la future fougeraie

Fig. 256. — Rocailles au Pied d'un Pont du Bois de Vincennes. (Voyez p. 191.)

a son importance, dit M. Rivière. La partie d'un parc ou d'un jardin abritée par de hauts murs, ou par des arbres de haute futaie, devra particulièrement attirer l'attention. Quoiqu'un grand nombre de fougères ne puissent supporter les rayons du soleil, le terrain qu'on choisira ne sera pas tellement dépourvu des rayons bienfaisants de cet astre, qu'on n'y puisse trouver une place convenable pour les plantes qui aiment cette exposition.

Fig. 257. — Aster alpinus. (Voyez p. 192.)

Fig. 258. — Dianthus monspessulanus. (Voyez p. 192.)

« L'emplacement étant trouvé, il faudra préparer le terrain destiné à recevoir la plantation. Nous agissons ici comme nous le faisons dans toutes les serres : drainage au fond, recouvert d'un compost convenable pour asseoir les fougères ; l'ornementation, suivant le goût du propriétaire, sera également en rapport avec l'étendue dont on disposera; ainsi : massifs entourés d'allées, ruisseaux et rochers, cascatelles, etc., s'uniront pour apporter leur contingent d'élégance et de fraîcheur. Il importe, on le comprendra, que la fougeraie soit légérement en pente, mais de telle sorte, cependant, que chaque petite partie supportant une plante reste horizontale et un peu en cuvette entre les fragments de roche, afin que les eaux d'arrosement y soient retenues et remplissent leur office. Les plus grandes espèces devront occuper l'arrière-plan, les moins élevées le premier; de cette façon toutes les plantes seront en vue.

Fig. 259. — Alsophila australis.

« Les espèces cultivées ainsi sur des rochers demandent l'ombre constante et une grande humidité, particulièrement de onze heures à trois heures.

« Les fougères cultivables en plein air peuvent, par leur contexture, supporter, sous notre climat, les hivers les plus rigoureux. Il en existe un assez grand nombre d'espèces ou de variétés, toutes plus jolies les unes que les autres. Disposées avec art par groupes isolés sur les pelouses, elles contribuent singuliérement à orner nos jardins. Quelques-unes, en raison de leur beau développement, pourront être plantées isolément. Quoique, en général, ces fougères vivent à l'état spontané dans les parties de bois abritées des rayons du soleil, elles préfèrent, *étant cultivées,* une exposition peu ombragée. »

Nous reproduisons ici quelques-unes des fougères les plus ornementales : l'*Asophila australis* (Fig. 259), l'*Osmunda Claytoniana* (Fig. 260), l'*Osmunda cinnamomea* (Fig. 261), le *Pteris tricolor* (Fig. 262), le *Dicksonia squarrosa* (Fig. 263). Les rocailles doivent être formées, autant que possible, de pierres du pays; jamais de produits artificiels, tels que briques, scories, etc. Dans ce détail des jardins paysagers, comme dans tous les autres, il faut s'écarter le moins qu'on peut de la nature. Leur silhouette ne doit être ni trop simple ni trop tourmentée. Nous donnons un joli spécimen de rocailles, emprunté au parc de Sydnope Hall (Fig. 257).

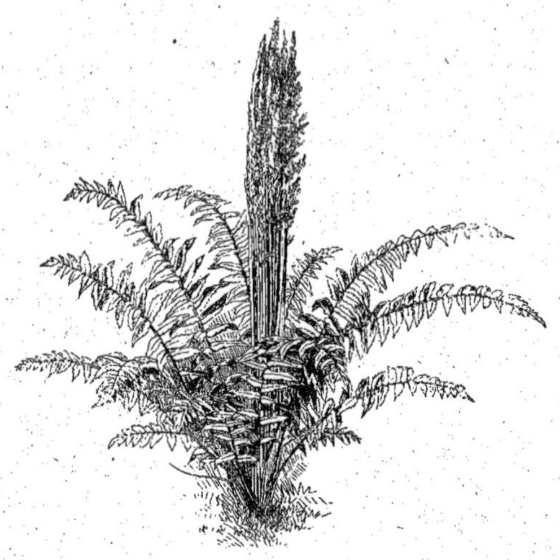
Fig. 260. — Osmunda Claytoniana.

Les agrégations rocheuses ne doivent jamais commencer ni finir brusquement, mais être préparées par des affleurements disposés comme au hasard.

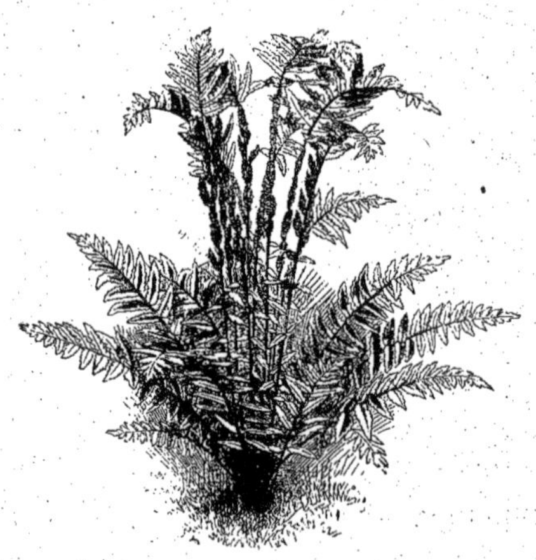
Fig. 261. — Osmunda cinnamomea.

Les buissons traînants, le *Cotoneaster* et autres arbustes du même genre; toutes les plantes d'un aspect pittoresque et sauvage, trouvent leur place dans le voisinage ou dans les interstices des rochers. Quelques-unes même, par la bizarrerie de leur attitude, ne conviennent que là; le *Juniperus recurva*, par exemple.

L'importance des grottes et rochers artificiels doit être proportionnée à celle du parc. Quand une grotte un peu considérable s'ouvre suffisamment en contre-bas, le dessus doit être réservé pour les espèces de conifères du vert le plus sombre : épicéas, ifs, pins noirs d'Autriche, etc. (Fig. 264, p. 197). Pour peu que le terrain favorise leur croissance, ils donneront bientôt une tournure véridique et imposante aux rochers factices.

Fig. 262. — Pteris tricolor. (*Voyez* p. 195.)

Mais gardons-nous de vouloir ajouter à l'illusion par des moyens artificiels, comme l'exhibition d'un mannequin d'ermite, ou même d'un ermite figurant, loué pour la circonstance, comme on faisait au siècle dernier! Il faut aussi qu'une grotte ait une assez grande étendue, pour qu'on puisse y risquer convenablement des imitations de stalagmites et de stalactites, comme au parc Monceaux (Fig. 271), et, sur une plus grande échelle, à la grotte du Bois de Boulogne (Fig. 268).

Fig. 263. — Dicksonia squarrosa. (*Voyez* p. 195.)

XXV. — Gazons et Pelouses. — Suivant deux des maîtres de l'horticulture, Decaisne et Naudin, « les pelouses diffèrent des gazons proprement dits, en ce que l'herbe, moins choisie, y devient plus haute, et qu'on leur donne des soins moins assidus. Le gazon, plus fin et mieux entretenu, est fait pour être regardé de près; la pelouse gagne à être vue d'une certaine distance,

Fig. 264. — Les Cascades du Bois de Boulogne, en face Longchamps. (*Voyez* p. 196.)

Fig. 265. — Fougeraie et Jardin floral du Parc de Sydnope Hall (Derbyshire), appartenant à M. Barrow. (*Voyez* p. 195.)

ce qui suppose toujours une certaine étendue. » L'herbage, pelouse naturelle, forme le dernier terme de cette progression. On peut résumer en quelques mots ce triple caractère, en disant que les gazons doivent être tondus, les pelouses fauchées, les herbages pâturés. Toutefois, la présence du bétail est d'un bon effet sur les pelouses, même assez près de l'habitation, pourvu que toutes les précautions soient prises pour protéger les plantations et les corbeilles.

Fig. 266. — Alternanthera sessilis. Var. amœna. (*Voyez* p. 204.)

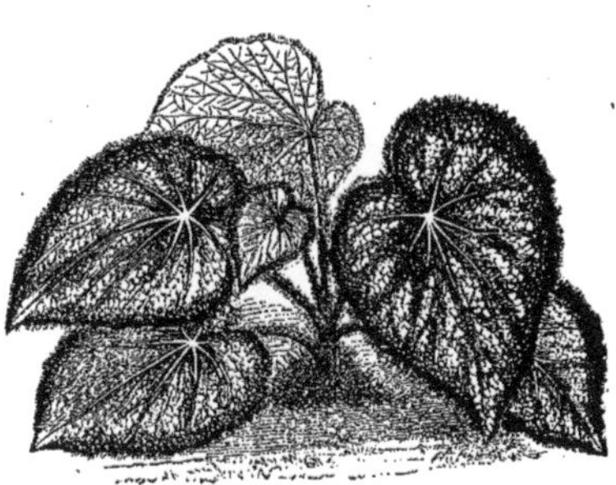

Fig. 267. — Begonia Rex (Bégonie royale de Marshall). (*Voyez* p. 204.)

Fig. 268. — Intérieur des Cascades du Bois de Boulogne. (*Voyez* p. 196.)

Le choix et la proportion des graminées les plus propres à l'établissement des gazons, pelouses et herbages, varient sensiblement suivant le climat et la nature des terrains. Decaisne signale de préférence la fétuque des moutons *(Festuca ovina)* et les espèces voisines *(Festuca rubra, duriuscula)*, puis le paturin des prés *(Poa pratensis)*, la fléole *(Phleum pratense)*, le cynosure *(Cynosurus cristatus)*, la flouve odorante, l'ivraie vivace ou *ray-grass*, les agrostides. Il écarte les brômes et autres graminées trop fortes, qui causent presque toujours des vides disgracieux. La

Fig. 269. — Portrait de J. Decaisne, Membre de l'Institut, Professeur de Culture au Muséum.

Fig. 270. — Pelargonium zonale, var. quadricolor. (*Voyez* p. 204.)

même considération d'uniformité d'aspect doit faire bannir des *gazons* proprement

Fig. 271. — Intérieur des Cascades du Parc Monceaux. (*Voyez* p. 196.)

dits le trèfle et autres herbes à fleurs trop voyantes. Mais cette règle n'est pas applicable aux pelouses d'une certaine étendue. Le trèfle blanc, surtout, y est d'un bon usage et d'un effet agréable.

Lors de la création des pelouses du Bois de Boulogne, on a semé, par hectare, environ 250 kilog. du mélange suivant : *ray-grass*, 40 kilog.; brôme des prés, 10 kilog.; fétuque traçante, 10 kilog.; *id.*, ovine, 15 kilog.; cretelle des prés, 5 kilog.; flouve odorante, 2 kilog. Les terrains siliceux du bois étaient singulièrement défavorables à cette transformation; ils ont été amendés à l'aide de détritus de l'ancien bois et de terres argileuses Pour les endroits les plus arides, on a employé avec succès une autre composition, le *lawn-grass*. Dans les parties les plus difficiles, le prix du mètre de ces pelouses n'a pas dépassé 75 centimes, ce qui prouve bien qu'avec de l'habileté et de la persévérance, on peut imposer la verdure aux sols les plus réfractaires.

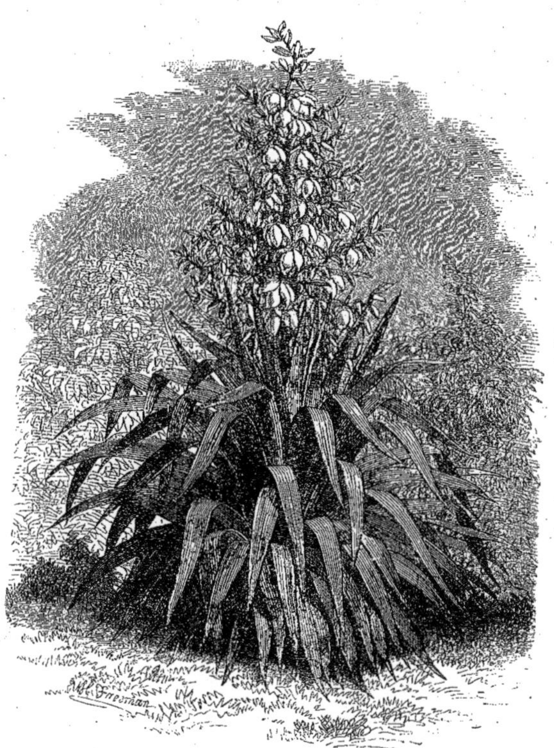

Fig. 272. Yucca filamentosa. (*Voyez* p. 205.)

Voici encore une recette que donne Mayer pour obtenir un gazon épais, court et d'une finesse exceptionnelle. C'est un mélange de graines composé comme il suit :

Lolium perenne, 3 ; *Poa pratensis*, 1 ; *Poa compressa*, 1 ; *Poa trivialis*, 1 ; *Agrostis stolonifera*, 1 ; *Agrostis vulgaris* (alba), 1 ; *Cynosurus cristatus*, 1 ; *Anthoxanthum odoratum*, 1. (En tout, 10 parties.)

Ces proportions doivent subir des variantes, suivant que le terrain est plutôt sec ou humide. Dans le premier cas, il faut renforcer d'une demi-part la proportion des deux *Agrostis;* dans le cas contraire, c'est sur *Poa pratensis* et *P. trivialis,* que l'augmentation doit porter. Pour obtenir une herbe passable dans les endroits ombragés, Mayer conseille les deux *Agrostis* et le *Poa nemoralis* (1). Ces indications évidemment ne sont pas absolues, mais un jardinier habile trouvera bien vite la proportion convenable pour son terrain. Si les herbes d'espèces fortes sont en moindre quantité, le gazon est plus fin, plus doux, et a moins souvent besoin d'être tondu. Quand on peut se procurer de belles mottes de gazon, il est plus avantageux de les employer pour créer une pelouse que de la semer. Même si l'on procède par voie de semailles, il faut toujours que les bords soient gazonnés; cet encadrement profite à la solidité du travail. L'automne est la saison la plus favorable pour ce mode de formation de pelouses avec des mottes. La terre s'enlève alors plus facilement sans se séparer; elle se divise d'une manière plus nette; l'humidité assure et accélère la

Fig. 273. — Heracleum giganteum.

(1) Cependant, lorsque les grands massifs sont trop épais, leur ombrage finit par empêcher absolument le gazon de pousser jusqu'à une certaine distance, et favorise la croissance des mauvaises herbes. Pour y remédier, il faut couvrir ces terrains de plantes qui croissent volontiers à l'ombre, comme la pervenche, le lierre, l'*Hypericum calycinum.*

reprise. Quand le plaquage du gazon est fait, il faut jeter de la graine dans les interstices pour les effacer. Lorsqu'on sème une pelouse, il importe que la terre ait été bien labourée fin mars ou fin août : et une semaine après on peut commencer le travail. Il faut semer épais, puis fouler, ratisser, et finalement passer le rouleau. Un jour relativement sec, dans une saison pluvieuse, est celui qui convient le mieux pour semer les graines de gazon comme toutes les autres. Des soins apportés à ces premières préparations dépend toute la beauté

Fig. 274. — Amarantus melancholicus.

Fig. 275. — Lance pour arroser. (Voyez 203.)

Fig. 276. — Conduites pour arroser les Pelouses. (V. p. 203.)

Fig. 277. — Aucuba japonica.

Fig. 278. — Coleus Verschaffelti. (Voyez p. 204.)

à venir de la pelouse. Pour l'arrosage des pelouses dans les grandes propriétés, il y a avantage sous tous les rapports, même celui de l'économie, à employer le système de la lance (Figure 275), ou celui des conduites articulées sur roulettes (Figure 276).

XXVI. Emploi des Fleurs et Plantes à Feuillage en Bordures, Corbeilles, etc. — L'usage de border de fleurs cultivées les massifs d'arbres et d'arbustes, devenu fort commun aujourd'hui, n'en est pas moins vivement critiqué par des horticulteurs émérites. Dans tous les cas, cette ornementation ne doit être employée, dans les jardins particuliers, qu'aux abords de l'habitation.

Fig. 279. — Sedum Sieboldii. (Voyez p. 204.)

Fig. 280. — Wigandia macrophylla.

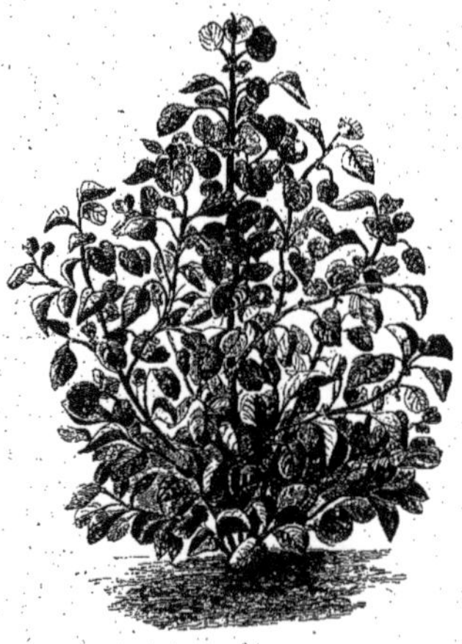

Fig. 281. — Achyranthes Verschaffeltii. (V. p. 204.)

Depuis quelques années, la mode a prévalu des corbeilles rondes ou elliptiques de fleurs ou de plantes à feuillage, soit toutes de même espèce, soit par zones parallèles alternées (comme deux de *Coleus,* séparées par une bande de *Pelargonium),* soit encore en une

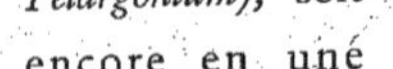

seule masse avec bordure de plantes plus basses, aussi de couleur tranchée. On a même essayé, depuis quelques années, des compartiments en croix, des bordures en festons, etc. Mais il serait prudent de s'arrêter dans cette voie; elle nous ramènerait aux anciens parterres en mosaïque, dont l'entretien serait d'un prix exorbitant et hors de proportion avec l'effet obtenu. Le grand avantage du système des corbeilles, c'est que chaque groupe de plantes à fleurs ou à feuillage ornemental peut être soigné d'ensemble. Parmi celles qui font le meilleur effet, ainsi disposées en corbeilles ou en bordures, nous citerons les diverses variétés de *Pelargonium* (notamment le *zonale)* (Fig. 270), de *Bégonias* (Fig. 267), de *Coleus* (Fig. 278), de *Sedum* (Figure 279), de *Solanum* (surtout l'*Amazonicum*, le plus rustique et le plus florifère); les *Pétunias*, les *Anthemis*, les *Cannas* (Fig. 289), *Achyranthes*, *Alternanthera sessilis* (Fig. 266); puis encore les *Verbenas* (vervcines), les *Lantanas*, d'une coloration très riche, mais d'une odeur désagréable, etc. L'emploi de la plupart de ces plantes est aujourd'hui général; on trouve même dans d'humbles jardins de majestueux cannas entourés de *Coleus*, des corbeilles d'anthemis bordées d'achyranthes, des *Bégonias* bulbeux à fleurs rouges ou roses, avec un entourage de *Salvias* aux larges feuilles d'un blanc d'argent, etc. Mais chaque année voit paraître quelques variétés de plantes, et aussi quelques dispositions nouvelles. L'une des plus belles et des plus originales est un semis d'*Achyranthes* sur un fond de *Lobélias* à fleurs bleues. Cette combinaison produit un effet gracieux et fantastique, digne d'un jardin de fées.

Fig. 282. — Ferdinanda eminens.

XXVII. — En principe, les plantes les plus curieuses, les plus délicates, doivent être placées sur les gazons et au bord des massifs les plus voisins de l'habitation, pour composer une sorte de *Musée végétal*. Les yuccas (Fig. 272), les fuchsias, les dahlias et autres plantes rustiques seront distribués dans des parties du parc plus éloignées. Mais les traces de culture des fleurs doivent graduellement devenir moins apparentes, et finir par disparaître aux endroits où, grâce à l'habile dissimulation des limites, le domaine se confond avec les alentours. Ce principe est également applicable aux arbustes.

Fig. 285. — Gunnera scabra.

Les amateurs dépourvus de serre chaude, et même de serre tempérée, peuvent y suppléer au moyen de certaines plantes très rustiques, dont les robustes attraits ne doivent d'ailleurs être dédaignés nulle part. Ainsi, on peut se consoler de l'absence des *Coleus* avec le *Perilla*, plante annuelle qui produit un effet analogue, soit en bordures, soit en massifs, grâce à son feuillage élégamment découpé, d'un violet presque noir. Ils ont aussi à leur disposition bien d'autres végétaux recommandables par leur feuillage ornemental ou leurs fleurs; comme le *Ricinus sanguineus* (Fig. 286) qui peut figurer honorablement partout, soit isolé, soit en massifs; l'*Hortensia*, trop dédaigné aujourd'hui, et qui, bien abrité, forme d'admirables massifs roses, toujours fleuris depuis le commencement de l'été jusqu'aux gelées : puis encore les diverses variétés de *Brassica* (Fig. 288) ou choux violet et panaché, qui rivalisent avec les plus belles plantes ornementales pour la découpure élégante et la belle coloration du feuillage, et, de plus, résistent aux froids les plus rigoureux.

La rose, qui, en dépit de toutes ces nouveautés envahissantes, mérite et garde toujours son titre de reine des fleurs; — une royauté à l'abri des révolutions! — joint aussi à la beauté le mérite de la rusticité. Dans les plus opulentes propriétés comme dans les plus humbles, elle fait l'un des principaux ornements des parterres et des potagers. On peut aussi former, sur les gazons, de très belles corbeilles avec des rosiers à hautes et basses tiges dissimulées sous d'autres plantes. Les rosiers francs de pied, principalement ceux du Bengale, de Bourbon, noisette, font très bonne figure sur la lisière des massifs. On peut aussi les mêler, ainsi que les variétés sarmenteuses; non seulement aux buissons de lauriers, comme faisaient déjà les Romains (Voir *Jardins romains*, 1re partie), mais aux autres arbustes à feuilles persistantes, notamment aux rhododendrons qui se parent ainsi, en été et en automne, d'une floraison nouvelle. Nous recommandons d'une façon toute spéciale cette combinaison, dont nous avons fait l'expérience avec succès.

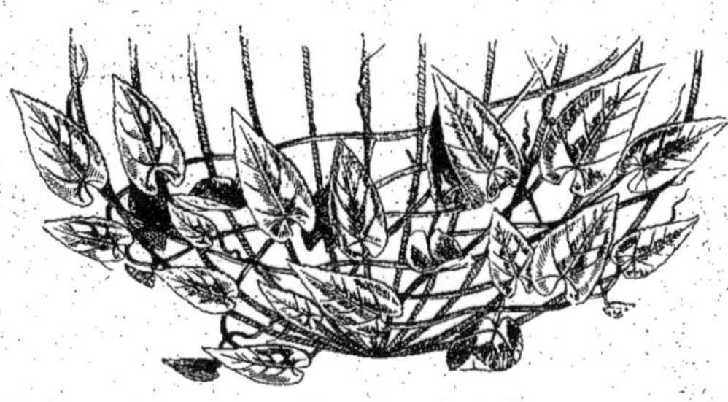

Fig. 284. — Cissus discolor.

Fig. 285. — Montagnæa heracleifolia.

Fig. 286. — Ricinus sanguineus. (V. p. 205.)

XXVIII. — Suite et Fin. — Comme nous l'avons dit précédemment, ces bordures de fleurs ou *collerettes fleuries* autour des plantations, employées pour la première fois dans les promenades parisiennes, et aujourd'hui un peu partout, sont quelquefois composées de plusieurs sortes de plantes à fleurs ou à feuillage, disposées en zones parallèles. Mais des bandes trop étroites ne produiraient pas un bon effet : chacune doit avoir de 30 à 40 centimètres de largeur. Il vaut donc mieux, si la bordure n'est pas très large, n'employer qu'une seule espèce de plantes.

Fig. 287. — Pothos argyræa.

Fig. 288. — Brassica sinensis, Var. (*Voyez* p. 205.)

Quant aux corbeilles, on ne peut en réduire la dimension au-dessous de 2 mètres pour le diamètre d'une corbeille circulaire, ou le petit diamètre d'une corbeille elliptique. Dans quelques grandes propriétés, on s'est depuis quelque temps écarté à tort de cette règle pour former de tout petits massifs circulaires de plantes rares en forme de *pâtés;* c'est une innovation malheureuse. Les formes circulaire et elliptique sont préférables à toutes les autres, et surtout la forme elliptique : d'abord parce qu'elles

Fig. 289. — Canna atronigricans. (*Voyez* p. 204.)

s'adaptent bien au renflement du sol qui supporte les corbeilles, et au mouvement circulaire des allées; en second lieu, parce que le groupement des fleurs se fait plus naturellement dans un périmètre arrondi (1) ». Un autre gracieux ornement des pelouses consiste à y placer, pendant la belle saison, des plantes exotiques d'un port remarquable, que l'on y distribue isolément. Il faut toutefois varier les espèces, les grouper, les mettre à distance, et les entretenir avec tous les soins qu'elles méritent. Ce mode de décoration a été employé avec succès dans les Promenades de Paris, avec des plantes empruntées au Fleuriste de la Muette.

Fig. 290. — Nicotiana Wigandioides.

Pour remédier à l'inconvénient d'avoir de grandes places vides sur les pelouses dans les derniers beaux jours d'automne; quand on a enlevé les plantes annuelles et les plantes de serre, on peut les remplacer par les espèces les plus basses d'arbustes à feuilles persistantes, réservées en pots pour cette destination, comme : *Erica carnea, Cotoneaster microphylla, Mahonia Aquifolium, Menziezia Dabœci, Andromeda, Pernettya, Sedum latifolium, Gaultheria Shallon* et *procumbens*, etc.

Quelle que soit leur forme, les massifs de fleurs doivent être bombés au milieu,

(1) On dispose assez fréquemment aujourd'hui des corbeilles circulaires, autour des grands arbres placés en saillie sur les pelouses et n'ayant de feuillage qu'à la cime. Cette décoration est d'un effet assez gracieux, mais on n'y peut guère employer que des plantes en pots, à cause du voisinage des racines.

d'une hauteur moyenne de 20 à 25 centimètres au-dessus du gazon. Cette méthode, aujourd'hui universellement admise, a l'avantage d'assainir le sol, de donner plus d'air aux racines, et de mieux faire valoir la beauté des feuillages ou des fleurs (Fig. 291). Cet exhaussement de la surface des massifs a aussi l'utilité d'en faire ressortir les contours; mais il faut que les pentes soient bien graduées (Fig. 292). Le gazon doit s'élever de même en pente douce sur les bords; et une bande de terrain, large de quelques centimètres, doit être ménagée entre l'extrémité supérieure du gazon, et le rebord inférieur du massif.

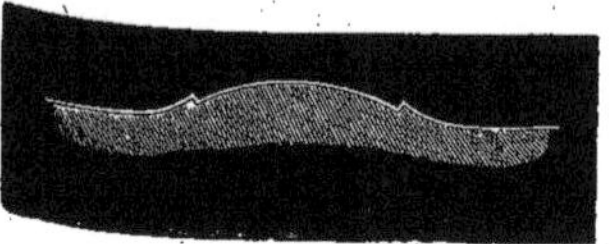

Fig. 291. — Allée bombée.

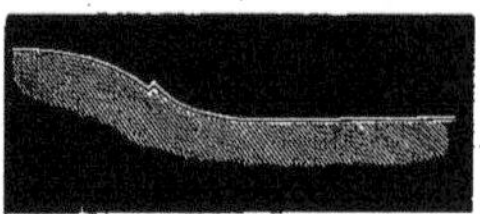

Fig. 292. — Pente graduée.

Nous donnons comme spécimen des distributions de plantes en massifs et en corbeilles, quelques-unes des dispositions qui ont été adoptées pour l'embellissement de la Ville de Paris :

Fig. 293. — Fusain du Japon.

Fig. 294. — Digitalis purp

Avenue du Bois de Boulogne. Massifs. — 1. *Æsculus rubicunda* (Marronnier rouge); *Aralia spinosa* (Aralie épineuse); *Pelargonium Lutecіæ gloriæ* (Pelargonium gloire de Paris). — 2. *Abelia triflora* (Abélie à trois fleurs); *Aralia spinosa* (Aralie épineuse); *Coleus marmoratus* (Coléus marbré). — 3. *Symphoricarpos* (Symphorine); *Tropæolum luciferum* (Capucine de Lucifer). — 4. *Pavia* (Pavier); *Gazania splendens* (Gazanie éclatante). — 5. *Quercus* (Chêne); *Saponaria ocimoides* (Saponaire faux basilique). — 6. *Sambucus* (Sureau);

Chrysanthemum pinnatifidum (Chrysanthème pinnatifide). — 7. *Berberis* (Épine-vinette); *Cuphea platycentra* (Cuphéa à larges éperons). — 8. *Corylus* (Noisetier); *Gaura Lindheimeri* (Gaura de Lindheimer). — 9. *Lonicera* (Chèvrefeuille); *Penstemon gentianoides* (Penstemon gentianoïde). — 10. *Clematis* (Clématite); *Scabiosa nana* (Scabieuse naine). — 11. *Platanus* (Platane); *Fuchsia* (Fuchsie). — 12. *Catalpa* (Catalpa); *Amygdalus* (Amandier); *Petunia* (Pétunie). — 13. *Robinia pseudo-Acacia* (Robinier faux Acacia); *Veronica meldensis* (Véronique de Meaux). — 14. *Chionanthus* (Chionanthe); *Pelargonium zonale* (Géranium zoné). — 15. *Hippophae rhamnoides* (Argousier rhamnoïde); *Phillyrea* (Filaria); *Phlox Drummondi* (Phlox de Drummond). — 16. *Cydonia japonica* (Cognassier du Japon); *Verbena rubra* (Verveine rouge). —

Fig. 295. — Solanum macranthum.

17. *Fraxinus* (Frêne); *Petunia* (Pétunie). — 18. *Tilia* (Tilleul); *Campanula pyramidalis* (Campanule pyramidale). — 19. *Buxus* (Buis); *Pelargonium zonale* (Géranium zoné). — 20. *Acer* (Érable); *Chrysanthemum frutescens* (Chrysanthème frutescent). — 21. *Hibiscus syriacus* (Althéa, Mauve en arbre); *Pelargonium grandiflorum* (Géranium à grandes fleurs). — 22. *Carpinus* (Charme); *Dianthus barbatus* (Œillet barbu ou de poëte). — 23. *Ilex* (Houx); *Ageratum cæruleum* (Eupatoire bleue). — 24. *Ilex* (Houx); *Chrysanthemum frutescens* (Chrysanthème frutescent). — 25. *Fagus* (Hêtre); *Fuchsia*

fulgens (Fuchsie brillante). — 26. *Cratægus Pyracantha* (Buisson ardent); *Verbena Rosamundæ* (Verveine de Rosamonde). — 27. *Ribes* (Groseillier; *Gaura Lindheimeri* (Gaura de Lindheimer). — 28. *Quercus* (Chêne); *Phlox Drummondi* (Phlox de Drummond). — 29. *Populus* (Peuplier); *Erysimum Petrowskianum* (Vélar de Pétrowski). — 30. *Hydrangea* (Hydrangée); *Ribes* (Groseillier); *Verbena* (Verveine). — 31. *Betula* (Bouleau); *Mirabilis jalapa* (Belle-de-nuit, faux Jalap). — 32. *Jasminum* (Jasmin); *Lantana rosea nana* (Camara rose nain). — 33. *Cornus* (Cornouiller); *Amarantus melancholicus* (Amarante triste). — 34. *Ulmus* (Orme); *Tagetes erecta* (Rose d'Inde dressée). — 35. *Cytisus* (Cytise); *Lantana* (Camara). — 36. *Pæonia arborea* (Pivoine en arbre); *Phlox Drummondi* (Phlox de Drummond). — 37. *Salix* (Saule); *Calendula officinalis* (Souci des jardins). — 38. *Sorbus* (Sorbier); *Anemone japonica* (Anémone du Japon). — 39. *Morus* (Mûrier); *Amarantus speciosus* (Amarante gigantesque). — 40. *Ceanothus* (Céanothe); *Verbena* (Verveine). — 41. *Acer* (Érable); *Amarantus caudatus* (Amarante queue-de-renard). — 42. *Corylus* (Noisetier); *Anemone japonica* (Anémone du Japon). — 43. *Viburnum Tinus* (Laurier-tin); *Phlox Drummondi* (Phlox de Drummond). — 44. *Æsculus* (Marronnier); *Lantana* (Camara). — 45. *Gleditschia triacanthos* (Févier à trois épines); *Lycium* (Lyciet); *Amarantus melancholicus* (Amarante triste). — 46. *Juglans* (Noyer);

Fig. 296. — Ferdinanda eminens.

Campanula pyramidalis (Campanule pyramidale). — 47. *Fraxinus* (Frêne); *Campanula carpatica* (Campanule à fleurs en cœur). — 48. *Syringa* (Lilas); *Linum perenne* (Lin vivace). — 49. *Paulownia imperialis* (Paulonie impérial); *Rhus copallina* (Sumac copal); *Dianthus semperflorens* (Œillet toujours fleuri). — 50. *Magnolia grandiflora* (Magnolier à grandes fleurs); *Pelargonium zonale* (Géranium zoné). — 51. *Æsculus rubicunda* (Marronnier rouge); *Aralia spinosa* (Aralie épineuse); *Dianthus barbatus* (Œillet barbu ou de poète).

Fig. 297. — Musa rosacea.

Avenue du Bois de Boulogne. — Corbeilles. — 1. *Centaurea candidissima* (Centaurée cinéraire, très blanche); *Lobelia Erinus* (Lobélie Érine). — 2. *Senecio platanifolius* (Seneçon à feuilles de Platane); *Solanum amazonicum* (Morelle des Amazones). — 3. *Hibiscus sinensis* (Ketmie, Rose de la Chine).

Iles du Bois de Boulogne. — Corbeilles. — 1. *Nicotiana wigandioides* (Tabac à feuilles de Wigandie). — 2. *Solanum amazonicum* (Morelle des Amazones). — 3. *Musa rosacea* (Bananier à spathes roses). — 4. *Solanum amazonicum* (Morelle des Amazones); *Lobelia Erinus* (Lobélie Érine. — 5. *Ficus elastica* (Figuier élastique). — 6. *Colocasia esculenta* (Aroïdée comestible). — 7. *Colocasia bataviensis* (Aroïdée de Batavia; *Lobelia Erinus* (Lobélie Érine). — 8. *Hydrangea hortensis* (Hortensia); *Phlox decussata* (Phlox acuminé). — 9. *Hydrangea foliis variegatis* (Hydrangée à feuilles panachées); *Phlox decussata* (Phlox acuminé). — 10. *Conoclinium janthinum* (Hébécline violette); *Phlox decussata* (Phlox acuminé). — 11. *Hibiscus Cooperi* (Ketmie de Cooper, à trois couleurs); *Dianthus Hedewigi* (Œillet de Hedewig). — 12. *Farfugium grande* (Ligulaire grande). — 13. *Duranta Plumieri* (Durante de Plumier); *Lobelia Paxtoni* (Lobélie de Paxton). — 14. *Achyrantes Verschaffelti* (Irésine de Verschaffelt); *Pelargonium hederaceum* (Géranium lierre). — 15. *Dracæna Draco* (Cordyline sang-dragon); *Verbena Mahoneti* (Verveine de Mahonet). — 16. *Aralia papyrifera* (Aralie à papier); *Portulaca grandiflora* (Pourpier à grandes fleurs). — 17. *Salvia splendens* (Sauge éclatante); *Kœniga maritima* (Alysse maritime). — 18. *Begonia tomentosa* (Bégonie tomenteuse). — 19. *Plumbago cærula* (Dentelaire bleue). — 20. *Begonia fuchsioides* (Bégonie à fleurs de Fuchsie). — 21. *Chrysanthemum frutescens* (Chrysanthème frutescent); *Ageratum cœlestinum* (Eupatoire bleue); *Pelargonium zonale* (Géranium zoné). — 22. *Phormium tenax* (Lin de la Nouvelle-Zélande). — 23. *Begonia lucida* (Bégonie luisante). — 24. *Canna* (Balisier). — 25. *Senecio platanifolius* (Seneçon à feuilles de Platane). — 26. *Eurybia rosmarinifolia* (Astère à feuilles de Romarin). — 27. *Centaurea candidissima* (Centaurée cinéraire, très blanche); *Lobelia Erinus* (Lobélie Érine). — 28. *Canna* (Basilier); *Fuchsia conqueror* (Fuchsie conquéror). — 29. *Erythrina crista*

Fig. 298. — Chamærops excelsa.

galli (Érythrine crête-de-coq). — 30. *Colocasia odora* (Aroïdée odorante); *Phlox Drummondi* (Phlox de Drummond). — 31. *Cassia floribunda* (Casse à fleurs nombreuses); *Scabiosa nana* (Scabieuse naine). — 32. *Conoclinium macrophyllum* (Hébécline à grandes fleurs); *Kœniga maritima fol. var.* (Alysse maritime à feuilles panachées). — 33. *Sparmannia africana* (Sparmannie d'Afrique); *Sanvitalia procumbens* (Sanvitalie rampante). — 34. *Solanum robustum* (Morelle robuste); *Achyranthes Verschaffelti* (Irésine de Verschaffelt). — 35. *Musa paradisiaca* (Bananier à gros fruits); *Gazania splendens* (Gazanie éclatante). — 36. *Dracæna congesta* (Cordyline entassée). — 37. *Begonia grandis* (Bégonie grande). — 38. *Urtica macrophylla* (Ortie à grandes feuilles). — 39. *Begonia Prestoniensis* (Bégonie de Preston). — 40. *Eucalyptus Globulus* (Eucalypte à fleurs globuleuses); *Gnaphalium lanatum* (Immortelle laineuse). — 41. *Pæonia arborea* (Pivoine en arbre); *Delphinium pulchrum* (Pied d'alouette remarquable). — 42. *Pelargonium* (Géranium). — 43. *Escallonia macrantha* (Escallonie à grandes fleurs); *Sanvitalia procumbens* (Sanvitalie rampante). — 44. *Funkia subcordata* (Hémérocalle à feuilles en cœur).

Fig. 299. — Latania borbonica.

Pré Catelan au Bois de Boulogne. — Massifs. — 1. *Picea excelsa* (Pesse, Sapin Epicéa); *Cerasus lusitanica* (Laurier de Portugal); *Ageratum cœlestinum* (Eupatoire bleue). — 2. *Biota orientalis* (Thuia de la Chine); *Taxus baccata* (If commun);

Pelargonium Nosegay (Géranium Nosegay). — 3. *Acer Negundo foliis variegatis* (Érable à feuilles de Frêne panachées) ; *Perilla nankinensis* (Périlla de Nankin). — 4. *Æsculus* (Marronnier) ; *Evonymus latifolius* (Fusain à larges feuilles) ; *Tagetes patula* (Œillet d'Inde étalé). — 5. *Acer pseudo-Platanus* (Érable Sycomore) ; *Cerasus Lauro-Cerasus* (Laurier-amande) ; *Tagetes erecta* (Rose d'Inde dressée). — 6. *Pinus Laricio* (Pin Laricio) ; *Ceanothus americanus* (Céanothe d'Amérique) ; *Pelargonium Rubens* (Géranium à fleurs rouges). — 7. *Thuia occidentalis* (Thuia du Canada) ; *Evonymus* (Fusain) ; *Chrysanthemum frutescens* (Chrysanthème frutescent). — 8. *Pavia lutea* (Pavier jaune) ; *Ligustrum japonicum* (Troëne du Japon) ; *Callistephus sinensis* (Reine-Marguerite). — 9. *Paulownia* (Paulonie) ; *Buxus arborescens* (Buis en arbre) ; *Fuchsia Venus de Medicis* (Fuchsie Vénus de Médicis). — 10. *Rhododendrum ponticum* (Rhododendron à fleurs violettes) ; *Pelargonium christinus* (Géranium christinus). — 11. *Pinus Strobus* (Pin de lord Weymouth) ; *Rhamnus Alaternus* (Alaterne ordinaire) ; *Plumbago cærula* (Dentelaire bleue). — 12. *Picea excelsa* (Pesse, Sapin épicea) ; *Pelargonium Rubens* (Géranium à fleurs rouges). — 13. *Picea excelsa* (Pesse, Sapin épicéa) ; *Mahonia* (Mahonie) ; *Veronica meldensis* (Véronique de Meaux). — 14. *Magnolia grandiflora* (Magnolier à grandes fleurs) ; *Veronica Andersoni* (Véronique d'Anderson). — 15. *Magnolia conspicua* (Magnolier Yulan) ; *Azalea pontica* (Azalée pontique) ; *Hydrangea hortensis*

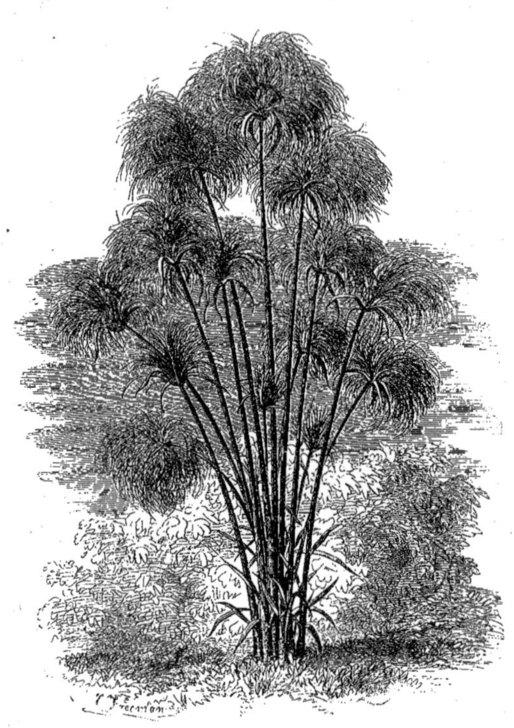

Fig. 300. — Cyperus papyrus.

(Hortensia). — 16. *Magnolia grandiflora* (Magnolier à grandes fleurs) ; *Amarantus caudatus* (Amarante queue-de-renard). — 17. *Magnolia* (Magnolier) ; *Callistephus sinensis* (Reine-Marguerite). — 18. *Picea excelsa* (Pesse, Sapin épicéa) ; *Ligustrum ovalifolium* (Troëne à feuilles ovales) ; *Amarantus caudatus* (Amarante queue-de-renard). — 19. *Magnolia Soulangeana* (Magnolier de Soulange). — 20. *Rhododendrum ponticum* (Rhododendron à fleurs violettes) ; *Panicum plicatum* (Panic plié). — 21. *Robinia pseudo-Acacia* (Robinier faux Acacia) ; *Ligustrum japonicum* (Troëne du Japon) ; *Amarantus bicolor* (Amarante de deux couleurs). — 22. *Pinus sylvestris* (Pin sylvestre) ; *Ceanothus americana* (Céanothe d'Amérique). — 23. *Quercus* (Chêne) ; *Ilex* (Houx). — 24. *Quercus* (Chêne) ; *Rhododendrum ponticum* (Rhododendron à fleurs violettes). — 25. *Quercus* (Chêne) ; *Kalmia latifolia* (Kalmie à feuilles larges).

XXIX. — Tracé des Allées. — Le tracé des allées est, pour les dessinateurs habiles, la dernière opération au point de vue de l'étude. C'est, en effet, un accessoire tout à fait subordonné au reste de la composition, et dont il convient de ne s'occuper qu'après que l'ensemble de cette composition est arrêté, le terrain nivelé, les plantations distribuées. L'allée n'est, ne doit être qu'un itinéraire. Elle permet de se transporter d'un point à un autre, en suivant la direction la plus commode et la plus agréable. Elle n'ajoute aucun charme au tableau, et lui nuit souvent ; aussi doit-elle être complètement effacée dans les perspectives. Pour restreindre ces surfaces arides, on fait leur jonction dans des massifs de verdure, qui masquent les parties latérales. Étant donné un certain nombre de points de vue déterminés à l'avance, le tracé des allées doit être exécuté de manière à diriger le promeneur vers ces points, en suivant des lignes légèrement circulaires. Il est bon que ces lignes présentent un mouvement continu, sans brisures ni retours multipliés. On n'emploie guère la ligne droite dans les jardins irréguliers, parce qu'elle ne s'harmonise pas avec les ondulations des vallées. La ligne droite est agréable sur une surface plane horizontale ou inclinée. Mais elle est d'un mauvais effet sur les surfaces ondulées, qui la font paraître brisée, parce qu'elle accuse trop les inégalités. Pour suivre les mouvements des rampes et pour contourner les obstacles, la courbe a toute la souplesse désirable. Elle se prête mieux à surmonter les difficultés, et elle permet de dérober plus aisément à l'œil les surfaces arides (sections d'allées), que sa direction sinueuse fait disparaître derrière des rideaux de verdure.

Il faut éviter les lignes serpentantes, et ne les admettre qu'autant qu'elles sont

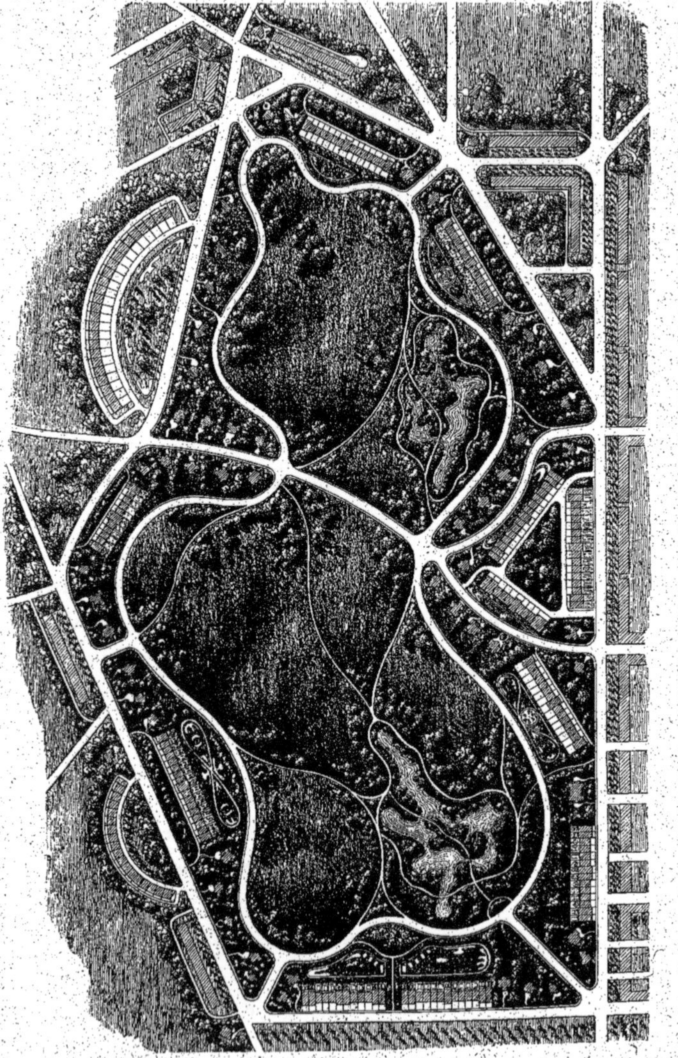

Fig. 301. — Parc de Birkenhead, près Liverpool, d'après le Dessin de Paxton, exécuté par Ed. Kemp. (Voyez p. 220.)

justifiées par la nécessité : par exemple, si elles suivent les sinuosités d'une rivière, d'une pièce d'eau; si elles servent à franchir des déclivités un peu fortes, ou à contourner un obstacle inévitable.

Dans les pelouses, il est indispensable de tenir les allées un peu enfoncées, ou (plutôt) de relever légèrement le gazon sur leurs bords, de manière qu'à une certaine distance la zone sablée disparaisse sous la verdure, et que les promeneurs semblent marcher sur l'herbe. Le tracé des allées exige beaucoup de soin. Leurs contours, formant des lignes très pures, doivent se détacher nettement sur le gazon. Il faut éviter les contre-courbes, qui prolongent la vue des parties sablées et font réapparaître l'allée dans une direction inverse; — ou du moins tâcher de masquer ce retour.

XXX. — Allées de Ceinture, creuses, etc. — Le style régulier, désormais et à bon droit dénommé *français*, despote plus universel et plus obéi que Louis XIV lui-même, tenait encore tous les jardins des pays civilisés soumis à ses lois, quand le peintre Hogarth, précurseur révolutionnaire, proclama que la ligne serpentine était la véritable ligne de beauté. Sans doute les allées ne sont qu'un accessoire, ou plutôt un corollaire dans la composition d'un jardin paysager; mais un corollaire indispensable. Leur contour sinueux est un des principaux éléments de charme et de variété; dans des allées de ce style bien tracées, on reconnaît l'imitation des plus gracieuses fantaisies de la nature. C'est par le caprice et le mystère de leurs ondulations, que les ruisseaux et les sentiers naturels plaisent aux yeux et parlent à l'imagination. Aussi une allée dont toutes les courbes se voient en même temps, perd tout son intérêt. Il importe donc que ces courbes offrent autant de variété que le permettent leur longueur et leur étendue (Fig. 302).

Pour les relier et les dissimuler en même temps, soit d'une section de l'allée à l'autre, soit de l'extérieur, on a recours à des groupes de plantations, composés surtout d'arbres à feuilles persistantes et accompagnant des sièges ou abris rustiques, épisodes dont l'importance doit être en rapport avec celle du domaine. Un léger terrassement en contre-bas suffit souvent pour dissimuler la courbe d'une allée.

Pour faire naître et entretenir l'illusion de la grandeur, il importe que les allées ne soient pas trop aperçues de l'habitation, que leur sol soit continuellement dissimulé par des massifs de plantes et d'arbres, et des combinaisons de terrassements. La figure 303 nous montre une section d'allée venant de la maison, traversée par une autre allée, qui ne doit pas être vue de loin.

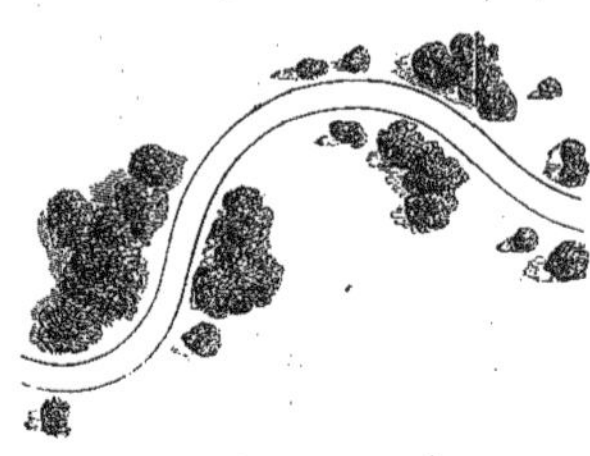
Fig. 302.

Fig. 303.

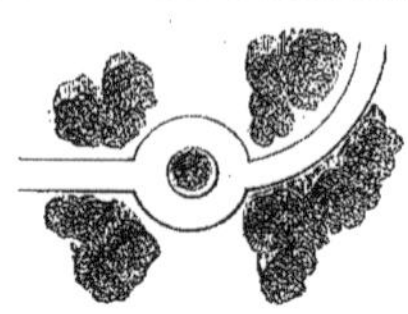
Fig. 306.

Dans les jardins tant réguliers qu'irréguliers, on peut marquer, par des combinaisons diverses, la terminaison, la rencontre ou la bifurcation des allées : placer, par exemple, soit un siége semi-circulaire, soit une statue ou un vase à l'extrémité de l'allée (Figure 304); un buisson ou tout autre objet à l'endroit où une grande allée se bifurque en deux plus étroites (Fig. 305), ou change de direction (Fig. 306). La figure 307 indique une allée droite avec double bifurcation, et une volière ou autre édicule au point d'intersection. La figure 308 indique une allée avec ouverture sur la campagne.

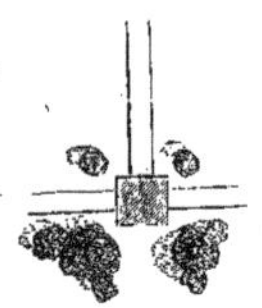
Fig. 307.

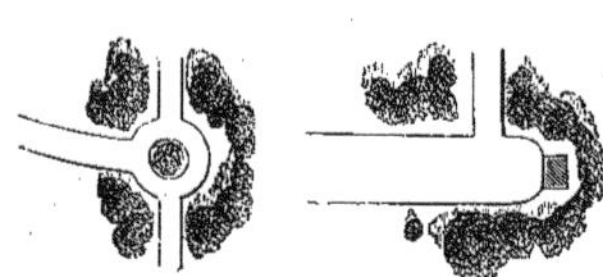
Fig. 304. Fig. 305.

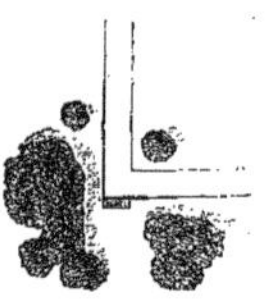
Fig. 308.

L'allée doit se diriger vers le but à atteindre, non directement, mais par un mouvement continu; car incliner à droite *sans cause apparente,* après s'être dirigé vers la gauche, indique un certain désordre d'esprit, comme si le but était indéterminé. Dans les propriétés d'une étendue médiocre, les plus nombreuses de beaucoup, le dessinateur doit savoir faire naître et multiplier « ces causes apparentes », pour allonger le parcours sans monotonie, faire naître et entretenir l'illusion. « De brusques déviations (quand elles ne sont pas motivées) semblent inspirées par une réflexion subite, qui ramène le promeneur dans une direction imprévue ou oubliée... Il faut que le paysage change d'aspect à mesure que l'on se déplace; c'est encore une raison qui doit faire proscrire la ligne droite dans les jardins pittoresques... La ligne courbe force le promeneur à se déplacer latéralement, et la ligne de vue est toujours tangentielle à la courbe de l'allée; par conséquent, le tableau change constamment d'aspect durant la promenade. Le tracé d'une allée ne doit donc jamais être parallèle à l'axe d'une ligne perspective, à moins qu'on ne veuille prolonger la durée de la vision dans une même direction. Dans un jardin particulier, le réseau des allées est en quelque sorte concentrique; les voies qui sont situées sur les points éloignés, doivent toujours ramener le promeneur vers les parties centrales ou vers l'habitation.

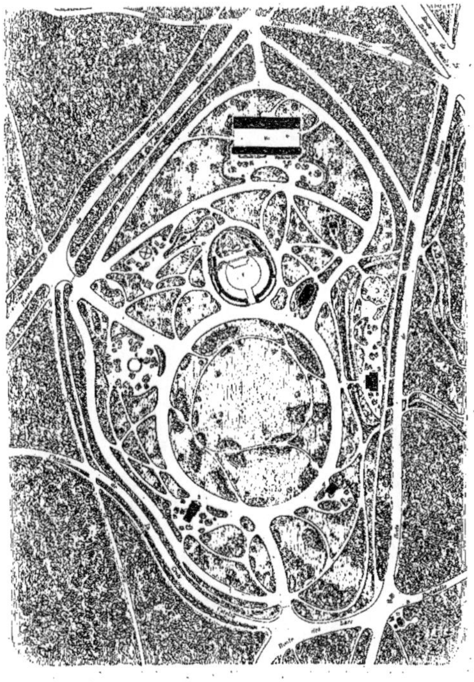

Fig. 309. — Plan du Pré Catelan, au Bois de Boulogne.

1. Théâtre des Fleurs. — 2. Buffet. — 3. Brasserie. — 4. Photographie. — 5. Théâtre de Magie. — 6. Orchestre. — 7. Jeux divers — 8. Aquarium. — 9. Cabinets [illegible] 10. Vacherie. — 11. Bureau de Tabac. — 12. Croix Catelan.

Ordinairement on établit une voie ou allée qui côtoie de plus ou moins près les limites toujours soigneusement dissimulées du domaine et à laquelle se rattachent les voies secondaires. C'est l'allée de *ceinture*, qui, dans les parcs et jardins irréguliers, peut être utilisée en tout ou en partie pour l'arrivée principale, quoi qu'en aient dit M. Kemp et quelques autres horticulteurs anglais. Nous figurons ici deux excellents tracés d'allées, l'un Fig. 301, par Paxton, et l'autre Fig. 309, par Barillet-Dechamps.

Voici encore, à propos des allées, quelques préceptes complémentaires qui ont leur importance. Il faut que leur niveau varie incessamment. Les différents points de vue de la maison, du jardin, du pays environnant, doivent être pris, généralement, des endroits où le terrain est plus élevé. En principe, et à moins d'une configuration du sol exceptionnelle; comme par exemple si l'habitation est située à mi-côte d'une colline faisant partie du jardin; — elle ne doit pas être vue d'une plus grande hauteur que celle où elle est placée elle-même. — Cette règle souffre encore une exception, quand l'endroit élevé, d'où l'on a vue sur la maison,

Fig. 310. — Grande Allée traversant le Parc de Monceaux, à droite et à gauche pour Piétons, au milieu Voie carrossable.
(*Voyez* page 224.)

en est séparé par une forte dépression de terrain. Quand deux allées suivent forcément une direction à peu près parallèle, ce parallélisme sera dissimulé soigneusement par des mouvements de terrain ou des plantations.

Si l'allée se bifurque, les embranchements doivent prendre une direction si nettement divergente, qu'ils semblent bien ne plus devoir jamais se réunir (Fig. 311).

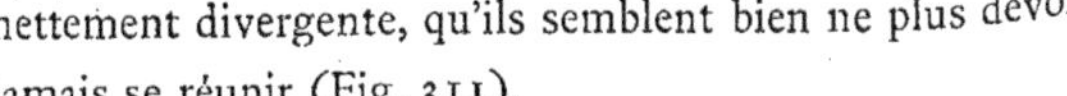

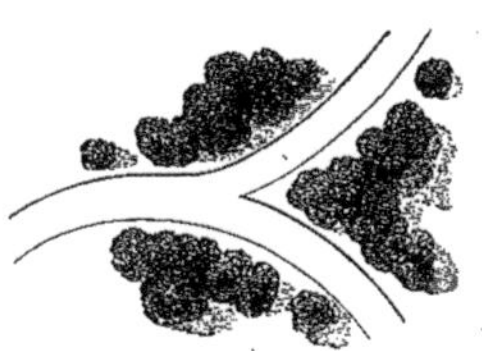

Fig. 311.

Les arbustes ou plantations qui garnissent par intervalles les côtés des allées ne doivent jamais former une ligne régulière, ni les ombrager de façon à les rendre impraticables par l'humidité. Aussi, dans les climats pluvieux, il importe de réserver les ombrages les plus épais pour les endroits disposés en pentes rapides. Une allée creuse, si elle est tracée avec intelligence, ajoutera toujours quelque chose à l'intérêt d'un jardin régulier, même peu étendu. Elle concourt à l'agrandissement factice, en donnant une promenade de plus, dont on peut facilement prolonger le parcours au moyen de courbes bien ménagées. D'autre part, ce ravin sinueux, ombragé par places, pourra produire un effet pittoresque, vu de la partie supérieure du jardin. Celui de l'hôtel d'Espagnac (Paris, faubourg Saint-Honoré), dont le plan figure dans la collection Le Rouge, était un spécimen remarquable de ce genre de travail. Il était traversé obliquement par une allée creuse, dont les diverses sections étaient dominées par les ponts qui reliaient de distance en distance les allées supérieures.

En résumé, il faut, dans une propriété irrégulière bien dessinée, que toutes les allées emmènent ou ramènent, sans répétition des mêmes objets, ou en les montrant dans un axe différent, et, par conséquent, avec une autre physionomie. Ce principe s'applique aussi bien aux petites qu'aux grandes allées. Chacune doit avoir sa raison d'être spéciale, vraie ou apparente, et concourir à l'effet de l'ensemble. Le tracé de deux allées voisines sera donc calculé de telle sorte, que les ondulations de terrain et les plantations les maintiennent distinctes dans tout leur parcours. On doit éviter soigneusement la trop grande multiplicité des allées, le parallélisme, les *inflexions brusques sans raison suffisante*, les chemins trop sinueux trop près de l'habitation.

XXXI. — Confection, Dimensions des Allées. — Voici quelques indications techniques, empruntées aux meilleurs auteurs, pour la confection des allées.

Elles doivent être bombées au milieu; de 20 à 25 centimètres selon la largeur et même davantage dans les lieux très humides, afin de donner à l'eau un écoulement facile.

Ce précepte n'est applicable qu'aux jardins irréguliers; dans ceux dits *à la française*, les allées doivent être plates, pour conserver le caractère du genre.

Une allée ordinaire doit reposer sur un empierrement d'environ 30 centimètres; mais une voie carrossable réclame une plus grande épaisseur. Un tiers environ de ce ballast doit être composé de gravier fin, le reste de tuileaux, cailloux, pierres concassées. La nature du gravier varie beaucoup suivant les pays. Il réclame quelque mélange, s'il contient de l'argile ou de la chaux, car alors il devient fangeux quand il est mouillé. Il faut alors y joindre du sable d'une nature plus sèche. Au contraire, le sable de mer (à moins qu'il ne contienne les matières que dépose une rivière à son embouchure) sera toujours trop friable; il faudra y joindre de la chaux ou de l'argile dans la proportion d'un sixième environ. Un tel mélange est excellent, très réfractaire à l'humidité (Kemp). Pour former la surface, le sable de rivière sera toujours préférable, si l'on peut s'en procurer.

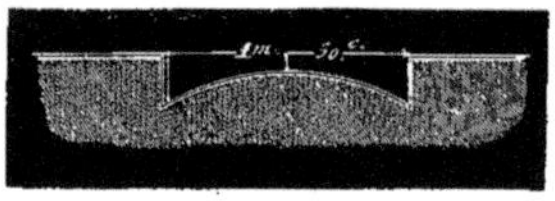

Fig. 312.

La figure ci-jointe (Fig. 312) représente la coupe d'une allée large de $1^{m},50$. Ses bords doivent être formés de matériaux ménageant une sorte de drainage naturel qui, d'espace en espace, communique avec un drainage véritable. Dans les terrains accidentés, on creuse souvent, soit dans les pentes, soit aux endroits les plus bas où les eaux se réunissent et séjournent, des rigoles latérales, afin d'empêcher la dégradation des allées. Ce détournement n'a guère d'inconvénients dans les parties boisées; il en a au contraire beaucoup dans les pelouses, où ces rigoles portent souvent autant de sable que d'eau. Ce qu'il y a de mieux à faire en pareil cas, c'est d'installer dans ces mauvais endroits de petits réservoirs construits en cailloux ou en tuiles, et recouverts d'une grille. La figure 313 représente un de ces déservoirs : *a* est le couvercle grillé au niveau de l'allée; *b* le drain qui forme réversoir.

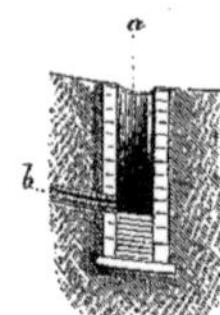

Fig. 313.

Les bordures des allées doivent être particulièrement soignées, car elles jouent un grand rôle dans l'aspect général. Elles doivent être unies, juste au même niveau des deux côtés (sauf, bien entendu, dans les allées en corniche), et dessinées d'une manière précise. Pour que les bordures remplissent ces conditions, il faut que les mottes de gazon soient compactes, empruntées à une prairie de bonne nature. Leur largeur doit être d'environ 15 centimètres, l'épaisseur de 10 à 15. Les allées devront être, en moyenne, légèrement bombées au milieu, et un peu plus basses sur les côtés que la pelouse adjacente (Fig. 314). Les allées courbes, qu'on dissimule ordinairement le plus possible, doivent en conséquence être tenues à un niveau un peu inférieur aux pelouses (Fig. 315). Il faut aussi leur donner une surface plus convexe que celle des allées droites (Fig. 316). Les dimensions des allées varient assez sensiblement, suivant leur destination (voir Fig. 310, Allée du Parc Monceaux). Les allées carrossables doivent avoir au moins 4 mètres; les ordinaires, permettant à 4 personnes de circuler de front, de $2^{m},50$ à 3 mètres; les petites allées $1^{m},50$. Kemp réduit à 3 mètres la largeur des allées carrossables; cette dimension nous paraît suffisante dans les petites propriétés.

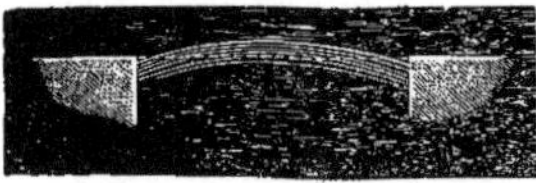

Fig. 314.

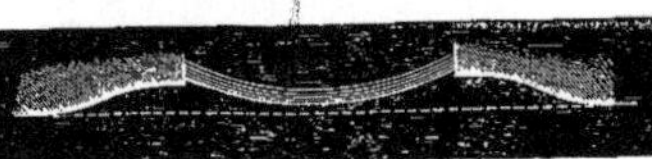

Fig. 315.

Fig. 316.

XXXII. — Entrées des Parcs. — Suivant quelques auteurs, l'entrée d'un parc franchement irrégulier ne doit être aperçue ni de l'habitation, ni des principaux endroits de promenade. Ce précepte est une déduction logique du principe de la dissimulation des clôtures, mais son application n'est pas toujours possible. La perspective plus ou moins lointaine d'une loge d'entrée, construite avec goût et bien accompagnée, peut produire un excellent effet, et il serait souvent fâcheux de s'en priver (1).

Kemp dit aussi « qu'une route d'arrivée ne doit pas s'engager dans le domaine à une trop grande distance des bâtiments, ni suivre les clôtures ». Nous croyons, au contraire, qu'une propriété ne peut que gagner à cette prolongation d'arrivée, si tout est convenablement disposé sur le passage. Par la même raison nous pensons aussi (et nous en avons fait l'expérience), que l'on peut faire avec succès, pour l'arrivée principale, l'emprunt d'une section plus ou moins considérable

(1) Nous n'avons pas à revenir sur ce qui a été dit ci-dessus de ces loges d'entrée, dont nous avons donné d'excellents modèles. Nous répéterons seulement que si l'entrée se trouve suffisamment éloignée de l'habitation, on obtiendra sûrement un effet des plus heureux, en donnant au logement du concierge et à ses dépendances l'aspect d'un *cottage* ou petite demeure à part, encadrée par les premiers massifs qui se présentent à l'entrée du parc.

Fig. 317. — Entrée du Parc Monceau.

Fig. 318. — Entrée du Pré Catelan au Bois de Boulogne.

de l'allée de ceinture; et, par conséquent, côtoyer souvent d'assez près les clôtures pendant ce parcours; pourvu, bien entendu, qu'elles soient habilement dissimulées.

Le même auteur se contredit et revient implicitement à notre opinion, quand il ajoute, un peu plus loin : « qu'il importe de s'élever vers l'habitation par la pente la plus douce, et conséquemment la plus prolongée. »

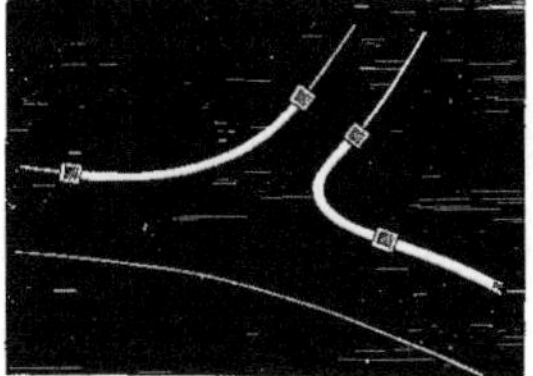

Fig. 319. — Entrée de Parc.

En principe, l'entrée doit être perpendiculaire au grand chemin; cependant il peut être quelquefois nécessaire de la placer dans un angle ou dans une courbe. — Généralement, les murailles ou autres clôtures de chaque côté de l'entrée, doivent affecter une forme convexe en abordant la grande route (Fig. 319). Toutefois, si l'on veut donner à l'entrée un caractère plus imposant, il faudra faire les murs concaves, et disposer de chaque côté des bornes reliées de chaînes, formant la courbe convexe. L'intervalle compris entre ces deux courbes sera gazonné, et orné d'arbustes ou de buissons à fleurs, si l'espace est suffisant (Fig. 320).

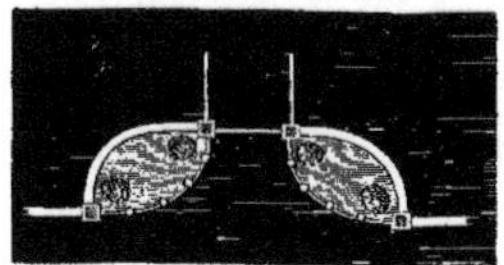

Fig. 320. — Entrée de Parc.

Quelquefois deux entrées sont indispensables, quand la propriété est importante et voisine de deux villes ou bourgs situés dans des directions différentes. La figure 321 donne le modèle d'une de ces entrées doubles, régulièrement disposées. Cet arrangement suppose que les deux villes ou bourgades voisines sont à l'opposite l'une de l'autre, et reliées par une route sur laquelle s'embranchent les deux entrées. Cette disposition d'embranchement pourrait, sans inconvénient, être moins régulière, et n'en ferait même que meilleur effet, dans une propriété du style paysager.

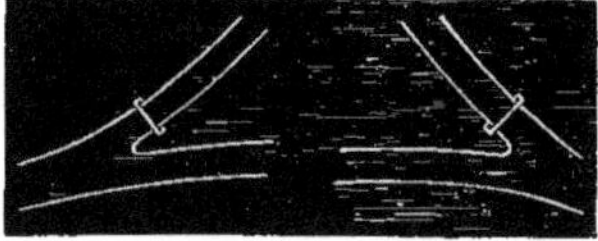

Fig. 321. — Entrée double.

Quand le relief du sol est fortement accidenté entre la route et l'habitation, il faut dissimuler les remblais de l'allée d'arrivée avec tout le soin possible, en les reliant par des plantations à l'ensemble.

Si, au contraire, le terrain est uni, le style de la maison régulier, et l'intervalle entre elle et la route assez grand, si enfin la route est déjà reliée à l'habitation par une belle avenue, ce serait une faute de la sacrifier. Mais, pour que cette combinaison, empruntée au style régulier, produise tout son effet, il est essentiel que l'avenue s'ouvre en ligne droite, sur un terrain plat, ou au moins sur une pente doucement et régulièrement inclinée. A l'arrivée devant l'habitation, on est toujours disposé

Fig. 322. — Entrée du Parc réservé de Saint-Cloud.

à exagérer la largeur de l'allée, au détriment de l'étendue en pelouse et de l'effet général, pour donner aux voitures une plus grande facilité de tourner. Pour déterminer cette largeur, il faut naturellement prendre en considération l'importance de l'habitation et d'autres circonstances; mais, en moyenne, 10 à 12 mètres doivent suffire. Nous figurons ici quelques entrées de grands Parcs des Promenades de Paris et des environs (Fig. 317, 318, 322).

Quand l'entrée n'est séparée de l'habitation que par un espace étroit et borné de tous côtés, il faut bien, même dans un jardin du style paysager, recourir à la combinaison d'une petite pelouse ovale ou circulaire, ornée de fleurs et d'arbustes à feuilles persistantes (Fig. 323). Mais, pour peu qu'on puisse s'étendre à droite et à gauche, il vaut beaucoup mieux prolonger cette devanture en ellipse, en la reliant aux plantations de clôture, de manière à éviter toute apparence de régularité (Fig. 324). Les routes angulaires (Figure 325), ou octogones (Fig. 326), sont d'un effet satisfaisant quand on veut se conformer au style classique, bien que l'habitation ne soit accessible que latéralement.

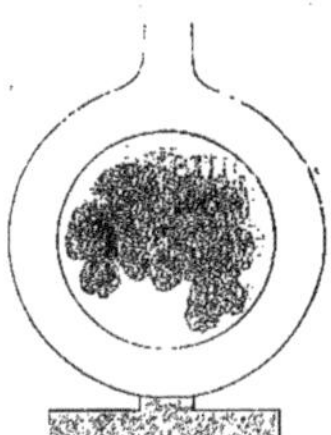
Fig. 323.

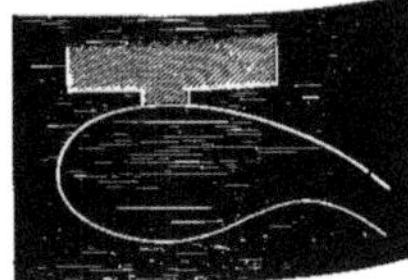
Fig. 324.

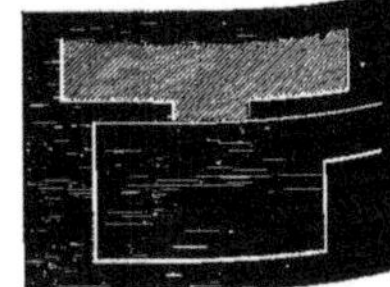
Fig. 325.

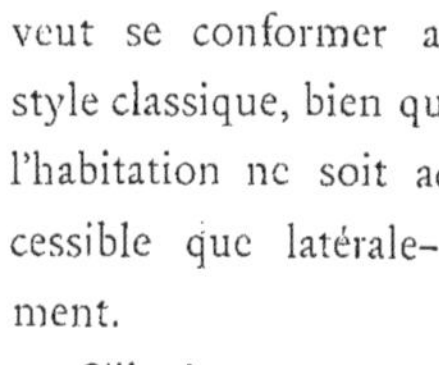
Fig. 327.

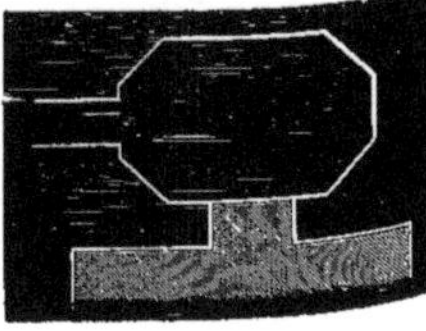
Fig. 326.

S'il n'est pas possible d'organiser une entrée de service particulière, on tournera la difficulté en établissant, sur le chemin qui se dirige vers les communs, un embranchement circulaire, affecté à l'habitation (Fig. 327).

XXXIII. — **Des divers Systèmes de Clôtures.** — On ne saurait trop le redire; il importe toujours de dissimuler les clôtures, d'empêcher même qu'on les soupçonne ou qu'on y pense. Les fossés, faciles à rendre invisibles au moyen de légers mouvements de terrain, sont donc, quand la nature des limites le permet, le meilleur mode de clôture.

Il ne faut user qu'avec discrétion des fossés partiels, dits sauts-de-loup, et seulement quand c'est le seul moyen de faire brèche sur une perspective intéressante, placée dans cet axe. Les abords de cette brèche doivent être habilement raccordés avec les premiers plans, au moyen des plantations.

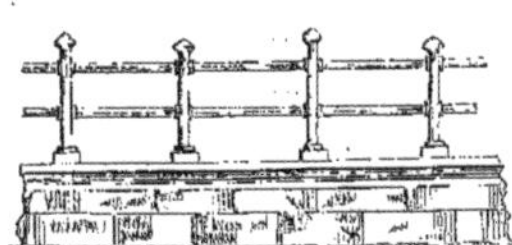
Fig. 328.

Nous donnons (Fig. 328) un modèle de clôture assez élégant. Le mur a 80 centimètres de hauteur; les barres des balustrades 25 millimètres de diamètre. On peut y substituer, soit des treillages mécaniques, soit des balustrades en bois de chêne ou de châtaignier, dans le genre de celle-ci (Fig. 329). Nous citerons aussi, comme clôture extérieure solide et facile à dissimuler, les palissades en bois, dont voici le modèle le plus simple (Fig. 330). Pour les clôtures intérieures, qui n'exigent pas la même solidité, on emploiera soit celles en fil de fer galvanisé, soit, dans les pays où le bois est commun, des clôtures de bois rustique (Fig. 331). Enfin, pour dissimuler, soit au dehors, soit dans l'intérieur, une vue désagréable, on peut recourir au système de palissade ci-joint (Fig. 332), haute de $1^m,50$ à 2 mètres, couverte de lierre et autres plantes grimpantes.

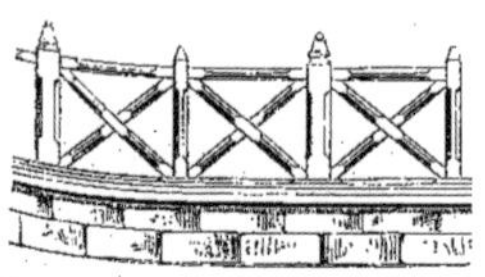
Fig. 329.

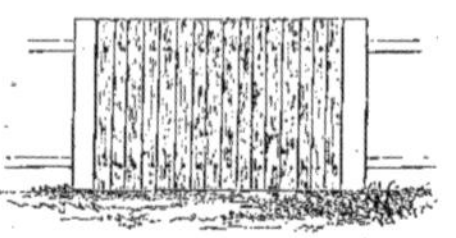
Fig. 330.

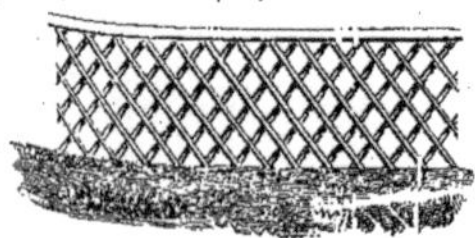
Fig. 331.

Fig. 332.

Malgré leurs nombreux inconvénients, dont les plus graves sont la cherté d'entretien et le peu de sûreté, les haies sont encore le système de clôture extérieure le plus usité. Il faut les soustraire aux regards en les plantant en contre-bas. Si cela est absolument impossible, le prince Pückler-Muskau conseille de les masquer, dans les parties couvertes, par un rideau serré d'ifs, de thuyas ou autres arbres verts de seconde grandeur, en avant duquel on dispose les autres plantations. Dans les parties découvertes, on peut atténuer la raideur des lignes de la haie au moyen de quelques buissons d'épines ou de houx irrégulièrement disposés.

Beaucoup d'arbres à feuilles caduques peuvent servir à faire des haies; celles d'épines sont les plus solides. On en fait aussi, dans certains pays, avec différentes espèces d'arbres verts. Celles de houx sont peut-être les plus belles de toutes, mais bien lentes à croître.

Tout ce qui vient d'être dit sur la nécessité de dissimuler les haies, soit en les disposant en contre-bas, soit par la plantation, s'applique également à tout autre système de clôture, murailles, treillages, grilles ou palissades.

XXXIV. — Potagers et Vergers. — L'adjonction d'un potager et d'un verger à une petite propriété d'agrément ne doit se faire qu'après mûre réflexion; non seulement sur le choix de la meilleure place, mais sur une question préalable qu'on néglige souvent à tort.

Le domaine peut être assez restreint, les circonstances locales se présenter de telle façon, qu'il soit préférable de s'épargner l'établissement d'un potager, d'un verger, ou même de tous les deux. Comme l'a dit un judicieux horticulteur anglais, pour cette installation, « un coin du jardin ne peut suffire. Un potager, un verger n'ont de raison d'être que si l'on dispose d'un espace assez vaste pour suffire à l'approvisionnement domestique de fruits et de légumes : sans quoi le profit et l'agrément ne compenseraient pas les dépenses d'établissement et d'entretien. » Il en est autrement dans les propriétés d'une certaine importance; là l'horticulture utile joue un grand rôle. Elle peut même, comme nous le dirons tout à l'heure, concourir plus qu'on ne pense à l'ornementation du domaine.

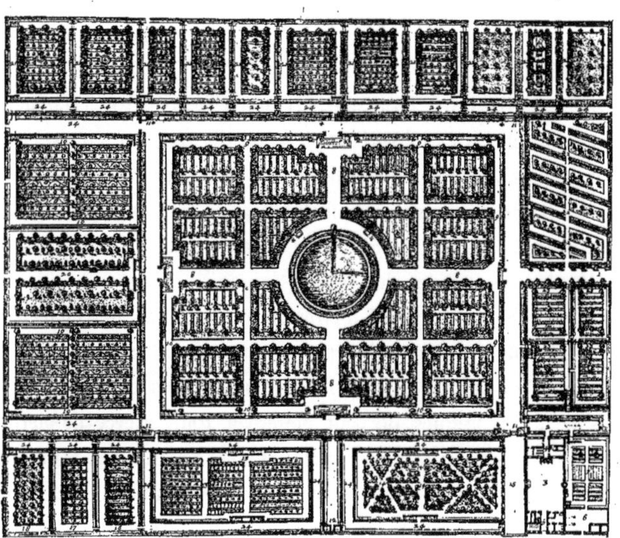

Fig. 333. — Potager de Versailles, dessiné et planté par de La Quintinie, gravé par Pérelle.

1. Entrée pour le Roi. — 2. Entrée du commun. — 3. Cour du jardinet. — 4. Maison du jardinet. — 5. Logement des garçons du jardinet. — 6. Basse-cour du jardinet. — 7. Petit jardin de fleurs. — 8. Grand quarré où jardin des gros légumes. — 9. Espaliers de Pesches admirables et Nivettes. — 10. Espaliers de Poires. — 11. Terrasse du grand quarré avec muscats. — 12. Pavillon où l'on distribue les herbes et salades. — 13. Melonnière avec couches de quelques fruits reptiles. — 14. Figuerie de Figuiers en caisses et en Espaliers. — 15. Galerie des Modelles au-dessous de laquelle est la serre pour Figuiers. — 16. Couches de petits Concombres et Pesches en Espalier. — 17, Couches d'herbes à Salade avec Espaliers de Pavies et Burgnons. — 18. Figuiers en Buisson et en Espalier. — 19. Couches d'Asperges avec Espaliers de Pesches. — 20. Prune laye de pruniers en Buisson et en Espalier. — 21. Petits jardins des différents légumes avec peschers, poiriers et pommiers en Buisson et en Espalier. — 22. Jardins biais avec Espaliers de Pesches. — 23. Jardins pour les fraises avec cerises précoces. — 24. Terrasses avec serres au dessous. — ╬. Réservoirs pour l'arroser.

Toutefois, bien des gens estiment que les potagers des particuliers coûtent toujours plus qu'ils ne rapportent. Telle était l'opinion bien arrêtée d'un souverain français qui passait pour entendre fort bien toutes les questions d'économie domestique. Il disait souvent « qu'il n'y avait pas de potagers ni de vergers plus économiques que la halle de Paris. » Nous croyons toutefois que, dans une propriété un peu étendue et située loin d'une grande ville, le potager et le verger sont indispensables. Bien placés et cultivés, ils ne tarderont pas à rendre plus qu'on ne leur a donné. Nous donnons ici, à titre de curiosité, le potager planté à Versailles par le célèbre La Quintinie (Fig. 333).

XXXV. — Établissement et Décoration des Potagers. — En général, on donne aux potagers, installés sur une surface plane ou disposés en terrasses, une forme régulière. Tout le monde sait qu'un potager doit être bien protégé du côté du nord; la meilleure garantie d'abri est un bois épais, placé, par exemple, derrière la serre ou autres dépendances, dans tous les cas à une distance et avec des précautions suffisantes pour le défendre des racines des grands arbres.

Les murs doivent être hauts de deux mètres au moins, avec des chaperons en saillie. Nous conseillons de les construire plutôt en briques, si l'on peut se procurer facilement ce genre de matériaux. Ces murs sont les plus commodes pour établir les espaliers. A défaut de briques, on peut employer toute espèce de pierres, soigneusement jointes pour se préserver autant que possible des insectes. Dans une grande partie du nord de la France, on construit encore fréquemment des murs dont la base est en cailloux ou en moellons et le reste en argile. Ces murs, quand ils sont établis avec soin, sont excellents pour les espaliers dans les pays froids, à cause de la réverbération intense du soleil sur l'argile. Pour les treillages, il faut employer le fil de fer galvanisé ou le bois de châtaignier.

On installe aussi d'ordinaire, dans les parties les mieux exposées, des treillages ou espaliers supplémentaires, pour les diverses variétés d'arbres à fruit qui ont le plus besoin d'être abritées. Quand un potager est en forme de parallélogramme, les côtés les plus longs doivent être dans le sens de l'est à l'ouest, afin de ménager un plus grand espace à l'exposition du sud. On ne doit pas oublier que le côté de l'est est le moins sujet aux gelées perfides du printemps.

L'opération du drainage est rigoureusement indispensable dans un potager où le sol est très humide. Une position en pente légèrement inclinée vers le midi, est la plus avantageuse pour toutes les cultures. Les arbres fruitiers ne réclament pas une très grande profondeur de terre végétale. Si elle excède deux pieds, on peut disposer une couche de petites pierres, de tuileaux ou autres décombres, pour empêcher les racines de trop descendre. Ce sous-sol sera conduit en pente douce vers des drains s'embranchant dans le système général (Fig. 334).

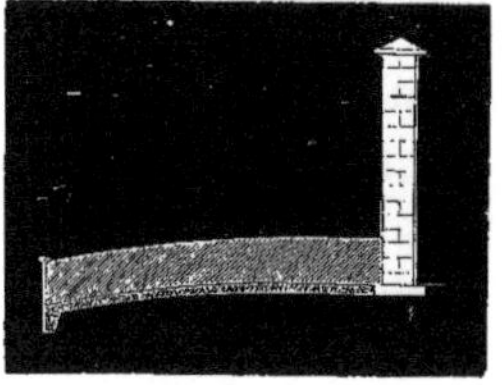

Fig. 334.

Un potager prend vite un aspect agréable, quand il est décoré de fleurs avec soin et avec goût. C'est là qu'on peut faire l'essai des nouveautés; donner asile aux plantes qui attendent le moment de figurer dans les massifs, ou qui ne sauraient y figurer à cause de leur attitude, et aussi à ces fleurs si recherchées autrefois, aujourd'hui trop dédaignées, déesses en exil; comme les tulipes et les œillets.

XXXVI. — Possibilité de Fusion du Verger avec le Jardin

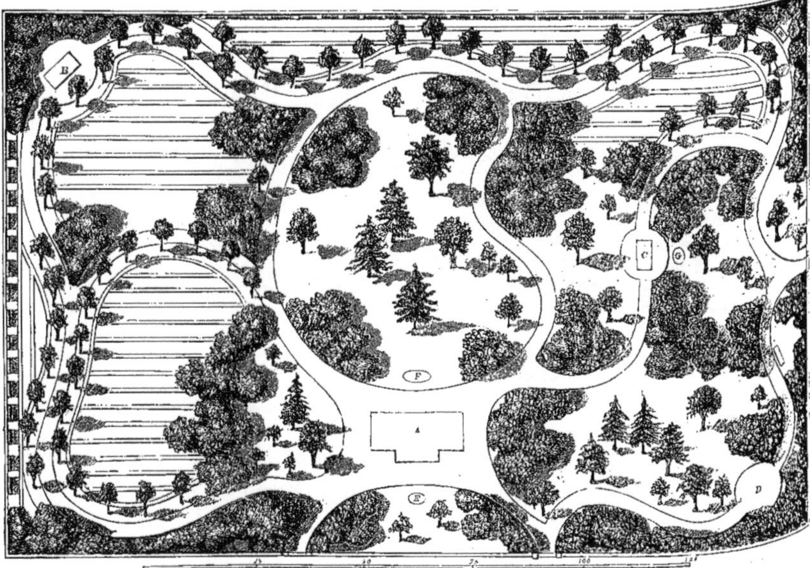

Fig. 335. — Jardin potager et paysager réunis.

d'Agrément. — L'idée de l'incorporation du verger et même, suivant quelques auteurs, du potager au jardin d'agrément est une conséquence naturelle de cette tendance si prononcée de nos jours, à joindre l'utile au pittoresque (Fig. 335). Sous ce rapport, nous sommes bien en arrière de nos voisins d'Outre-Manche. On ne s'entend nulle part aussi bien qu'en Angleterre, à orner et à disposer des vergers pour la promenade. Un grand nombre d'arbres à fruit joignent l'agrément de la forme à l'utilité; tels sont ceux *en éventail*, les néfliers, les cognassiers, la vigne employée comme plante grimpante. L'agencement pittoresque de ces arbres, leur adjonction, dans des expositions favorables, aux plantations d'agrément, constituent un détail particulier de décor paysager, qui peut donner lieu à d'intéressantes applications, même dans de petites propriétés. Nous donnons, comme spécimen, le plan des jardins fruitiers de démonstration et de production du bois de Vincennes (Fig. 336).

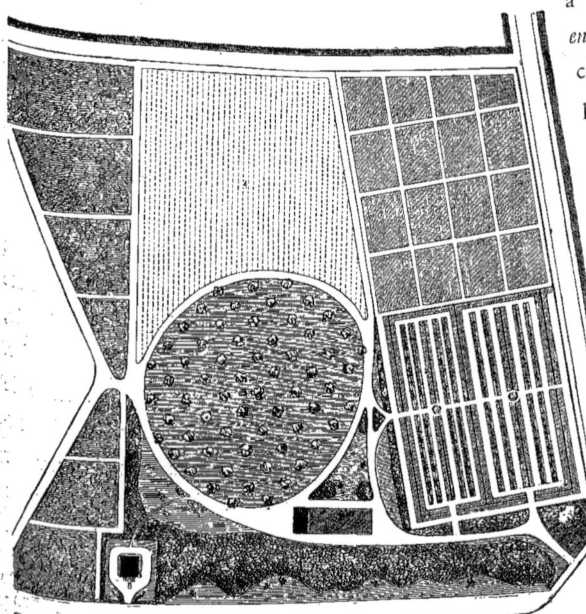

Fig. 336. — Plan général des Jardins fruitiers de Démonstration et de Production, au Bois de Vincennes.

1. Jardin fruitier de démonstration. — 2. Jardin fruitier de production pour le climat de Paris — 3. Verger. — 4. Vignoble. — 5. Jardin potager. — 6. Pépinière. — 7. Hangar. — 8. Maison de Garde.

Plusieurs des artistes modernes, notamment Kemp et Mayer, se sont préoccupés sérieusement de cette fusion de l'utile avec l'agréable. Mais ces étrangers avaient eu pour prédécesseur dans cette voie, un Français, le fameux Morel (d'Ermenonville). Ennemi juré de la symétrie, l'auteur de la *Théorie des Jardins* la poursuivait jusque dans les potagers et les vergers. Il soutenait que bien souvent un arrangement irrégulier des arbres à fruit et même des légumes, serait non seulement plus agréable à voir, mais plus avantageux sous le rapport économique. « Le légumier, dont l'aspect est si froid, la distribution ordinaire si peu favorable à ses productions, — pourquoi n'attirerait-il pas mon attention sous le rapport de l'agrément? — Ce qui dépare cette culture, ce sont les allées larges et inutiles qui la découpent en petits carrés; ce sont les arbres fruitiers et les plates-bandes qui l'entourent et lui portent préjudice. Ce sont surtout les murs dont on l'environne de toutes parts; c'est le cadre qui l'attriste et en fait une partie isolée, sans liaison avec le site. Cette opposition entre le potager et les sites des environs ne saurait provenir du tableau même de cette culture, qui réunit une verdure soutenue et une grande diversité de production, à une grande végétation sans cesse en activité, fruit d'un travail journalier. Le goût et la facilité de la culture décideront de la forme de mon légumier. La qualité du sol et l'exposition convenable lui assigneront sa place. Le buissonnier d'arbres à fruits, que j'appelle le verger cultivé, ne sera pas confondu avec les légumes, mais séparé et placé à l'abri des vents. Ces arbres étant ainsi groupés par espèces, le jardinier, pour les soigner, ne sera pas obligé de perdre ses pas et son temps à parcourir tous les points d'un grand espace, sur lequel on a coutume de les éparpiller. Les espèces étant ainsi rassemblées, au temps de leurs fruits, la récolte se fera à propos

337. — Cocos australis.

et sans embarras. Enfin, j'aurai de grands arbres, là où les murs seront inutiles, parce qu'ils feront un meilleur abri. » Cette sage observation, faite pour la première fois par Morel, est entrée dans l'usage général. « Si je veux avoir des arbres en espaliers, dit-il encore, je construirai des murs dans la position la plus favorable. Mais je n'aurai pas des espaliers parce que j'ai des murs de clôture; rarement ces murs d'enceinte sont exposés de manière à remplir ce but. Les gros légumes, qui ont moins besoin d'arrosement, auront leur place dans la partie la plus élevée du terrain; les plantes les plus délicates seront dans le bas, ordinairement plus frais, plus à portée des eaux dont elles ont journellement besoin. Les sentiers n'auront de largeur que celle que réclame la facilité de la culture. Mon potager (étant) ainsi distribué, tout le terrain sera mis à profit, je n'en perdrai pas par de fastidieux compartiments et d'inutiles allées. Cet ensemble de verdure, dont la forme ne sera pas un carré entre des murs, mais où seront donnés le mouvement naturel du terrain et les facilités de la culture, flattera l'œil par le spectacle d'une riche et vigoureuse végétation non interrompue. Ces dispositions, différentes de celles que suit l'aveugle routine, plus agréables comme effet, seront aussi mieux entendues sous le rapport de l'utilité. Elles ménageront le terrain, épargneront les bras et feront gagner du temps. »

Fig. 338. — Calamus Impératrice-Marie.

Dans la seconde édition de son ouvrage, publiée en 1802, Morel revenait et insistait énergiquement sur ces avantages de l'application du style irrégulier à l'horticulture utile.

« Les arbres fruitiers destinés à former des vergers; plantés, suivant l'usage ordinaire, en quinconces sur une prairie naturelle, y sont distribués de la façon la plus désavantageuse pour eux et pour la prairie. Ces arbres ainsi espacés, s'élèvent moins qu'ils ne s'étendent; leurs branches finissent par se rapprocher, par ombrager la totalité du terrain... L'herbe, sous leur ombre perpétuelle, est rare et ne saurait mûrir. Mais que les arbres soient groupés, que les groupes plus ou moins forts soient espacés de manière à laisser entre eux de grandes clairières! Dans cette disposition, les arbres donneront du fruit en plus grande abondance, et l'herbe gagnera en quantité et en qualité. En effet, l'ombre que projettent les groupes étant passagère, l'herbe ne subit la fraîcheur et l'humidité que par intervalles, et non d'une façon continue, comme il arrive quand les arbres couvrent toute la surface. Cette impression momentanée d'humidité est favorable a la densité de l'herbe ; l'action alternative du soleil vient ensuite échauffer le sol, mûrit les plantes et n'a pas le temps de les sécher. Voilà ce que cette méthode a d'avantageux pour la prairie; — voici ce que les arbres y gagnent. La disposition en groupes est le meilleur moyen de les préserver des

Fig. 359. — Cycas circinalis.

froids tardifs du printemps, des brouillards malfaisants qui altèrent les fleurs à peine écloses des sujets les plus hâtifs... Il ne s'agit que de mettre les plus tardifs en opposition à ces vents destructeurs... Ces arbres ainsi assemblés se défendent mieux aussi contre les vents violents de l'automne. Enfin, ainsi groupés, et néanmoins espacés convenablement entre eux, ils s'arrangent ensemble sans se nuire. Ceux qui sont à la circonférence étendent librement leurs branches à l'air et à la lumière; et ceux du centre s'élèvent pour aller chercher les mêmes secours. »

Fig. 340. — Thrinax radiata.

C'est peut-être aller bien loin que de poursuivre l'application du style irrégulier et paysager jusque dans le domaine des légumes, bien que les feuilles de plusieurs d'entre eux aient incontestablement un caractère ornemental; l'asperge, par exemple. Mais nous avons peine à croire qu'une pelouse de carottes, par exemple, avec un massif d'artichauts; des oignons disposés en corbeilles, puissent jamais produire une impression bien poétique, nonobstant l'opposition des formes et des couleurs.

Il n'en est pas de même de l'autre idée de Morel; ce qu'il appelle « le buissonnier d'arbres à fruits ou verger cultivé », disposé dans un coin retiré et bien abrité du jardin. Nous avons vu quelques applications partielles très heureuses de ce système; c'est un nouveau genre de *surprise,* mais agréable et d'un excellent goût.

XXXVII. — Des Serres. — Une serre est aujourd'hui une annexe indispensable à tout jardin un peu important. Il est agréable d'en avoir une attenant à l'habitation; c'est une promenade accessible en tout temps. Mais, du dehors, l'aspect d'une serre de ce genre est rarement gracieux; soit qu'elle fasse partie du plan général, soit qu'elle ait été rajoutée après coup. De plus, elle ne peut servir qu'à disposer des plantes en pleine fleur, et non au détail de la culture. Il faut absolument alors une seconde serre, d'utilité pratique, où l'on se procure de quoi orner la première.

Fig. 343. — Dichorisandra undata.

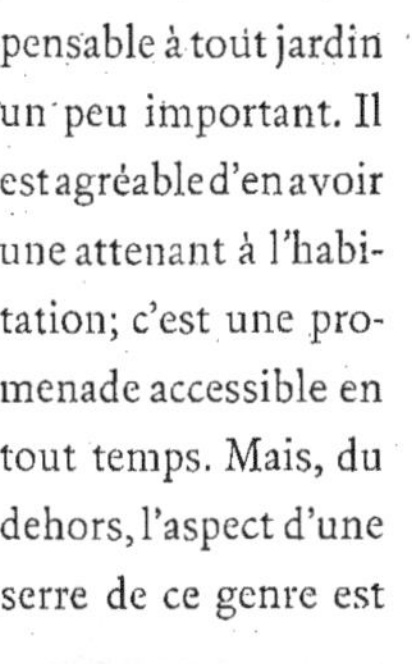

Fig. 344. — Maranta rosea picta.

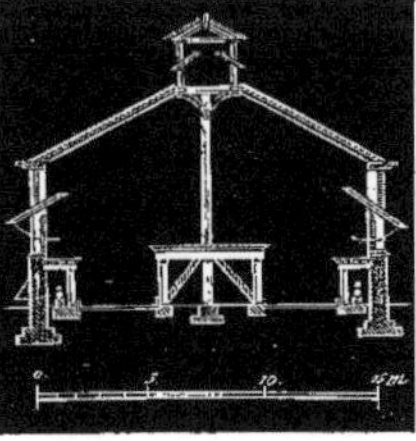

Fig. 341. — Coupe d'une Serre.

Fig. 345. — Calathea Veitchiana.

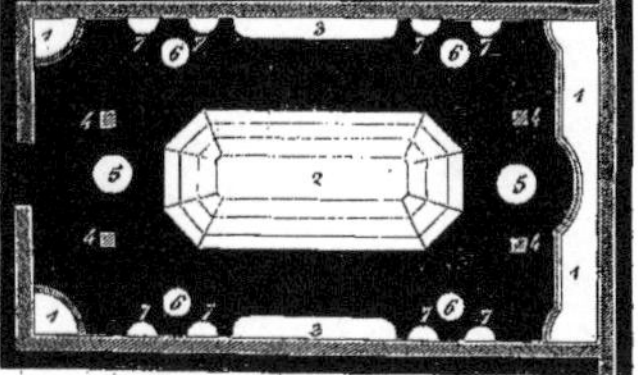

Fig. 342. — Plan d'une Serre.

1. Plates-bandes bordées de pierres. — 2. Estrade centrale. — 3. Étagères soutenues par des tasseaux. — 4 et 6. Piédestaux supportant des vases. — 5. Corbeilles en fil de fer pour pots de fleurs. — 7. Paniers ou hottes suspendus au mur.

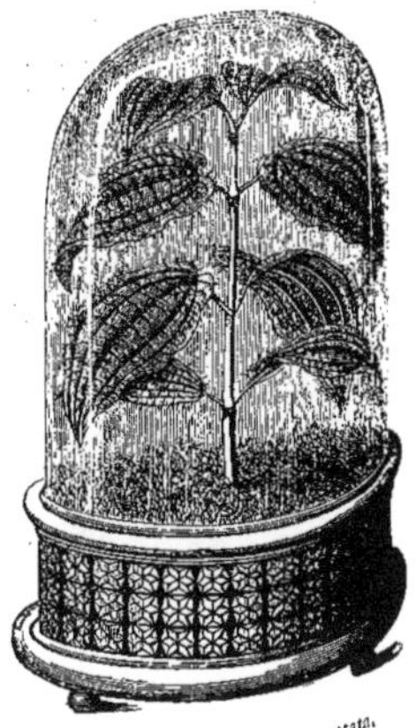

Fig. 346. — Bertolonia guttata.

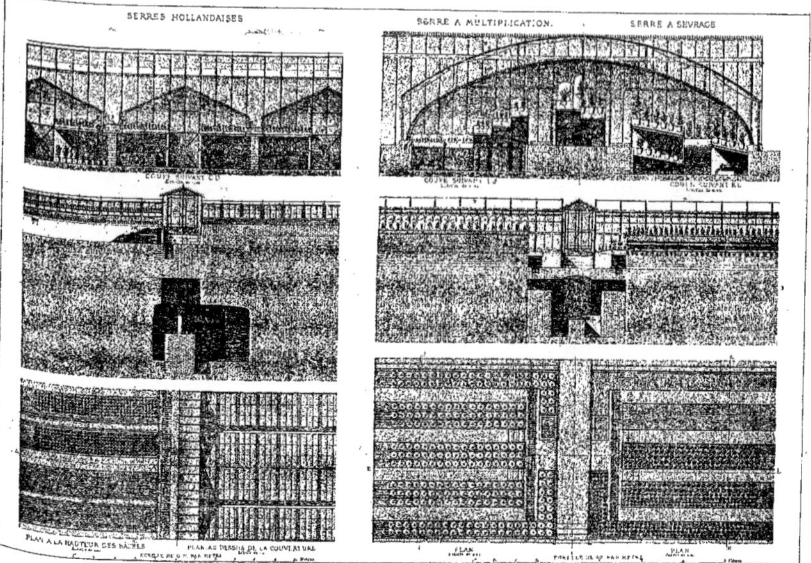

Fig. 347 à 352. — Serres diverses du Fleuriste de la Ville de Paris.

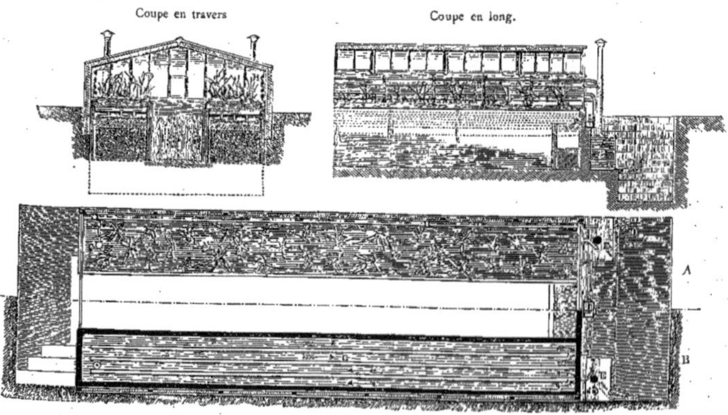

PLAN DE LA SERRE

Fig. 353 à 355. — Appareil de Chauffage au Gaz et à l'Eau. — Serre aux Népenthès
(Fleuriste de la Ville de Paris).

A. Plan au-dessus des Bâches. — B. Plan au niveau du vaporisateur. — C. Régulateur thermo-électrique. — D. Robinet à gaz communiquant avec le régulateur. — E. Calorifère. — F. Petit réservoir d'eau muni d'un flotteur alimentant le calorifère. — G. Vaporisateur. — H. Conduits d'eau chaude.

Les serres en fer léger avec des toits curvilignes ne font un bon effet qu'isolées; elles ne s'adaptent jamais d'une manière satisfaisante à un bâtiment. Dans une serre d'un style sévère, les statues, les vases, peuvent être employés avantageusement. Leur blancheur ressortira heureusement sur la verdure des camélias et autres feuillages sombres. On évitera d'employer des porcelaines ou des faïences à tons éclatants et criards, qui nuiraient à l'effet de l'ensemble.

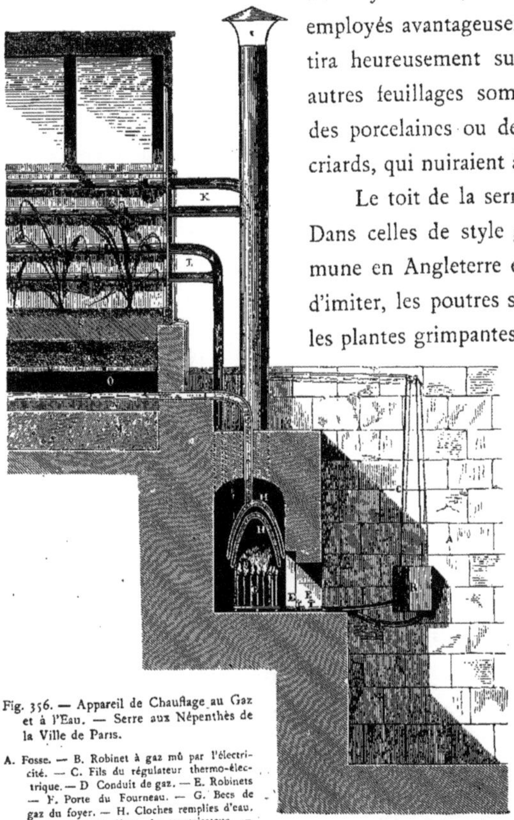

Le toit de la serre doit généralement être plat. Dans celles de style gothique, fantaisie assez commune en Angleterre et que nous ne conseillons pas d'imiter, les poutres sont en saillie, et utilisées pour les plantes grimpantes. Une serre destinée à la culture, doit être exposée au sud. Il est avantageux pour la croissance et le bon entretien des plantes, que le toit n'ait que la hauteur suffisante pour qu'on puisse circuler aisément dans l'intérieur. Les plantes grimpantes sont un des plus agréables ornements d'une serre, et ne font aucun tort aux autres plantes quand elles sont bien dirigées. On peut les placer dans des caisses ou des pots sur les étagères, ou leur réserver une plate-bande, si la serre est assez vaste.

Fig. 356. — Appareil de Chauffage au Gaz et à l'Eau. — Serre aux Népenthès de la Ville de Paris.

A. Fosse. — B. Robinet à gaz mû par l'électricité. — C. Fils du régulateur thermo-électrique. — D Conduit de gaz. — E. Robinets — F. Porte du Fourneau. — G. Becs de gaz du foyer. — H. Cloches remplies d'eau. — I. Conduit d'eau du vaporisateur. — J. Réservoir d'eau chaude — K. Conduit d'eau chaude (Sortie). — L. Conduit d'eau chaude (Rentrée). — M. Aire en béton. — N. Enduit au ciment. — O. Espace vide. — P. Aire en tuiles. — Q. Couche de gros sable. — R. Terre de Bruyère. — S. Terre végétale.

En groupant les plantes par espèces sur les gradins, on donnera à l'ensemble une certaine harmonie.

Il ne faut pas, même dans le Nord, négliger les moyens de garantir les plantes de serre d'un soleil trop ardent. On y parvient au moyen de paillassons, de

Plan du Calorifère.

A. Galerie de Service. — B. Plan au-dessus du Fourneau. — C. Plan au milieu de la Chaudière. — D. Cendrier. — E. Chaudière. — F. Passage à fumée. — G. Conduits d'Eau chaude (Sortie). — H. Conduits d'Eau chaude (Rentrée). — I. Cheminée.

Plan général.

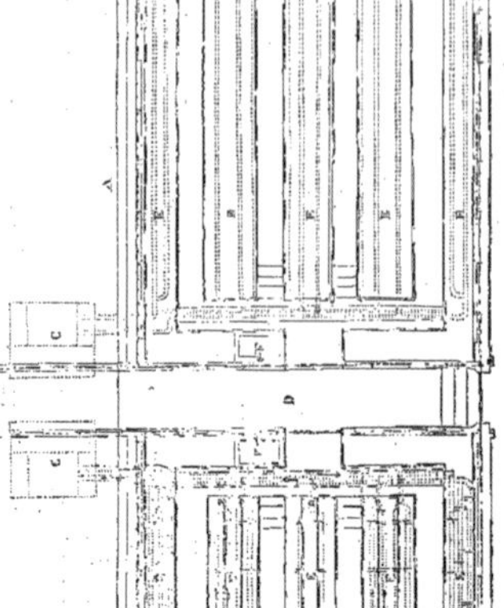

A. Serre à sevrage. — B. Serre à multiplication. — C. Emplacement des Calorifères. — D. Galerie de Service. — E. Conduits d'Eau chaude. — F. Bassin d'Eau chaude.

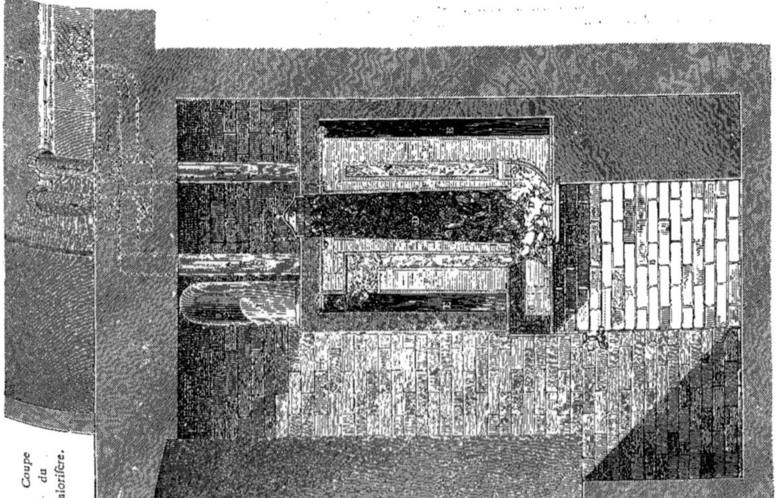

Coupe du Calorifère.

A. Galerie de Service. — B. Cendrier. — C. Entrée du Foyer. — D. Foyer. — E. Passage pour la flamme et la fumée. — F. Eau chaude. — G. Conduit d'Eau chaude (Sortie). — H. Conduit d'Eau chaude (Rentrée). — I. Cheminée. — J. Robinet de vidange.

Fig. 357 à 359. — Appareils de Chauffage à l'Eau chaude. — Serres à Sevrage et à Multiplication. — Serres Hollandaises (Fleuriste de la Ville de Paris).

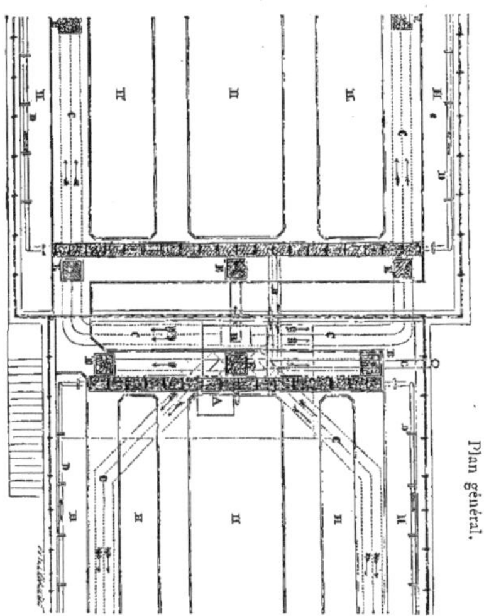

A. Calorifère à eau. — B. Calorifère à air. — C. Conduits d'air chaud. — D. Conduits d'eau chaude. — E. Bouches de chaleur. — F. Galerie recouverte d'une grille contenant les conduits d'eau chaude. — G. Cheminée. — H. Bâches.

Plan des Calorifères.

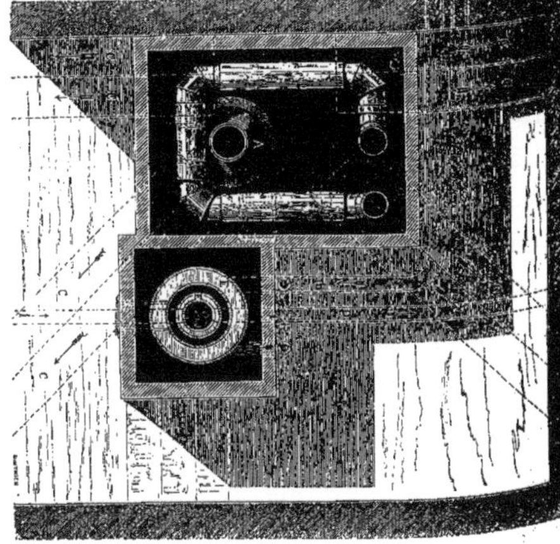

A. Foyer. — B. Serpentin. — C. Conduits d'air chaud. — D. Conduits d'eau chaude. — E. Calorifère.

Serres aux Palmiers et aux Camélias (Fleuriste de la Ville de Paris). Coupe sur le Calorifère.

A. Foyer. — B. Serpentin. — C. Conduits d'air chaud. — D. Valve réglant l'introduction de l'air chaud. — E. Bouche de chaleur. — F. Calorifère. — G. Conduits d'eau chaude.

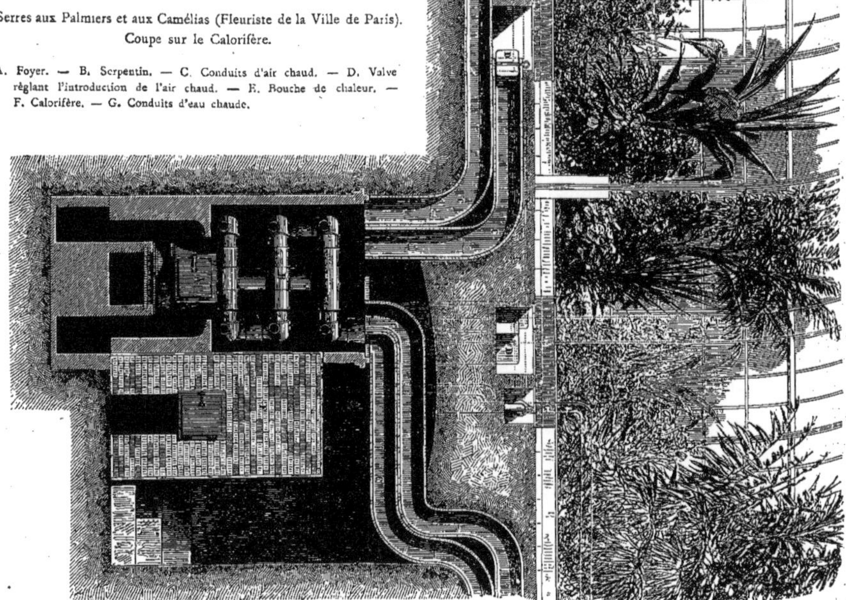

Fig. 360 à 362. — Appareils de Chauffage à Air chaud (Serres du Fleuriste de la Ville de Paris).

persiennes, ou de verres dépolis. Les murs doivent être ornés de treillages pour les plantes grimpantes, ou pour celles qui s'étalent facilement en espaliers, comme les fuchsias. C'est encore au moyen de l'eau, comme du temps des Romains, qu'on chauffe le mieux une serre. Quel que soit l'appareil employé, il est important de pouvoir augmenter la chaleur avec promptitude, car bien des plantes précieuses peuvent être foudroyées par une aggravation de gelée soudaine. C'est ce qui est arrivé dans plus d'une serre importante, lors du grand hiver de 1880. Le voisinage du potager, le centre d'un parterre de fleurs sont les situations les plus convenables pour une serre isolée de l'habitation. On devra y joindre, en les dissimulant, des abris pour les calorifères, les opérations du rempotage, etc.

Fig. 363. — Grande Volière. — Façade. (*Voyez* p. 244.)

Fig. 364. — Grande Volière. — Coupe. (*Voyez* p. 244.)

Les cultures sous châssis et sur couches, annexes indispensables du potager, sont aussi un auxiliaire précieux pour la multiplication des plantes d'agrément de pleine terre et de serre tempérée. Nous donnons ci-joint la coupe extérieure et le plan de l'intérieur d'une petite serre d'agrément (Fig. 341 et 342). Ce modèle, et ce que nous venons de dire des serres, ne convient que pour les petites et moyennes propriétés. Pour les serres de grand luxe et de reproduction sur une vaste échelle, on trouvera les meilleurs types au

Jardin d'Acclimatation et au Fleuriste de la Muette. Nous les avons reproduits ci-dessus (Fig. 347 à 362). On sait aujourd'hui tirer un bien meilleur parti qu'autrefois des plantes de serre d'un caractère ornemental, en les distribuant soit par groupes, soit isolément sur les pelouses pendant la belle saison. Nous donnons seulement quelques beaux spécimens choisis parmi les milliers d'arbustes et de plantes exotiques les mieux appropriés à cet emploi (Fig. 337 à 346).

XXXVIII. — Volières, Ruches, etc. — Nous finirons par quelques observations indispensables sur certains accessoires ordinaires des parcs et jardins.

Les volières leur donnent beaucoup d'animation. Elles doivent toujours être bien abritées du froid et de l'humidité, ainsi que du trop grand soleil. Une volière élégante est un excellent motif de construction isolée dans une clairière ou un carrefour, ou bien encore à l'extrémité d'une serre (Fig. 363, 364). Quant aux ruches, c'est dans le potager qu'elles seront le mieux placées, ou dans un coin retiré du parc. Elles doivent être reléguées à quelque distance des allées les plus fréquentées, par considération pour les abeilles, et aussi pour les promeneurs.

Le nombre des places de repos, berceaux, bancs et sièges de bois et de métal, doit être, comme celui des pavillons rustiques et autres, proportionné à l'étendue du jardin et du parc. Il est puéril de les multiplier à l'excès dans une petite propriété. Pourtant bien des gens d'esprit, sans parler des autres, ne savent pas se défendre de cette puérilité.

Fig. 366. — Vue des Jardins du Château de Noizi, près Versailles, dessinée et gravée par Pérelle.

CHAPITRE SECOND

TRACÉ DES JARDINS RÉGULIERS, DITS FRANÇAIS ET DE CEUX DU GENRE MIXTE

Possibilité des nouvelles Applications totales ou partielles du Système régulier. — Comme on l'a vu dans la partie historique de notre travail, le style régulier, longtemps seul compris, seul pratiqué, fut, dans la seconde moitié du siècle dernier, l'objet d'une proscription presque absolue. Comme la plupart des révolutions, celle-ci avait dépassé le but. On est revenu de nos jours à des idées plus éclectiques. Les hommes les plus compétents ont reconnu que, dans certains cas, on pouvait encore faire d'heureuses applications de ce style, soit partiellement aux abords d'habitations importantes, soit même dans la totalité du domaine, quand ce

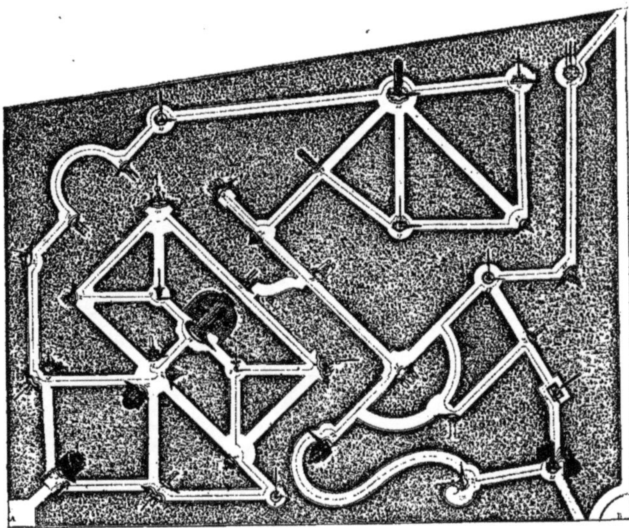

Fig. 368. — Ancien Labyrinthe de Versailles avec les Marbres représentant les Fables de La Fontaine, dessiné et gravé par Pérelle.

système paraît mieux en rapport avec la configuration du sol et le caractère général

Fig. 369. — Parterre de Saint-Germain, dessiné par Boyceau en 1653.

du pays. Nous croyons donc indispensable de donner quelques indications pratiques sur le tracé d'un jardin de ce genre. Le style régulier proprement dit subordonne tout à l'habitation, qu'il prolonge pour ainsi dire en plein air par ses « architectures vertes. » Nous avons déjà cité l'un des exemples les plus caractéristiques de cette symétrie inflexible, impitoyable : la fontaine soi-disant rustique de la villa Aldobrandini, dans laquelle la disposition, la forme des moindres rocailles ont été scrupuleusement répétées des deux côtés (Fig. 218). Autant l'effort humain doit se dissimuler dans le genre paysager, autant il doit s'affirmer, s'imposer dans ce genre si différent.

Fig. 370. — Percées régulières dans un Bois de haute Futaie.

Les seules formes de la nature à rechercher ici, sont celles qui se rapprochent le plus du caractère artificiel, et peuvent s'y encadrer avec le moins d'effort.

Fig. 371. — Autre dessin d'Allées. — Bois de haute Futaie.

Hâtons-nous d'ajouter qu'il n'est et ne peut être question ici que d'un retour modéré, mitigé aux principes du genre, et non à ses exagérations, comme les amphithéâtres et les portiques de verdure; les arbres taillés en boules, en sphères, en figures; les parterres à compartiments et à dessins compliqués, faits pour être vus seulement des fenêtres; les boulingrins et même les labyrinthes, depuis longtemps supprimés dans presque tous les jardins français qui existent encore (1).

Fig. 372 à 374. — Parterre en Mosaïque figurant un Tapis (XVIIIe Siècle).

II. — **Règles pour le Choix du Style.** — Nous croyons devoir placer

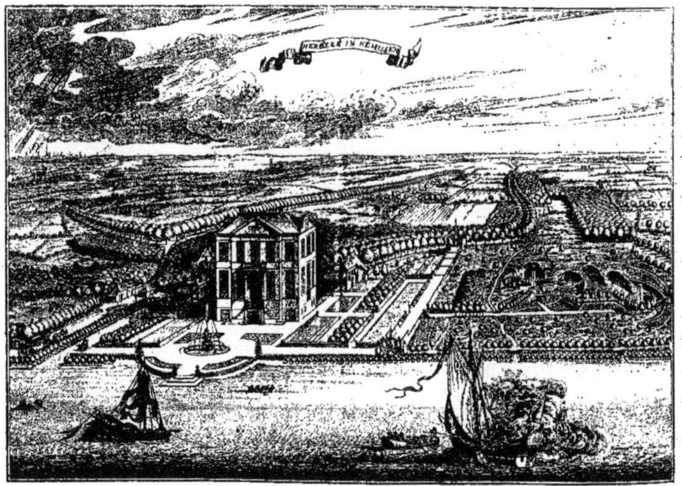

Fig. 375. — Château de Herbeke, près Anvers, d'après Castella (*Prætoria Nobilium Brabantiæ cœnobiaque celebriora*), par Jacobi Baronis. (*Antverpiæ*, MDCXCVII.)

ici quelques observations préalables sur le « choix du style à adopter dans la création

(1) Nous joignons à ce chapitre plusieurs beaux spécimens de jardins et parcs réguliers qui n'avaient pu trouver place dans notre première partie, comme l'ancien parc de Herbeke, près d'Anvers (Fig. 375), qui offrait un curieux mélange de fantaisie, d'imprévu, avec la symétrie; comme aussi l'ancien parc de Triels (Fig. 377), remarquable par la disposition originale de ses avenues latérales en forme d'ellipse allongée, etc.

d'un jardin. » Ce style doit, en principe, s'accorder avec celui de l'habitation déjà construite ou à construire. Mais si le développement des constructions n'est pas considérable, il est évident que le rapport à établir entre elles et le jardin s'impose beaucoup moins. Un petit édifice, de style symétrique, peut fort bien s'accommoder du voisinage d'un jardin pittoresque. Il suffit de reculer, à une distance convenable de la façade, les premiers groupes d'arbres de haute futaie. C'est ce qu'attestent de nombreuses créations du

Fig. 376. — Parterre figurant un Tapis (XVIIIe Siècle).

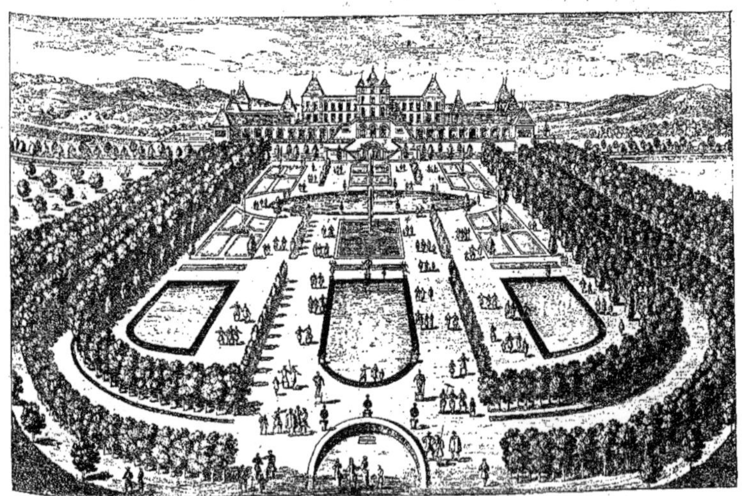

Fig. 377. — Château de Triels, près Saint-Marcellin (Isère), dessiné et gravé par Pérelle. (*Voyez* p. 248.)

siècle dernier, parmi lesquelles on cite le petit Trianon et le parc de Monceau dans son ancien état (voir ci-dessus, Fig. 135). Nous ferons remarquer, toutefois, que

32

l'œuvre de Carmontelle appartenait plutôt au genre mixte. Non seulement le dessin des parterres et l'agencement des eaux devant l'habitation étaient du genre régulier, mais on en trouvait encore plusieurs réminiscences encadrées dans le parc agreste, notamment les jardins *rose, bleu* et *jaune*. C'est l'œuvre d'un novateur timide, qui ne rompt qu'en hésitant avec la tradition classique, et s'efforce d'en retenir quelque chose.

La configuration, le relief du terrain doivent également être pris en sérieuse considération pour déterminer le choix du style. Si le terrain était tout à fait plat, il serait assez difficile d'y créer un jardin régulier sans des terrassements coûteux, pour obtenir des différences de plans artificiels. Mais une construction monumentale impose en quelque sorte la régularité, au moins dans la partie du jardin qui est en rapport immédiat avec elle. Cette régularité n'implique pas la symétrie absolue, et se concilie parfaitement avec une certaine élasticité dans l'ordonnance. Nous en avons vu des exemples dans les descriptions des villas romaines, de la Renaissance, et même dans celles de Le Nôtre; à Saint-Cloud, par exemple (Fig. 95 ci-dessus), où il avait dû surmonter de graves difficultés pour concilier l'application de ses méthodes ordinaires avec les accidents du sol et l'irrégularité des bâtiments.

S'il s'agit d'une habitation considérable et d'un caractère monumental, dominant un terrain accidenté, l'inclinaison du sol facilite, et même peut nécessiter, si elle est très prononcée, la création de terrasses, bien plus commodes pour la promenade et plus faciles à entretenir que des allées en pente rapide. Or, si ces terrasses sont accompagnées de rampes, d'escaliers, de balustrades, les lignes géométriques doivent être prolongées, complétées par l'ornementation végétale. Le tracé régulier a pour raison, dans ce cas, le relief même du terrain. Donc, indépendamment des rapports de style entre l'habitation et le jardin, les tracés réguliers seront heureusement employés au milieu de paysages offrant de puissants reliefs, des profils mouvementés et des horizons étendus. Telle est la situation d'un des plus anciens parcs polonais qui subsistent encore, celui du palais de Villanov (1677), ancien domaine de Sobieski, fièrement campé sur une hauteur qui domine la vallée de la Vistule, non loin de Varsovie (Fig. 378). L'un des exemples modernes les plus curieux d'application du style régulier à la totalité d'un jardin, dans une de ces situations exceptionnelles, est celui du parc de Monte Carlo près de Monaco (Fig. 379). On y remarque l'heureux emploi des rochers dans les soubassements des terrasses; et, dans l'ensemble, une certaine souplesse d'ordonnance, qui, tout en maintenant l'idée générale de régularité, exclut la monotonie. Mais ces retours complets aux dispositions symétriques seront toujours très rares dans les régions du Nord, parce qu'elles exigent de trop vastes espaces, et que d'ailleurs les raisons qui ont amené le triomphe du style paysager subsistent toujours. (Voir ci-dessus le chapitre du *Paysage,* pages 95 et suiv.) En revanche, on y trouvera souvent l'occasion d'appliquer le genre mixte dans le voisinage immédiat des habitations monumentales, parfois même à une grande distance, dans la partie la plus en vue de la principale façade. Les parties latérales seront seules dessinées dans le style pittoresque.

On attribue au dessinateur allemand Skell l'initiative de cette réhabilitation partielle du style régulier. D'autres en avaient eu le pressentiment avant lui, comme on le voit par les anciens plans des parcs de Monceau et de Bagatelle (Fig. 136); mais Skell travailla dans ce genre mixte d'une façon suivie, systématique. Plusieurs artistes ont marché avec succès sur ses traces, notamment Lenné, Siebeck, Nieprascht en Allemagne; Paxton, Nash et Kemp en Angleterre, Thouin et Hardy en France. Le Prince Pückler-Muskau, dessinateur si habile de jardins pittoresques, n'en a pas moins concouru à cette réaction. Il a même été jusqu'à dire que le style régulier était le seul convenable dans les pays où il a pris naissance; qu'en Grèce, en Italie, la prétention de concentrer les beautés naturelles si multipliées, si intenses, devient téméraire, sinon ridicule. « Dans ces belles contrées méridionales, dit-il, nos plantations pittoresques ne sont, pour ainsi dire, qu'un hors-d'œuvre. C'est comme si, dans un coin d'une belle toile de Claude Lorrain, on voulait ajouter un petit paysage à part. » Malgré cette opinion judicieuse, l'usage « d'ajouter de petits paysages à part » a pénétré partout. L'Égypte, l'Afrique australe, l'Inde, ont aujourd'hui des jardins pittoresques, où l'on est bien forcé de se passer de ces *tons doux et voilés,* qui sont l'un des grands charmes des paysages et des jardins paysagers du Nord.

III. — Opérations préparatoires. — Établissement des Perspectives. — Direction des Allées. — Il n'est pas plus possible aujourd'hui qu'autrefois de donner des règles inflexibles pour le tracé total ou partiel d'un jardin régulier; — de prescrire, par exemple, soit une avenue, soit une pelouse inclinée ou une série de terrasses, correspondant à l'axe principal d'un bâtiment. C'est à l'artiste qu'il appartient de juger, d'après les ressources dont il dispose, la forme du terrain et celle de l'habitation, des combinaisons qui pourront le mieux faire valoir celle-ci. Toutefois il est toujours indispensable que des perspectives soient ménagées en

Fig. 378. — Palais et Terrasses de Villanov, près Varsovie. (*Voyez* p. 250.)

Fig. 379. — Vue de Monte Carlo, près Monaco. (*Voyez* p. 250.)

avant (de la façade ou des façades) de l'édifice; qu'un assez vaste espace découvert soit réservé tout autour; et que du point qu'il occupe, on puisse dominer les environs.

Une série de lignes droites coupées régulièrement à angles droits, de plates-bandes dans lesquelles la forme géométrique demeure toujours apparente; des escaliers, des murs de soutènement, des balustrades, des objets d'art et des bancs régulièrement

Fig. 380. — Parterres de la Villa Giulia, près Bellagio, avec Vue sur le Lac de Côme.

espacés, des arbres alignés, des massifs disposés à intervalles égaux, sont les principaux éléments de ce genre de travail.

Les proportions des terrasses, des parterres, des pelouses, etc., varient en raison de la grandeur du champ d'opérations et de la forme du tracé adopté. Mais l'artiste doit tenir compte de la disposition du terrain et des lois de l'optique (Fig. 380). C'est en établissant les perspectives d'après les véritables positions qu'un spectateur doit occuper pour embrasser la vue d'un paysage, qu'on arrive à déterminer la juste dimension des avenues, des pelouses principales, la largeur des terrasses, etc., et qu'on évite des retouches coûteuses. Sans cette étude préalable des perspectives sur le terrain, les dessinateurs, comme les architectes, sont exposés à de désagréables surprises, en exécutant des plans dans lesquels ils ont négligé de tenir compte des déclivités et des distances relatives.

Il faut employer la même méthode pour fixer la dimension des objets d'art, statues, vases, etc., qu'on veut placer auprès de l'habitation, dans les carrefours ou aux extrémités des allées.

Dans un jardin ou une fraction de jardin régulier, les eaux peuvent être

Fig. 381. — Les Jardins de Vaux-le-Vicomte, d'après Pérelle.

employées, suivant leur abondance et la forme du terrain, en canaux, en cascades, en bassins (Fig. 381, 382). Pour cet emploi, les artistes pourront toujours s'inspirer utilement des œuvres de la Renaissance italienne et de celles de Le Nôtre.

Le style régulier ne doit être employé que dans des terrains où les arbres poussent promptement et vigoureusement : il n'admet pas une végétation médiocre, et ne doit pas par conséquent être appliqué sur un sol ingrat. On se souvient encore du triste aspect qu'offrait la majeure partie du bois de Boulogne avant sa transformation.

Les allées dites *françaises* doivent être droites, ou en forme d'hémicycle : celles obliques, autrefois très usitées en Hollande et en Angleterre, sont presque toujours d'un effet disgracieux. Nous avons donné ci-dessus un exemple ancien de deux avenues latérales, plantées, venant se rallier en demi-cercle à l'avenue centrale (Fig. 377). Cette disposition, qui naturellement doit influer sur le dessin des parterres qu'elle encadre, est originale et d'un heureux effet.

Dans les jardins réguliers, ce sont principalement les allées qui attirent l'attention

Fig. 382. — Avenue et Parterres qui faisaient partie des Jardins de Saint-Germain, d'après Pérelle. (*Voyez* p. 254.)

et donnent le caractère. Dans ceux du style paysager, nous avons vu que c'était précisément le contraire.

La largeur atténue l'effet de la longueur; mais cette atténuation peut être à son tour neutralisée par l'emploi des statues, vases et autres ornements, placés aux points d'intersection.

Dans ces compositions, comme dans celles de l'autre style, il faut tenir grand compte de la nature environnante, mais la manière d'en tirer parti n'est pas la même. « Une belle vue doit motiver la création d'une percée, et influer ainsi sur la composition générale, au point d'être quelquefois le motif principal de la disposition d'un plan. »

Dans tous les cas, un beau paysage à l'extrémité d'une avenue majestueuse, sera toujours d'un effet grandiose. Il est essentiel alors que la clôture soit placée en contre-bas. Une autre disposition très heureuse est celle de plusieurs avenues convergeant à une terrasse en forme de rond-point. On en voit un remarquable exemple dans le parc de la Muette (Fig. 383 et 384). Les allées qui ne donnent pas sur la campagne, doivent aboutir à une statue ou à quelque vase monumental, se

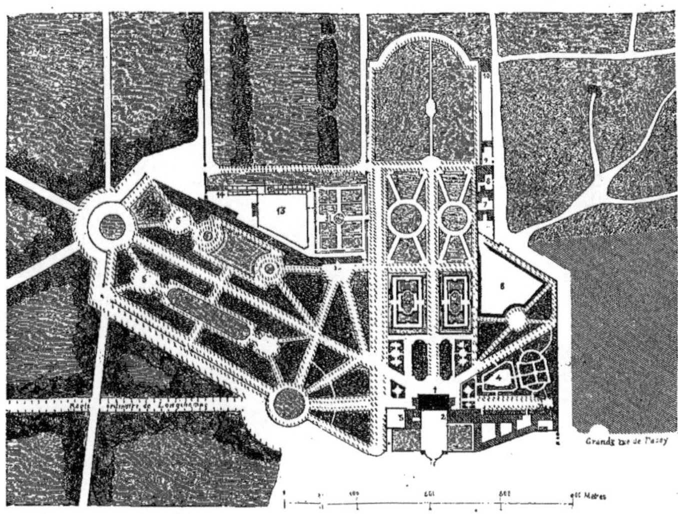

Fig. 383. — Château et Parc de la Muette, à Passy.

1. Château de la Muette. — 2. Aile menue du Château. — 3. Vieux bâtiments. — 4. Jardin de la Reine. — 5. Jardin du Roi. — 6. Orangerie d'été. — 7. Laiterie du Roi. — 8. Pompe. — 9. Logement du jardinier. — 10. Pavillon de l'Observatoire. — 11. Jardin potager. — 12. Faisanderie. — 13. Réserve de la Faisanderie. — 14. Logement de l'inspecteur des chasses. — 15. Orangerie d'hiver. — 16. Porte royale.

détachant sur un fond d'arbres ou d'arbustes taillés, ifs, buis ou charmilles.

IV. — Plantation. — La régularité des masses de feuillages est une des conditions essentielles du genre. Pour y satisfaire, on compose souvent les plantations avec des arbres de même espèce. Il en résulte une fâcheuse uniformité de coloris; et l'on connaît l'étroite parenté qui unit l'uniformité à l'ennui. Afin d'obvier à cet inconvénient, nous conseillons de ne planter que le bord des allées et des avenues en arbres de même essence, et d'introduire dans les massifs des espèces variées, de hauteur à peu près égale. Toutefois, il conviendra d'alterner régulièrement ces variantes pour conserver le caractère. Une autre modification aux anciennes méthodes semble en voie de prévaloir, non seulement dans les nouvelles plantations régulières, mais dans l'entretien des anciennes. Au lieu de tailler, comme autrefois,

Fig. 384. — Grande Avenue de la Muette, à Passy. (*Voyez* p. 256.)

les arbres des allées en palissades dans toute ou presque toute leur hauteur, on se borne à retrancher les branches inférieures qui peuvent obstruer la promenade ou gêner la vue. Il est évident, toutefois, que la hauteur de la taille demeure subordonnée aux règles de la perspective. Une avenue de grands arbres dont les cimes forment, en se rejoignant, une voûte élevée au-dessus d'une allée ou d'un cours d'eau, produit toujours un effet majestueux, qui doit être respecté et soigneusement entretenu (Fig. 384). Une des sections de la rivière de Charenton au bord de Vincennes fournit un autre exemple d'un effet de ce genre (Fig. 211). La *Calle de la Reyna* dans le parc d'Aranjuez, que Saint-Simon admirait déjà en 1722, est peut-être aujourd'hui la plus belle avenue de l'Europe. Nous donnons ici le plan et, quelques-unes des anciennes vues de détail les plus intéressantes de cette résidence (Fig. 385 à 388).

Nous reproduisons également la façade de San Ildefonso (la Granja), et le plan

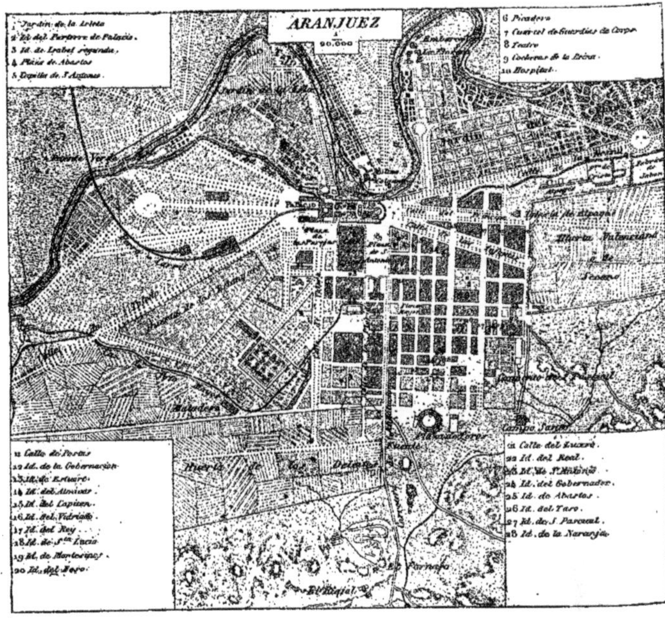

Fig. 385. — Plan du Parc d'Aranjuez, d'après GUIA de Aranjuez, par F. Nard (Madrid, 1851).

du parc, que le même Saint-Simon vit planter, dans un site dont il admirait, en quelque sorte malgré lui, la *hideuse beauté* (Voir ci-dessus, p. 91).

Le tracé de ces jardins avait été fait par Étienne Boutelou et leur décoration par le sculpteur René Carlier (Fig. 389 et 390).

Les allées de gazon, quoique bien passées de mode, sont quelquefois d'un effet agréable dans les parcs de châteaux antérieurs au XVIIIe siècle. Elles doivent être droites, avec des bordures d'arbustes et de fleurs de la même espèce, ou d'espèces régulièrement alternées, pour former une sorte d'avenue. Les allées de ce genre ne peuvent guère

Fig. 386. — La Fontaine des Dauphins dans le Parc d'Aranjuez, d'après l'ouvrage *Beschryving van Spanjen.* (Leyde, 1707.)

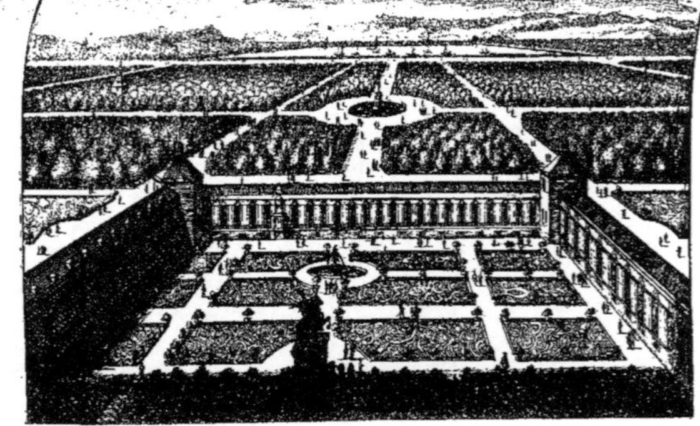

Fig. 387. — Vue du Buen Retiro dans le Parc d'Aranjuez, d'après *Beschryving van Sbanjen.* (Leyde, 1707.)

Fig. 388. — Parterres et Fontaines des Folies, dans le Parc d'Aranjuez, d'après l'ouvrage *Beschryving van Spanjen.* (Leyde, 1707.)

Fig. 389. — Façade principale du Palais royal de San Ildefonso (La Granja), d'après MM. Rafael Brenosa et J.-M. de Castellarnau.

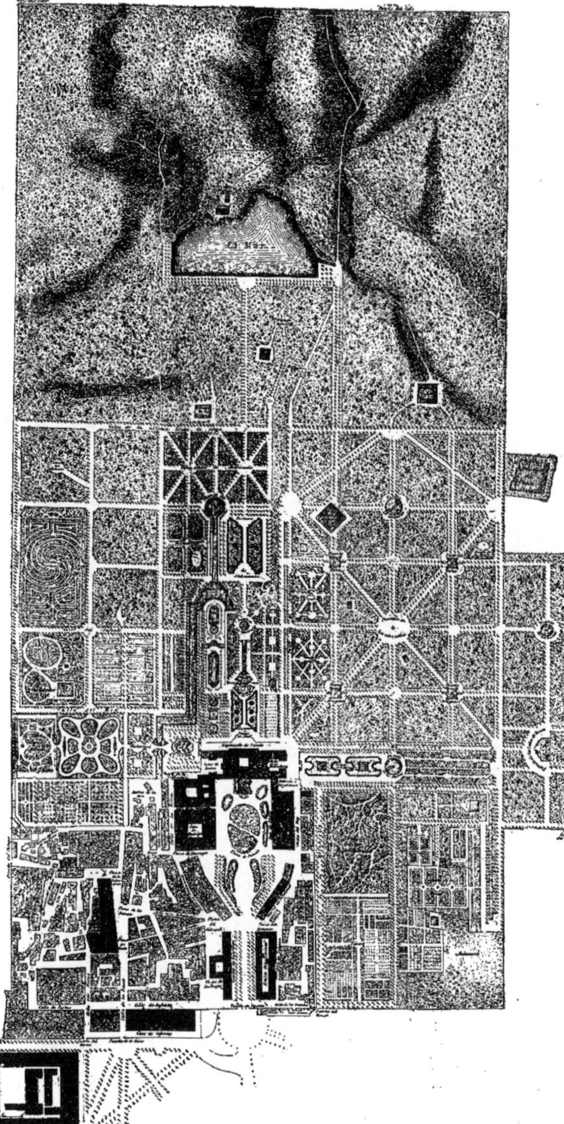

Fig. 390.

Plan du Parc royal de San Ildefonso (La Granja), dressé par MM. Rafael Brenosa et Joaquin M. de Castellarnau. (*Voyez* p. 258.)

Nous devons à la gracieuseté des Auteurs la reproduction de ce joli plan, ainsi que des Figures 389 et 400. Le tout a été publié dans leur excellent Guide illustré : « Real sitio de San Ildefonso. » Madrid, imprimerie Rivadeneyra, 1884.

Fig. 392. — Allée de Platanes. — Fontaine de Médicis au Luxembourg. (*Voyez* p. 262.)

servir à la promenade, à cause de l'humidité. Nous en avons vu cependant quelques-unes dans lesquelles on avait remédié à cet inconvénient, en remplaçant l'herbe par des pervenches.

Dans les œuvres de ce genre, on pourra aussi faire disparaître ou atténuer la monotonie, en utilisant dans les massifs et les parterres, les nombreuses ressources de l'horticulture moderne, plantes à fleurs, à feuillage, etc. Mais il faut conserver une certaine régularité dans la disposition des corbeilles et des bordures, et dans le placement des arbustes exotiques, des plantes de serre ornementales, sur les pelouses, et dans les vases des terrasses et des avenues (Figure 392). On peut tirer un excellent parti, pour cette double destination, des diverses variétés de palmiers, de cycadées, dracænas, graminées, etc., récemment introduites dans la décoration estivale des promenades publiques et des parcs.

Fig. 392. — Allée taillée dans des Orangers à la villa Carlotta (Lac de Côme).

On pourra aussi égayer l'aspect des grandes allées, en reliant les arbres par des festons de lierre et autres plantes grimpantes. Ce genre de décoration, renouvelé des Romains, avait été essayé avec succès, pendant le XVIIIe siècle, dans l'un des plus beaux jardins de Paris, celui de l'hôtel Biron, au faubourg Saint-Germain. Il en a été fait de nos jours une nouvelle application au Luxembourg, dans l'allée de platanes qui mène à la fontaine Médicis (Fig. 391).

V. — Méthodes de Raccordement. — Il ne se présente guère aujourd'hui d'occasions d'appliquer les préceptes du style régulier à la totalité d'un domaine. Les applications partielles de ce style sont au contraire des plus fréquentes. En général, *l'importance de cet emploi doit être proportionnée à celle des bâtiments.* Nous trouvons un exemple intéressant de cette harmonie de proportions dans le parc du Palais de Cristal (*Sydenham Palace,* à Londres), œuvre de Paxton, l'un des plus habiles dessinateurs anglais. Toute la partie centrale est régulière ; la forme des bassins, des cascades et de leurs encadrements, rigoureusement symétrique (Figure 393), tandis que le fond du parc et les parties latérales sont du genre irrégulier. Un simple rideau de plantations sépare les deux principaux bassins absolument pareils, et d'une régularité mathématique, d'un grand et d'un petit lac pittoresques, aux contours capricieusement évidés et contournés. La grande difficulté dans ces œuvres mixtes, c'est le raccordement, l'arrangement de la zone limitrophe, dans laquelle doivent s'harmoniser et se fondre les deux caractères. Paxton a tiré habilement parti, pour ce travail de fusion, du demi-cercle classique. La plupart des embranchements ou allées de jonction affectent cette forme au point de bifurcation, et semblent d'abord continuer le tracé régulier. Mais le changement de caractère se révèle insensiblement à mesure qu'on

Fig. 393. — Parc de Sydenham Palace, près de Londres, exécuté par Paxton.

1. Entrée principale du Palais de Cristal. — 2. Station du Chemin de fer et galerie vitrée conduisant au Palais. — 3. Bassins. — 4. Réservoir pour l'alimentation des Fontaines. — 5. Tour avec réservoir au sommet. — 6. Pavillons d'où jaillissent les eaux pour les cascades. — 7. Bassins. — 8. Lac. — 9. Grand lac. — 10. Bassins. — 11. Balançoire et chevaux de bois. — 12. Emplacement des serres chaudes et de la pépinière. — 13. Fontaines. — 14. Pompe servant à alimenter le réservoir 4. — 15. Ménagerie. — 16. Pompe servant à alimenter le réservoir 5. — 17. Puits artésien servant à l'alimentation des pièces d'eau et des fontaines jaillissantes. L'eau du puits est élevée par les pompes nos 14 et 16 dans les réservoirs nos 4 et 5. — 18. Criket-Ground. — 19. Anerley. — 20. Sydenham. — 21. Gare de High-Level. — 22. Norwood.

s'éloigne de la jonction, par les prolongements des courbes et des inflexions nouvelles, par les vallonnements et la variété de plantation. Ce travail de raccordement est opéré fort habilement (et dans un petit espace, ce qui compliquait encore la difficulté) dans le parc de Sydenham, entre le lac pittoresque, avec îles à l'extrémité sud-ouest (N° 9)

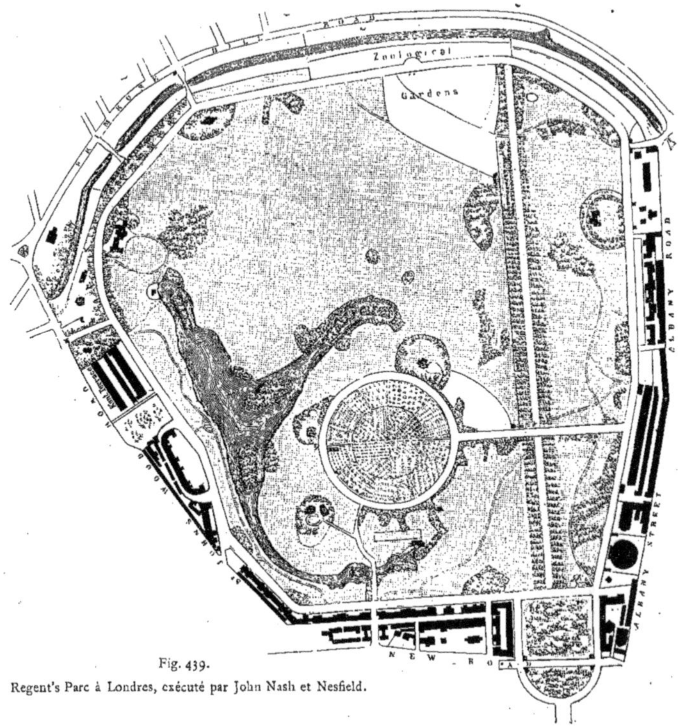

Fig. 439.
Regent's Parc à Londres, exécuté par John Nash et Nesfield.

et le grand bassin régulier placé immédiatement au-dessus de ce lac, dont il forme le réservoir supérieur.

A Regent's Park (Fig. 394), l'effet peu gracieux de cette espèce de disque formé par une allée circulaire emmanchée sur une longue avenue droite, a été assez habilement atténué dans un ensemble irrégulier par quelques bordures, et par les contours des massifs adjacents, qui rappellent la forme de l'allée, sans s'y conformer rigoureusement. Cette allée ronde formait, en 1812, l'encadrement des serres et des parterres du Jardin botanique, qui la débordent aujourd'hui. D'autres dispositions de raccordement, dignes d'attention et d'étude, nous sont fournies par le parc de Schwetzingen, un des plus anciens de l'Europe (Fig. 395), et par le jardin *Flora*

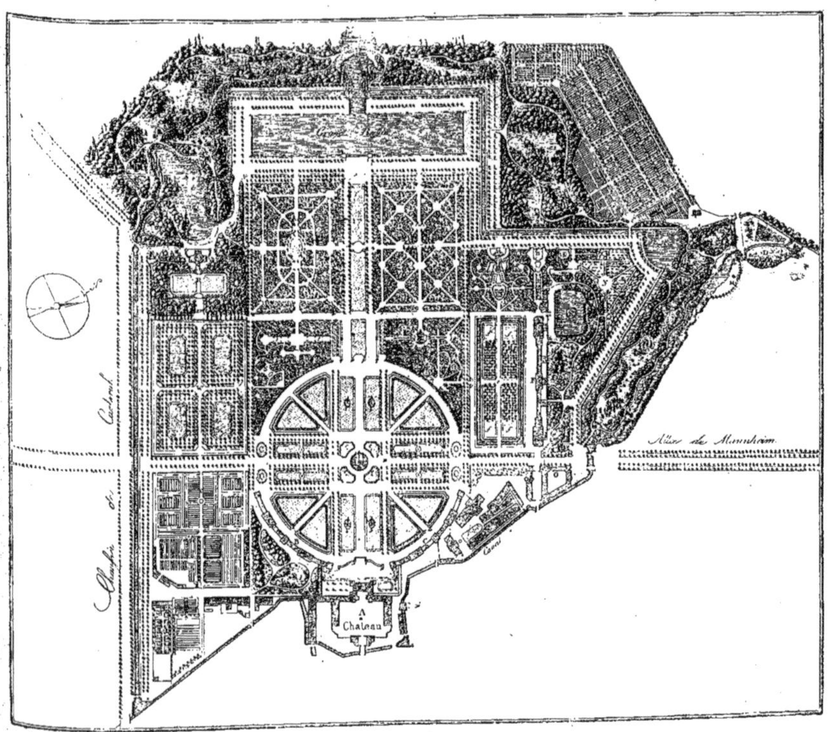

Fig. 395. — Plan du Parc de Schwetzingen, près Heidelberg, d'après Zeyher et G. Rœmer.

à Cologne, œuvre posthume du célèbre dessinateur Lenné, exécutée avec quelques modifications par un de ses élèves. Ici la fusion des deux styles offrait d'autant plus d'obstacles, que la part faite au style régulier était plus considérable (Fig. 228). C'est encore, comme on voit, par l'habile emploi des courbes dans les contours des allées d'embranchement, et aussi dans ceux de la pièce d'eau irrégulière, qu'on est arrivé à former un ensemble harmonieux des éléments les plus disparates.

VI. — Places publiques. — « Tout espace employé en plantations sur des quais, des places, des carrefours et des rues larges dans l'intérieur des villes, si cela se peut, sans nuire à la circulation, est un véritable bienfait pour le peuple (Mayer). » Cette opinion avait déjà été émise, au siècle dernier, par l'horticulteur français Morel. L'application de ce principe philanthropique a été réalisée sur une vaste échelle dans la transformation de Paris (*Voir* ci-après, chapitre v).

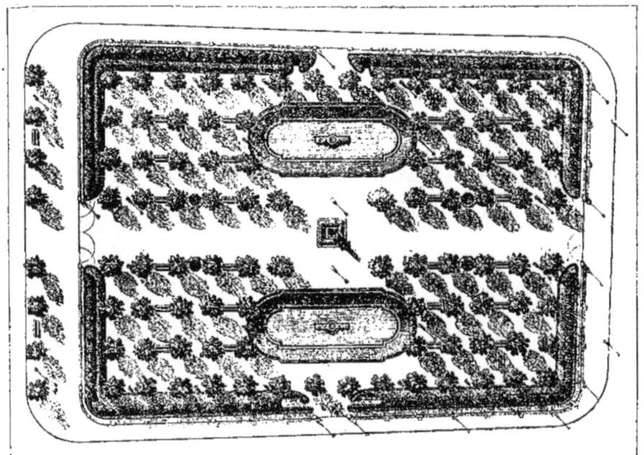

Fig. 396. — Square des Arts et Métiers.

Fig. 397. — Place de la République.

Suivant les horticulteurs les plus compétents, le style régulier est le plus convenable pour la décoration végétale des places publiques. La forme, le caractère, l'importance des plantations doivent se régler d'après ceux des édifices dans lesquels elles sont enclavées, la grandeur et la configuration de l'emplacement, les directions des rues qui viennent y aboutir (Fig. 397). « Il faut autant que possible, dit Mayer, réserver quelques endroits ombragés, avec des bancs d'où la vue puisse se porter librement sur la statue, la fontaine ou l'édicule quelconque, installés au centre. Si la place est petite, il faut se contenter d'une allée unique, et ne planter que des arbres d'une hauteur médiocre. Si elle est grande, on emploiera des arbres plus hauts. » Mayer conseille, dans ce cas, d'entourer la place entière de grands arbres, en réservant un espace suffisant devant les constructions.

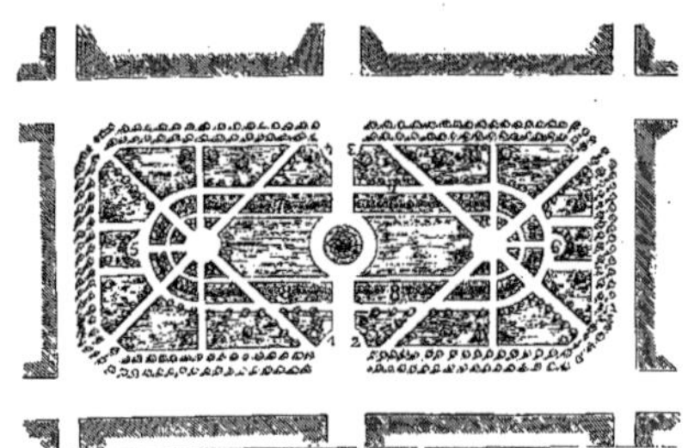

Fig. 398. — Place publique.

On cite généralement la place Royale (Paris), comme un modèle de l'application du style régulier aux places publiques. Néanmoins elle est moins belle, depuis qu'elle a perdu, sous Louis XVI, son encadrement d'arbres séculaires. Deux autres spécimens tout à fait modernes d'un travail de ce genre, sont le square planté régulièrement, qui sépare le boulevard de Sébastopol du Conservatoire des Arts et Métiers (Fig. 396), et la place de la République (Fig. 397).

Fig. 399. — Autre Place publique.

Nous reproduisons deux plans de places régulièrement décorées, qui font partie du grand ouvrage de Mayer. Le premier (Fig. 398), avec son agencement d'allées obliques, est dans le goût hollandais et anglais de la fin du XVIIe siècle.

Les n°s 1 à 6 désignent des bancs; le n° 7 une plantation d'arbustes toujours verts, alternant avec des plantes à grand feuillage; le n° 8, un cordon d'arbustes à fleurs.

Le second plan (Fig. 399), se rapproche beaucoup du style de Le Nôtre. L'artiste a fort habilement dissimulé la forme irrégulière de la place.

F. est une fontaine monumentale, placée au centre. Les n°s 1 à 8 indiquent les endroits convenables pour placer des bancs. La décoration du pourtour est formée d'arbustes à basse tige. En principe, tout espace réservé dans une place publique à des plantations régulières ou non, a droit au titre de square. Mais comme c'est en Angleterre que s'est d'abord établi le plus généralement l'usage de décorer les places de plantations irrégulières, le mot square, aujourd'hui naturalisé dans notre langue, correspond plus particulièrement à l'idée d'une plantation qui, bien qu'entourée d'édifices, est conçue dans le style paysager, avec vallonnements, allées sinueuses, corbeilles d'arbustes, de plantes à feuillage et de fleurs, disposées capricieusement.

Fig. 400. — Vase d'un des Parterres de San Ildefonso (La Granja).

CHAPITRE III

JARDINS DE VILLES ET D'INSTITUTEURS

ES préceptes qui suivent concernent spécialement les jardins particuliers de l'*intérieur des villes,* dont la composition présente d'habitude trois sortes de difficultés : irrégularité de forme, surface trop unie, espace étroitement limité.

Parmi les artistes modernes qui ont le mieux réussi dans ce genre, on doit citer Lenné, Mayer, Barillet-Deschamps, Siebeck, Kemp, Neumann de Dresde. Nous empruntons à un ouvrage spécial de ce dernier sur les jardins de villes, deux plans, dans lesque[illegible] trois difficultés indiquées ci-dessus sont habilement surmontées (Fig. 403, 4[illegible]

Dans le premier, le terrain d'opération forme un quadrilatère imparfait, dont la plus grande longueur, du côté de l'ouest, est d'environ trente mètres. L'entrée n'est ni directement en face de la maison, ni au milieu du mur donnant sur la rue. La maison elle-même est placée d'une manière des plus fantaisistes ; sa façade principale (n° 2) est parallèle, et non perpendiculaire à la rue. Sur un tel emplacement, on ne pouvait faire qu'un jardin irrégulier.

Un massif d'arbustes à fleurs (n° 1) s'étend vis-à-vis de la façade de l'habitation, perpendiculairement à la rue : des arbres fruitiers à haute et à basse tige (n° 3) sont jetés en avant du mur nord-ouest, garni d'espaliers. Du côté de la rue, il y a deux tonnelles couvertes de plantes grimpantes, mais leur situation et leur forme n'ont rien de symétrique. L'une touche au mur de clôture et donne sur la rue ; l'autre, au contraire, a vue sur le jardin.

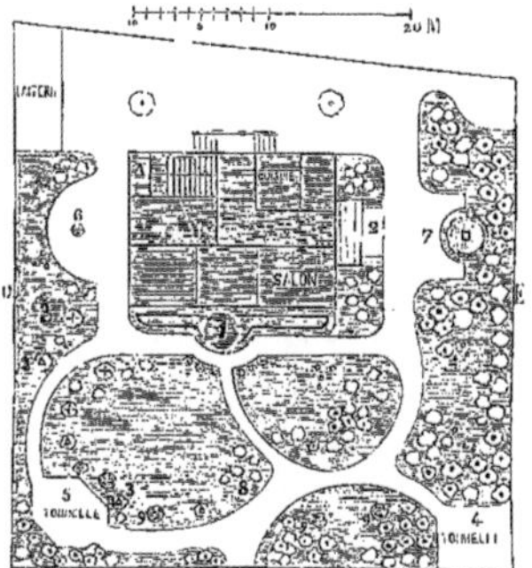

Arbres fruitiers à haute tige.
Arbres d'ornement à haute tige.
Buissons élevés.
Arbustes à basse tige.
Petits buissons.
Arbres fruitiers nains.
Haies.

Fig. 403. — Jardin de Ville, par Neumann.

Ce jardin possède un puits (n° 6) et une petite source (n° 7), dont l'émission se fait au moyen d'un mascaron. En arrière de cette source, garnie de fleurs ou de plantes à feuillage, la muraille du côté de l'est est dissimulée par un massif épais d'arbres et d'arbustes toujours verts, choisis parmi les variétés du feuillage le plus dense (ifs, genévriers, cyprès, thuyas, cèdres de Virginie). Cette plantation borde l'allée qui conduit de la porte de la rue à l'entrée principale de la maison, et enveloppe le pavillon de verdure ou tonnelle (n° 4) donnant sur la rue. Sur l'autre rebord de cette allée règne une pelouse ornée d'arbustes, de massifs de fleurs et d'arbres fruitiers à basse tige (n° 3), qui se relient à ceux placés en avant du mur ouest.

L'autre plan (Fig. 404) est un spécimen heureux de la manière de tirer parti d'une situation assez fréquente dans les villes : celle d'une habitation avec jardin, à l'extrémité d'un angle formé par la jonction de deux rues, et aboutissant soit à une place, soit à une grande rue transversale.

Ce plan offre une fusion habile du style régulier, employé dans la partie supérieure autour de l'habitation et dans la section finale B ; et du style irrégulier dans la partie intermédiaire A, fermée par des grillages et disposée pour être vue du dehors.

On pénètre dans la propriété par les deux rues qui la bordent, et ces entrées se font face symétriquement des deux côtés de l'habitation. Le centre de la partie A est garni exclusivement d'arbustes à basse tige et d'arbres fruitiers nains, pour ne pas intercepter la vue de la maison sur l'extrémité plantée de la partie B. Les n°s 1 et 2 désignent des berceaux couverts couronnant des éminences placées en regard sur les deux rues latérales.

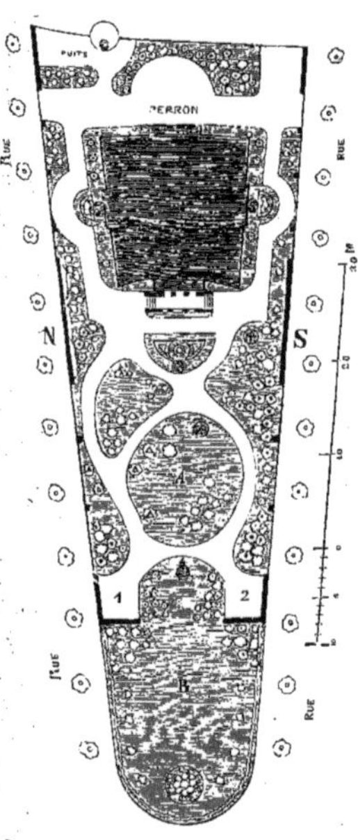

Fig. 404. — Jardin de Ville, par Neumann.

L'emplacement de ce jardin a quinze mètres à peine dans sa plus grande largeur, sur une longueur de plus de cent mètres. Mais les dispositions indiquées seraient également applicables, peut-être même avec plus d'avantage, si l'écartement des deux rues était plus considérable.

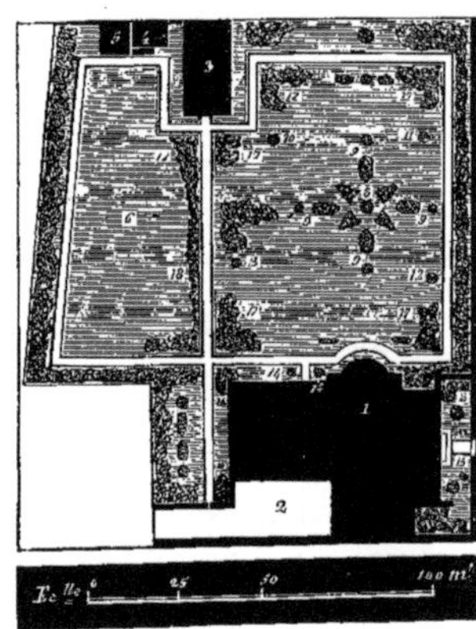

Fig. 405. — Jardin de Ville, par Kemp.

Voici encore un jardin de ville, dessiné par Kemp, d'une distribution assez élégante (Figure 405).

Le n° 1 est la maison, avec entrée principale du côté de l'est, et porte du jardin au nord. N°s 2, cour; 3, 4, 5, serres et dépendances; 6, potager. Le n° 8, qui fait point de vue de l'habitation, indique un grand vase de fleurs monté sur piédestal, et entouré de massifs de fleurs cultivées. Aux quatre angles de ce décor (n° 9), Kemp emploie, suivant sa trop constante habitude, le *Cotoneaster microphylla,* arbuste qui ne nous paraît convenable que dans les rocailles. Ce jardin se compose presque exclusivement d'arbres et d'arbustes à feuilles persistantes : houx panachés et autres, disséminés sur la pelouse (n°s 10, 11, 12); ifs pyramidaux (n° 14); massifs de houx ordinaire, aux coins de l'habitation (n° 16); longue bordure *id.,* séparant le potager du jardin d'agrément (nº 18). L'entrée principale de la maison est ornée de *Yuccas* (nº 15). Enfin, les massifs figurés sous le nº 17 dans tous les angles du jardin, se composent d'arbres et d'arbustes verts, principalement de rhododendrons. Toutefois, l'atmosphère des grandes villes est nuisible pour ces derniers arbustes : les jardiniers des promenades de Paris en savent quelque chose!

Fig. 406 — Cascades au Jardin de l'Élysée.

De ces exemples, auxquels nous pourrions en joindre beaucoup d'autres, on peut conclure que le style régulier sera souvent employé avec succès dans l'intérieur des villes; que cependant l'application du genre mixte, ou même franchement irrégulier, peut être autorisée ou même imposée par la configuration du terrain ou par la situation de la maison. Ces inconvénients de forme ne sont jamais si graves, qu'un homme de goût ne puisse les corriger ou en tirer parti, de même qu'il saura donner de l'agrément à un petit espace par la variété des massifs d'arbres fruitiers, d'arbustes, de fleurs, de plantes grimpantes et à feuillage.

Nous reproduisons ici (Fig. 406) un des plus gracieux spécimens connus de cascatelles pour jardins de ville, celle du jardin de l'Élysée. Les jardins de ville réclament un grand usage d'arbustes, et, quand l'espace le permet, d'arbres à feuilles persistantes, parce qu'on jouit surtout de ces jardins l'hiver, et que ce genre de végétation est celui qui dissimule le mieux les clôtures.

« Ces arbres, dit M. E. de Goncourt, vous jouent un jardin d'été par un coup de soleil d'hiver. Avec les recherches et les progrès actuels de l'horticulture, il y a à faire un *jardin de peintre;* à se mettre en grand, sous les yeux, une palette de verts, allant des verts noirs aux verts tendres, en passant par les verts bleuâtres des genévriers, les verts mordorés des cryptomérias, et par toutes les panachures variées des houx, des fusains, des aucubas, qui font l'illusion de fleurs. »

II. — Il y a longtemps déjà que le comte de Lorgues, écrivain distingué et vraiment philanthrope, a émis le vœu « qu'il fût accordé à l'instituteur un jardin; lequel, convenablement organisé, pouvait devenir un auxiliaire sérieux d'éducation ». Il faudrait, pour cela, qu'au moyen de distributions gratuites de graines et de plantes, ce jardin pût lui fournir le sujet de quelques leçons élémentaires de botanique et d'horticulture; lui permettre de montrer sur place le mode de croissance et les procédés de culture des plantes potagères ou d'agrément; de faire connaître les meilleures espèces, les variétés nouvelles dignes d'être acclimatées. Bien des fleurs diverses, échelonnées suivant les saisons, peuvent trouver place dans un espace assez restreint. En substituant cette étude attrayante à quelques instants de la récréation, l'instituteur pourrait, dans le cours d'une année scolaire, faire connaître à ses élèves la flore de leur pays, depuis les crocus et les primevères, jusqu'aux chrysanthèmes et aux roses de Noël; leur donner quelques notions de la taille des arbres, des greffes, des boutures. On arriverait ainsi à développer, à utiliser l'amour du jardinage, l'un des plus heureux instincts de l'enfance, et l'un de ceux qu'on néglige le plus dans l'éducation.

Fig. 408. — Stoneleigh Abbey, appartenant à Lord Leigh.

CHAPITRE IV

CRÉATIONS MODERNES

IL nous reste à signaler quelques-unes des plus intéressantes applications des préceptes de l'art, faites récemment, soit dans les parcs et jardins particuliers, soit dans les jardins publics. (Promenades et squares.)

I. — **Parcs anglais.** — En Angleterre, les parcs de l'aristocratie ont été transformés, mais non amoindris, dans le courant du siècle dernier. Hampton-Court, Chiswick, Chatsworth (Fig. 111), Stoneleigh Abbey (Fig. 408), Eaton Hall (Fig. 410), et bien d'autres, n'étaient pas moins célèbres autrefois comme jardins réguliers.

Dans le préambule de l'*Homme qui rit,* Victor Hugo a évoqué les « colossales architectures vertes » du temps de la reine Anne; — Staunton Harold (Leicestershire), « dont le parc géométral en verdure taillée, avait la forme d'un temple avec fronton »; — New-Park (Surrey), « magnifique par son gazon circulaire entouré d'arbres, et ses forêts à l'extrémité desquelles il y avait une montagne artistement arrondie, surmontée d'un grand chêne qu'on voyait de loin »..., puis encore trois

Fig. 410. — Eaton Hall, appartenant au Duc de Westminster.

immenses domaines dont il a déjà été question dans la première partie de notre travail; Badminton (Fig. 124); « placé au centre d'une étoile d'où rayonnaient une foule d'avenues »; Wilton, au comte de Pembroke (Fig. 104), et le plus remarquable de tous peut-être; Stansted, au comte de Scarborough, lord-lieutenant de Durham; Stansted « avec sa double châtellenie, l'une gothique, l'autre moderne ». L'intrusion du style régulier sur un tel emplacement, en dépit des accidents multipliés du terrain, du cours des eaux et de l'irrégularité des bâtiments, est un exemple bien remarquable de la ténacité anglo-saxonne (Fig. 109).

Les propriétés transformées ou créées depuis l'avènement du genre irrégulier, nous offrent des tours de force non moins surprenants, mais d'un genre opposé. Au lieu de supprimer ou d'atténuer les mouvements de terrains, les escarpements, on en

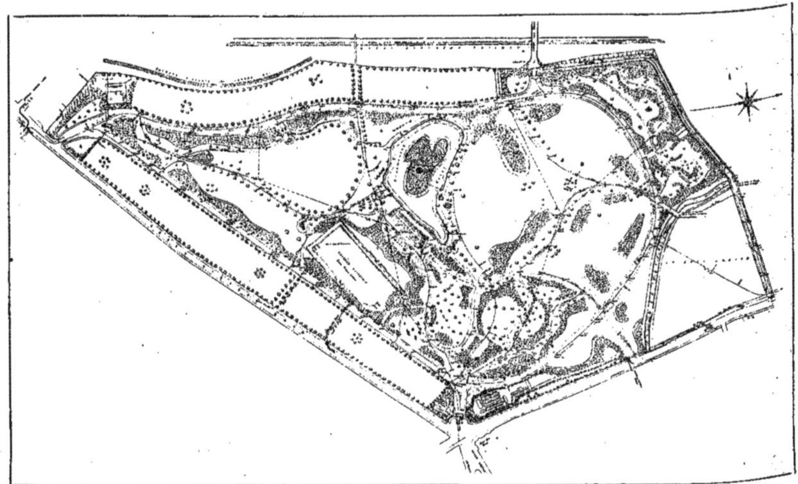

Fig. 411. — Finsbury Park, à Londres. D'après un Plan du Board of Works de la Ville de Londres.

invente! Les collines artificielles, les rocailles, y sont employées dans de vastes pro-

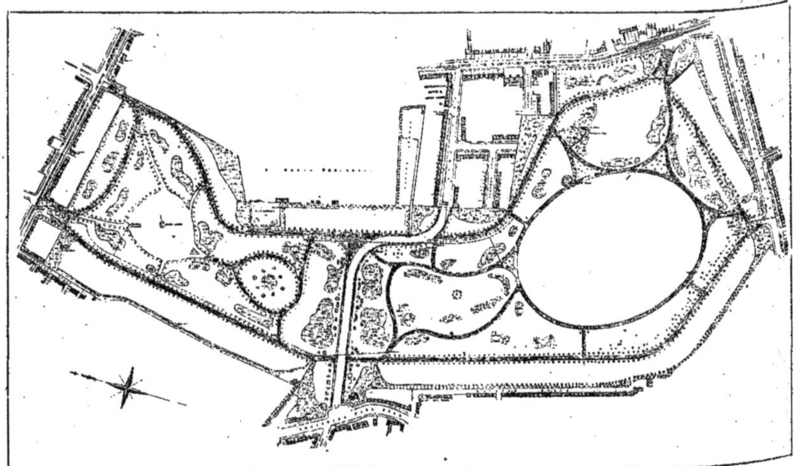

Fig. 412. — Southwark Park, à Londres. D'après un Plan du Board of Works de la Ville de Londres.

portions. Les premiers novateurs prétendaient imiter les scènes naturelles les plus grandioses et les plus terribles. Leurs successeurs, plus positifs, ont utilisé les rocailles pour la culture des plantes alpines et des fougères. On cite celles de Regent's Park, de Blenheim (Fig. 200), de Chatsworth. Cette dernière passe pour la plus vaste qui existe : c'est un des chefs-d'œuvre de Paxton. On voit aussi, dans un grand parc près de Chester, un plan en relief du Mont-Blanc et de ses alentours, où les points culminants ont près de onze mètres de hauteur.

Il n'y a rien de comparable dans d'autres pays à ces grandes rocailles. Chez nous, elles seraient hors de proportion avec l'étendue ordinaire des jardins paysagers.

Parmi les plus beaux parcs modernes de Londres, on cite Finsbury Park (Fig. 411), Southwark Park (Fig. 412), Victoria Park (Fig. 413), et celui de Birkenhead (Fig. 301), près de Liverpool, exécuté par Kemp, d'après un dessin de Paxton. Presque tout mérite des éloges dans cette composition : l'allée de ceinture, d'un dessin élégant et hardi, les vallonnements, les plantations, réparties avec la sobriété convenable dans un pays humide, les contours gracieux des deux pièces d'eau, qui toutefois se ressemblent un peu trop.

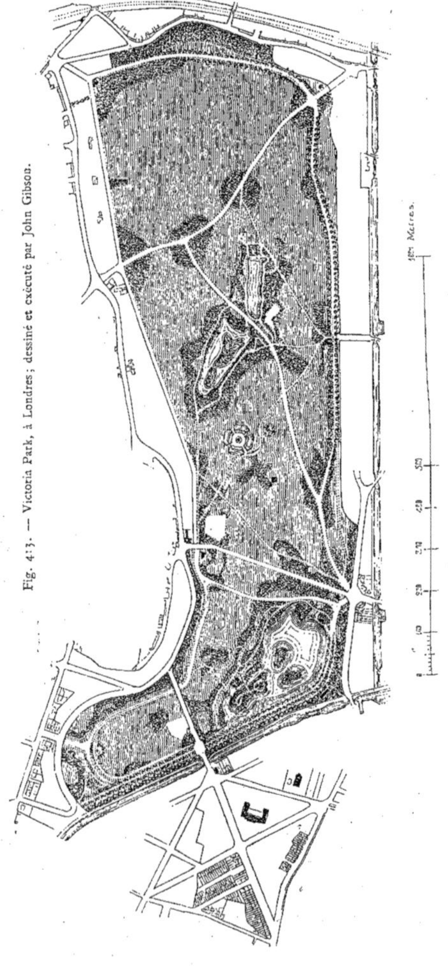
Fig. 413. — Victoria Park, à Londres ; dessiné et exécuté par John Gibson.

II. — Parcs allemands. — L'Allemagne a produit aussi, depuis un siècle, plusieurs dessinateurs de mérite, notamment Skell, le prince Pückler-Muskau, Lenné, Siebeck et Mayer, auteur d'un grand et bel ouvrage sur les jardins.

Nous avons déjà parlé de Skell, l'un des premiers promoteurs du style mixte. Cependant le jardin anglais qu'il a dessiné à Munich (Fig. 414, voir page 284), et qui passe pour un de ses meilleurs ouvrages, est absolument irrégulier et ne pouvait être autre chose dans un pareil emplacement. Il occupe une sorte de delta formé

Fig. 415. — Vue du Château et du Parc de Muskau.

par l'Isar, beaucoup plus long que large. C'est ce qui explique la multiplicité des allées longitudinales et leur parallélisme, habilement dissimulé par les plantations. Cette œuvre peut encore être utile aujourd'hui aux dessinateurs qui auraient à travailler dans des conditions analogues.

Le prince Pückler-Muskau est l'un des grands maîtres de l'art des jardins. Son parc de Muskau, en Silésie (Fig. 415 et 416), qui comprend, outre le château (Fig. 415) et ses dépendances, deux villages, une exploitation minière, etc., est un modèle achevé de la transformation d'un vaste domaine tout entier en jardin paysager. Pour faciliter aux artistes l'étude de cette œuvre, le prince a fait reproduire sur une grande échelle, dans des planches d'une exécution très soignée, non seulement l'aspect définitif des sites principaux et de l'ensemble, mais la situation primitive, les travaux préparatoires, les diverses combinaisons essayées, puis écartées comme défectueuses, etc. Cet atlas peut être utilement consulté, non seulement par les dessinateurs de profession, mais par les propriétaires amateurs. Après avoir, sur une étendue de sept à huit myriamètres carrés, détourné des cours d'eau, défriché de vastes landes; transplanté des futaies et des villages entiers, le prince Pückler-Muskau, quoique déjà avancé en âge, se méfiait de son besoin incessant d'activité. Il craignait de se laisser entraîner, comme Titien dans sa vieillesse, à gâter son travail par des retouches incessantes. Il avait donc vendu son domaine et en avait racheté un autre en Silésie, qu'il s'occupait à transformer. C'est là qu'est mort sur la brèche, en quelque sorte, ce créateur infatigable!

Le directeur des parcs royaux à Potsdam, M. Jühlke, a rendu compte, dans une brochure publiée il y a quelques années, d'une exploration des plus beaux parcs de l'Allemagne. Sa relation contient des détails intéressants sur ces grandes propriétés, dont plusieurs avaient été créées ou remaniées par Lenné et Mayer. On considère en général comme leur chef-d'œuvre le petit parc de *Monbijou*, près de Berlin, où le caractère de la plantation, mélancolique sans monotonie, s'harmonise à merveille avec le tombeau d'une princesse morte à la fleur de l'âge. On peut citer encore parmi les parcs modernes de la Prusse, le Friedrichshain, le Thiergarten, Charlottenburg (Berlin); Babelsberg, près Potsdam, l'île des Paons, Glienicke (Potsdam), décorés de fabriques et de ruines d'un goût douteux, mais remarquables par la plantation. C'était surtout dans cette partie que Lenné excellait.

Depuis Frédéric le Grand, les jardins de Potsdam (Fig. 133) ont grandi, comme la fortune de la monarchie prussienne! Leur enceinte, plusieurs fois augmentée, contient aujourd'hui, comme Versailles, plusieurs châteaux et jardins, et une véritable cohue de fabriques de tous les styles : obélisque égyptien, sphinx gigantesques, bain romain, maison japonaise, mosquée, villa italienne; quelques bonnes statues, davantage de médiocres, et encore plus de mauvaises; un *Mausoleum* ou cénotaphe dédié à l'Amitié, et qui n'est qu'un pastiche médiocre de la rotonde du parc de Monceaux.

Ce qu'il y a de mieux dans tout cela, c'est le moulin historique, présentement annexé au parc, non par Frédéric lui-même, mais par son successeur, qui l'acquit à l'amiable du même meunier, devenu plus accommodant par suite de mauvaises affaires.

Le parc de Herrenhausen (Hanovre), ceux de Dresde et d'Albrechtsberg (Saxe), de Sagan (Fig. 149), méritent l'attention des touristes. Mais celui d'*Eisgrub*, au

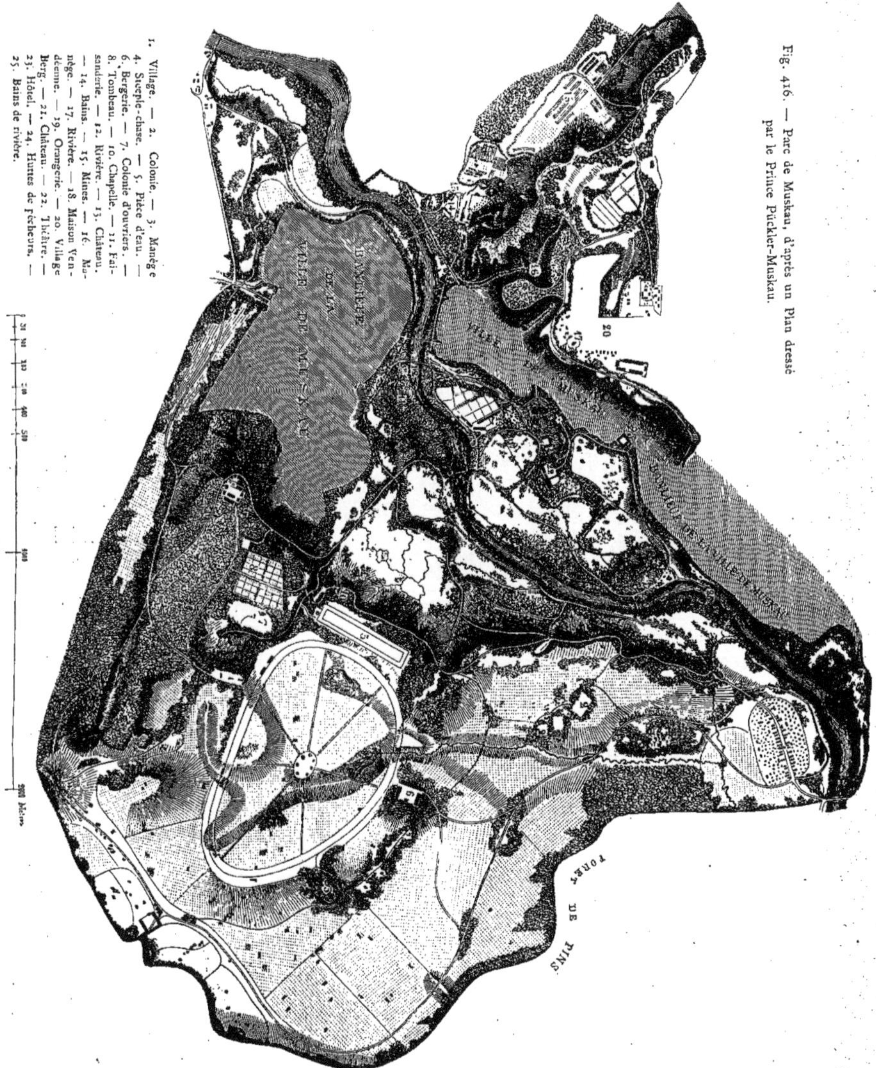

Fig. 416. — Parc de Muskau, d'après un Plan dressé par le Prince Pückler-Muskau.

1. Village. — 2. Colonie. — 3. Manège. — 4. Steeple-chase. — 5. Pièce d'eau. — 6. Bergerie. — 7. Colonie d'ouvriers. — 8. Tombeau. — 10. Chapelle. — 11. Faisanderie. — 12. Rivière. — 13. Château. — 14. Bains. — 15. Mines. — 16. Manège. — 17. Rivière. — 18. Maison Vendéenne. — 19. Orangerie. — 20. Village Berg. — 21. Château. — 22. Théâtre. — 23. Hôtel. — 24. Huttes de pêcheurs. — 25. Bains de rivière.

prince de Lichtenstein, situé sur les frontières de l'Autriche et de la Moravie, doit les arrêter encore plus longtemps. La plus grande partie des terres de ce domaine forme, au confluent de deux rivières, un delta qui se compose de dix îles et de six îlots, reliés aux deux rives et entre eux par cent cinquante ponts de diverses formes. La décoration de ces îles a été remaniée de fond en comble; l'une d'elles, notamment, toute couverte de rosiers, produit un charmant effet. Toutefois l'artiste moderne a dû respecter les anciens édicules mythologiques et autres, consacrés à Diane, à *saint Hubert*, à Apollon, et le pavillon chinois de rigueur. Celui-là du moins est particulièrement intéressant pour nous autres Français, car on y a réuni

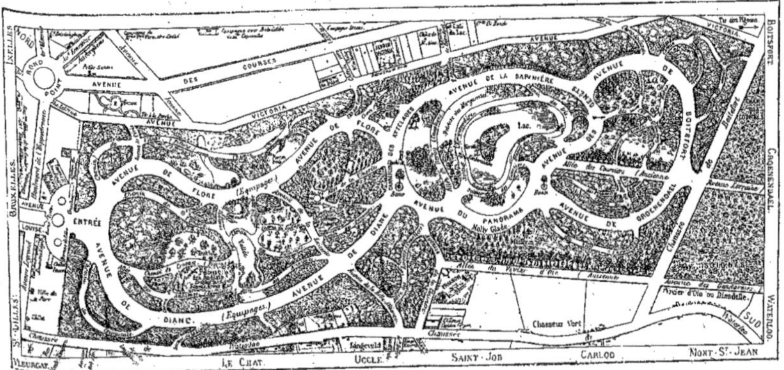

Fig. 417. — Le Bois de La Cambre, à Bruxelles; reproduction d'après le Plan en couleur, publié par la Maison Kiessling, à Bruxelles.

des tapis et des porcelaines provenant de l'ancien Versailles. De ce pavillon, grâce à la position exceptionnelle du domaine, on jouit de quatre panoramas distincts sur autant de provinces : la Moravie, le Tyrol, l'Autriche et la Bohême.

Nous signalerons encore le parc de Jurjavès, près d'Agram (Croatie), dont les plans détaillés ont été publiés il y a quelques années. Une inscription constate que les travaux de ce parc, dont la conception première remonte à 1787, ont été poursuivis avec une honorable persistance, et ont fait vivre, pendant une longue suite d'années, de nombreux travailleurs.

Nous avons déjà cité les parcs autrichiens de Lundenburg et de Laxenburg. Le premier est situé entre Vienne et Brunn, dans la vallée de la Thuya. On y trouve d'admirables spécimens d'arbres et de plantes de tous les pays, même les plus chauds;

et aussi, par malheur, des bâtisses dont l'importance fait encore mieux ressortir le mauvais goût; par exemple, un gigantesque minaret turc dont l'escalier n'a pas moins de 302 marches, et qui a coûté un million de florins. Quant à Laxenburg (Fig. 134), aujourd'hui relié à Vienne par un embranchement spécial; c'est un ancien parc régulier, remanié dans le genre pittoresque, comme le parc anglais de Kew. Dans tous les deux on a judicieusement respecté plusieurs sections d'avenues et de plantations en quinconces, à cause de la beauté des arbres. Laxenburg est arrosé par le Schwechat Bach, cours d'eau assez considérable. Il y forme une charmante cascade naturelle, et deux lacs, dont le plus grand contient plusieurs îles importantes. Quelques-unes des *Fabriques* de ce parc offrent un véritable intérêt, parce que tout n'y est pas factice. Par exemple, la *Rittersæule,* colonne érigée en l'honneur d'un soi-disant chevalier, est un beau spécimen original du style gothique allemand du XIIIe siècle. Le tombeau du chevalier est moderne, mais orné de véritables vitraux du XVe siècle, et de tableaux de la même époque. La *Franzensburg,* forteresse pseudo-gothique, dans une des îles du grand lac, est un musée de véritables antiquités du moyen âge, etc. (1).

La Belgique aussi renferme bien des parcs dignes de l'attention des touristes. D'abord ceux du roi : Tervueren, Ciergnon et d'Ardennes, et surtout Laeken, avec ses superbes serres; ensuite les parcs des Amervies et de Rieth, au comte de Flandre; celui de Panson, à M. de Sélys-Longchamps; ceux d'Héverlé et d'Enghien, appartenant à la famille d'Aremberg; le parc communal d'Anvers; le parc de Belœil, au prince de Ligne; celui de Chimay, au prince de Chimay.

Le Bois de la Cambre (Fig. 417), près Bruxelles, fait partie de la forêt de Soignes. Cette forêt, qui appartenait à l'État, fut mise à la disposition de la Ville, à charge par celle-ci de la convertir en promenade publique. Cette heureuse transformation, opérée par M. Keilig, a été terminée en 1862; le prix des travaux s'est élevé à 5,086,859 fr. 35 c. Le parc a 124 hectares de superficie.

Parmi les plus grands parcs d'outre-mer, l'un des plus considérables et des mieux disposés est le Central Parc à New-York (Fig. 418, voir page 284).

(1) On y voit notamment une chapelle, bijou d'architecture gothique, apportée, comme la colonne, de l'antique abbaye de Klosterneuburg. En franchissant le seuil, on met en mouvement un geôlier-mannequin qui agite violemment un trousseau de clefs. Cette surprise, d'un goût équivoque, est pourtant moins désagréable que celle qui existait encore en 1805, dans un autre parc autrichien. En entrant dans un cachot qui faisait partie d'un donjon factice, le visiteur marchait sur un ressort qui faisait lever et arriver sur lui un squelette... Cette agréable mécanique fut brisée par des soldats français.

Nous croyons utile de reproduire plus en détail, comme sujets d'étude, des spécimens de travaux de deux des plus habiles dessinateurs allemands contemporains, MM. Mayer et Siebeck.

La figure ci-jointe, empruntée à l'ouvrage de Mayer (Fig. 419), est le plan d'un jardin paysager dans un faubourg de grande ville. Le soin qu'on a pris d'intercepter de toutes parts la vue de l'extérieur par des rideaux de plantations, montre bien que c'était là une de ces situations difficiles, semblables à celles du square des Batignolles; — dans lesquelles l'artiste, ne pouvant rien emprunter d'agréable à l'aspect de dehors, est forcé de se suffire à lui-même.

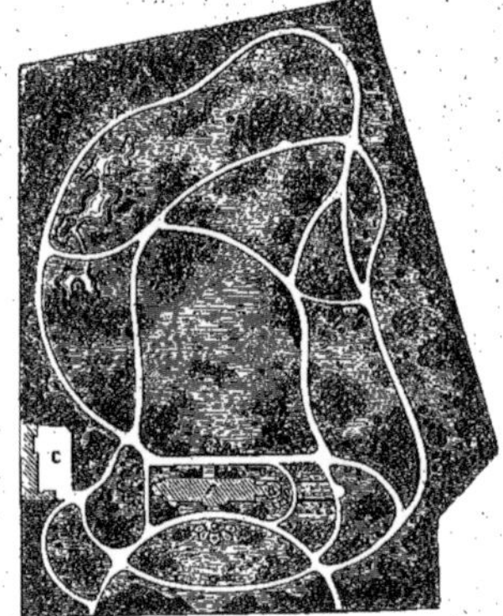

Fig. 419. — Jardin paysager.

L'habitation (A) est perpendiculaire à la rue, et communique avec elle au moyen d'une allée formant un hémicycle régulier, dont les extrémités aboutissent à deux entrées reliées par une grille. Le centre de cette grille est le seul point où la maison ait vue sur le dehors. Partout ailleurs les clôtures sont dissimulées par des massifs continus, où dominent les arbres et arbustes à feuilles persistantes. Deux embranchements, ouverts à gauche sur l'allée d'arrivée, facilitent l'accès des communs (C), séparés de l'habitation par un massif assez épais pour les dissimuler en tout temps. On remarquera aussi l'habile combinaison des allées qui mettent les communs en communication avec les deux côtés de la maison, et facilitent la circulation des voitures. Ces dispositions sont bien conformes aux principes que nous avons précédemment exposés.

La serre (B) tient à l'habitation, et cet ensemble est encadré dans des parterres réguliers, mais non pareils entre eux. Le reste de cette composition appartient franchement au style irrégulier. Nous recommandons, comme modèle, l'agencement de la pièce d'eau, côtoyée par l'allée de ceinture, et que les artifices de contours font paraître de toutes parts bien plus grande qu'elle n'est. Elle appartient à la catégorie des eaux dormantes, celles dont l'arrangement pittoresque présente le plus de difficulté. Aussi l'artiste n'en a enveloppé que

la source dans un massif. En aval, il a espacé largement sur les rives des groupes d'arbust
de l'air. Il faut louer encore le tracé de l'allée de ceinture, circulant à gauche le long du

suffisamment pour laisser lées de gazon, parsemées de bustes. Nous regrettons que de M. Siebeck, donné le détail mant jardin paysager. Les trajardins publics de Vienne, gues et notamment en frantribué, dans ces dernières et l'art des jardins. Personne tré, par des exemples, qu'il dépense, d'obtenir d'excelpace restreint, et en sachant vue sur le dehors, quand

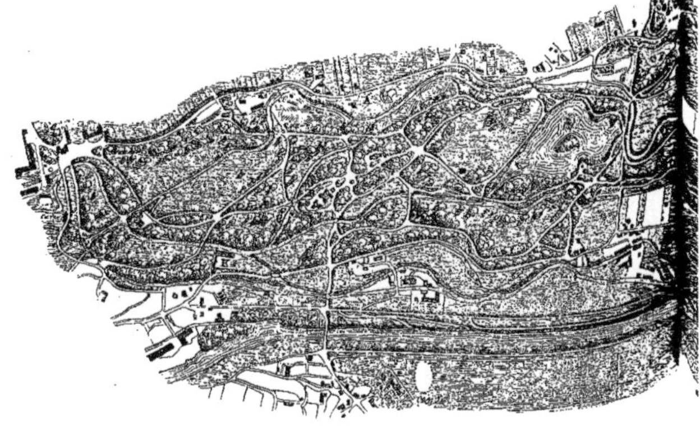

d'agréable. Les plans de Siebeck sont parfaitement appropriés à cette nouvelle phase du jardinage

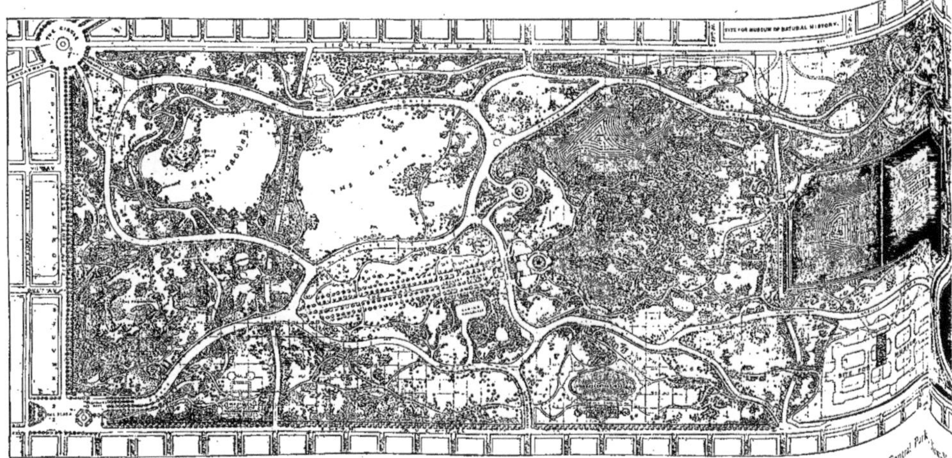

Fig. 418. — Le Central Park, New-Yor

ceux qui s'enferment dans quelques hectares de terrain; mais l'art triomphe de bien des obstacle
explications et les légendes, quatre de ces plans (Fig. 420 à 423), dans lesquels les circonstances

d'arbus des arbres isolés, pour laisser un libre jeu aux accidents de la lumière et au bon effet
long du continu de clôture, pareil à la lisière d'une forêt, tandis qu'à droite elle s'en écarte

dans l'intervalle des cou-
groupes d'arbres et d'ar-
l'auteur n'ait pas, à l'exemple
de la plantation de ce char-
vaux de l'habile directeur des
traduits dans plusieurs lan-
çais, ont singulièrement con-
années, à populariser le goût
n'avait encore mieux démon-
était possible, sans grande
lents résultats dans un es-
au besoin se passer de toute
les alentours n'offrent rien

Fig. 414. — Jardin anglais à Munich, dessiné par Louis Skell (*V.* p. 278).

A. Jardin zoologique. — B. Tour chinoise. — D. Tivoli. — E. Bains de Diane. — E. Monument de Rumford.

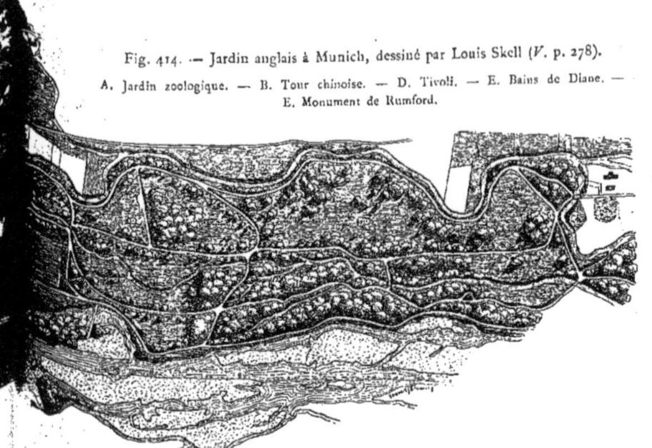

jardinage ...resque, celle des petits parcs. « Ce sont en effet, dit M. Naudin, de bien modestes paysages que

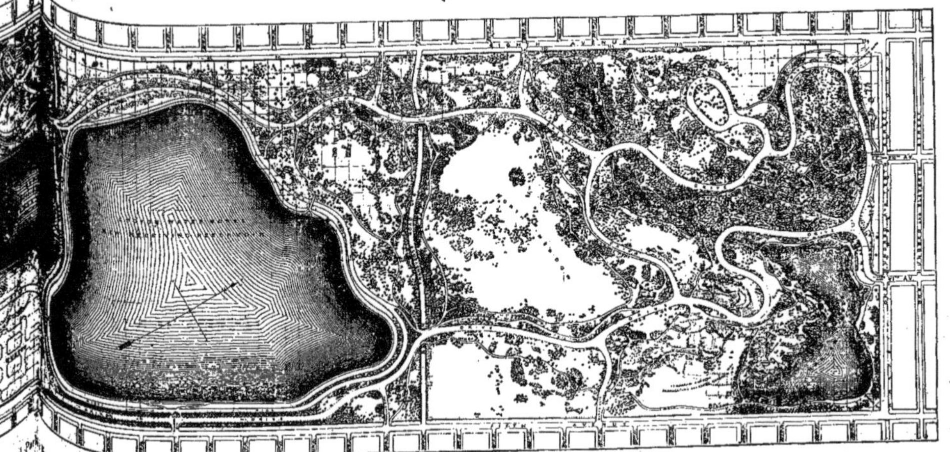

...e Central Park ... New-York (*Voyez* p. 282).

; obstacle et jusque dans ce cadre étroit il parvient à réaliser des merveilles. Nous reproduisons, avec les
tances les plus difficiles semblent accumulées à plaisir, pour l'instruction des amateurs de l'art des jardins.

FIGURE 420. — PLAN DESSINÉ PAR SIEBECK, JARDINIER EN CHEF DE LA VILLE DE VIENNE.

On a, dans ce plan, combiné le double caractère du riant et du grandiose, selon des proportions répondant à l'étendue du site ; mais on les a combinés de telle façon, que, non seulement l'un paraît être une des qualités de l'autre, mais que là même où chacun d'eux devrait être accentué à part, le passage nécessaire de l'un à l'autre ne forme qu'une insaisissable transition. C'est ce qui a lieu, par exemple, pour l'entrée, où le riant est subordonné au grandiose, et pour la perspective principale, où le riant prédomine, tandis que le grandiose n'est guère mis en relief que par les fleurs et les massifs.

Du dehors on peut, au travers des sveltes colonnades, avoir vue sur l'entrée imposante, à laquelle sert de fond la façade de la maison. Des deux côtés des bâtiments, situés sur les flancs, on a le coup d'œil des parties latérales du jardin ménagées avec diversité.

a. Indique l'habitation, dont les proportions présenteront un caractère imposant. On jouit, par devant, dans son entier effet, du coup d'œil de l'entrée, tandis que sur les côtés commencent à se dessiner de plus libres perspectives. Du côté du jardin se développe, en paysages naturels, la perspective principale qui, à une distance éloignée, attire encore le regard par le beau pavillon et ses alentours disposés avec goût.

b, c. Édifices latéraux reliés par un péristyle.

d. Pavillon de forme circulaire.

e. Grand pavillon reproduisant, sous un aspect nouveau, les proportions des constructions ci-dessus. Il est situé sur un emplacement découvert, et des massifs l'abritent par derrière et sur les côtés. Par devant se présente à la vue le carré de fleurs dans le goût moderne, et la perspective ouverte jusqu'à l'habitation.

f. Banc avec ombrage sur l'emplacement libre derrière le pavillon.

g. Banc à dossier, avec vue sur une petite scène accessoire et détachée du reste.

h. On aperçoit de ce banc le devant du pavillon et l'emplacement qui le précède.

i. Banc abrité par un fourré de jolis arbustes, et d'où l'on jouit de la perspective qui se découvre en face.

k. Banc avec une large vue de côté sur une portion considérable du jardin.

l. Banc à dossier ombragé de tous côtés.

m. Banc sur un emplacement découvert, ayant de tous côtés une vue peu étendue, mais libre.

N°s 1. Statue de Flore ; 2, 3. Carrés de fleurs, I. Jacinthes ; II. *Erythrina Corallodendron.* Les carrés 4 et 10 seront garnis, I. de Tulipes de Hollande précoces, à tige basse, avec un encadrement de *Crocus;* II. de *Scarlet Pelargonium;* 6, 7, 8, 12, 13, 14. I, *Myosotis alpestris;* II. 6, 8, 12, 14. Verveines violettes ; 7, 13. Verveine rouge-pâle ; les figures 5, 9, 11 et 15 seront formées de gazon ; 16, 17, 18. *Liriodendron tulipifera;* 19. *Picea pectinata;* 20. *Fraxinus Ornus;* 21. *Cratægus oxyacantha flore albo;* 22, 23. *Cratægus oxyac. flore rubro;* 24. *Picea canadensis;* 25. *Viburnum opulus;* 26. *Syringa persica;* 27. *Catalpa syringæfolia;* 28. *Acer Negundo;* 29. *Magnolia tripetala;* 30. *Robinia hispida;* 31. *Abies alba;* 32. *Pavia flava;* 33. *Fagus purpurea;* 34. *Acer striatum;* 35. *Diospyros virginiana;* 36. *Quercus lyrata;* 37. *Æsculus rubicunda;* 38. *Diospyros Lotus;* 39. *Sophora japonica;* 40, 41. *Picea canadensis;* 42. *Robinia hispida;* 43. *Broussennetia papyrifera;* 44. *Magnolia cordata;* 45. *Liriodendron tulipifera;* 46. *Picea pectinata;* 47. *Cratægus oxyacantha flore rubro;* 48 à 56. Carrés de fleurs ; 57. *Syringa persica;* 58. *Salisburia adiantifolia;* 59. *Robinia hispida;* 60. *Ailantus glandulosa;* 61. *Quercus coccinea;* 62. *Catalpa syringæfolia;* 63. *Aralia spinosa;* 64. *Platanus occidentalis;* 65, 66, 67. *Populus italica,* au tronc desquels s'enlaceront des Chèvrefeuilles ; 68. *Gleditschia brachycarpa;* 69, 70, 71. *Liriodendron tulipifera.*

FIGURE 421. — PLAN DESSINÉ PAR SIEBECK, JARDINIER EN CHEF DE LA VILLE DE VIENNE.

On a supposé cette propriété entourée de beaux horizons de campagnes qui, des deux façades de l'habitation, se relient aux jardins. A cet effet, des grilles ont été posées aux deux lignes d'enceinte de devant et de derrière, afin d'ouvrir la vue dans toutes les directions. La mise en scène du rond-point d'entrée est disposée dans de grandes proportions, pour s'harmoniser avec le paysage extérieur.

a. Indique l'habitation, qui devra être construite dans un style simple.

b. Pavillon dans un espace ombragé et isolé. De hauts massifs l'abritent, et la vue n'est libre que par devant, afin de diriger l'attention sur un des points du dehors.

c. Petit pavillon.

d. Habitation du jardinier.

e. Pavillon de forme circulaire. La partie faisant face à ce pavillon est ménagée de telle sorte que, vue d'ici, la portion restante du jardin à laquelle elle se relie change complètement d'aspect. De ce point de vue s'ouvre une large perspective jusqu'à la limite nº 10.

f. Carré de fleurs où l'on plantera des rosiers à tiges basses, fleurissant dans toutes les saisons.

g. Carré de fleurs, I. Jacinthes; II. *Plumbago cærulea.*

h. Carré de fleurs, I. *Myosotis alpestris;* II. *Dianthus chinensis.*

i. Carré de fleurs, I. Belles Tulipes pleines; II. *Francoa sonchifolia.*

k. Banc ombragé, d'où l'on aperçoit la maisonnette du jardinier et ses alentours.

l. De ce banc on a sous les yeux la même scène, seulement à une distance plus grande et d'un point de vue différent.

m. Banc à dossier, avec vue sur la perspective dont le point capital est le pavillon *e.*

n. Ce banc se trouve sur une petite pelouse entourée de massifs sauvages.

o. Siège à dossier avec vue de côté sur les alentours du devant de la maison.

p. Banc sous d'épais ombrages.

Nos 1, 2. *Quercus fastigiata;* 3. *Platanus orientalis;* 4. *Picea pectinata;* 5. *Catalpa syringæfolia;* 6, 7, 8, 9. *Populus italica;* 10. *Rhus pumila;* 11. *Tilia europæa;* 12. *Robinia hispida;* 13. Rosiers à haute tige; 14. *Acer pseudo-platanus;* 15. *Sorbus hybrida pendula;* 16. *Amorpha fruticosa;* 17. *Elæagnus angustifolius;* 18. *Cratægus coccinea;* 19 *Alnus americana;* 20. *Abies alba;* 21. *Broussonetia papyrifera;* 22. *Liriodendron tulipifera;* 23. *Rhus coriaria;* 24. *Picea canadensis;* 25. *Picea pectinata;* 26. *Magnolia purpurea;* 27, 28. *Æsculus rubicunda;* 29. *Acer laciniatum;* 30. *Cratægus purpurea;* 31. *Quercus coccinea;* 32. *Picea balsamea;* 33, 34. *Abies excelsa;* 35. *Rhus cotinus;* 36. *Fraxinus excelsior;* 37. *Gymnocladus canadensis;* 38. *Syringa persica;* 39. *Acer Negundo;* 40. *Catalpa syringæfolia;* 41. *Picea canadensis;* 42. *Fagus purpurea;* 43, 44. Rosiers à hautes tiges; 45. *Magnolia tripetala;* 46. *Diospyros Lotus;* 47. *Picea canadensis.*

FIGURE 422. — Plan dessiné par Siebeck, Jardinier en chef de la Ville de Vienne.

Dans ce plan, l'entrée qui fait face à l'habitation sert exclusivement à l'usage du propriétaire.

Les grandes portes d'entrée et de sortie sont latérales.

Du dehors, on aperçoit à droite le pavillon *b*, et à gauche l'espace découvert avec les environs qui l'encadrent.

De l'habitation *a*, on a la vue de l'entrée et du grand carré de fleurs à compartiments. Dans la direction opposée, la perspective s'étend derrière le pavillon *e*, sur le paysage du dehors.

b. Pavillon de forme ronde d'où l'on aperçoit en droite ligne la voie, et à droite une partie du jardin. Du côté de ce dernier, on distingue, par une échappée entre des massifs, le paysage qui se relie à l'habitation.

c. Lieu de repos de forme circulaire, ombragé par un sapin et des massifs contigus; on a de là vue sur le dehors à travers la grille.

d. Autre lieu de repos, suffisamment ombragé par les trois tilleuls qui s'y trouvent, et offre, au moment de la floraison de ces arbres, une station des plus agréables.

e. Pavillon plus grand, placé dans un endroit très découvert, et faisant ainsi point de vue de différents côtés, en mêms temps qu'on découvre de ce pavillon une grande partie du jardin et des environs.

f. Carré de fleurs, I. Tulipes pleines; II. Verveines bleues.

Le carré *g* sera garni, I. de Jacinthes; II. d'*Eythrina crista-galli*.

Les carrés *h* et *k* auront, I. des *Myosotis alpestris;* II. des *Nemophila insignis;* III. des Œils de Christ enlevés du vase.

Les carrés *i* et *l* sont garnis comme suit : I. *Hepatica triloba fl. cæruleo pleno;* II. *Viola tricolor maxima;* III. Œils de Christ en vase.

m. Banc d'où l'on jouit parfaitement de la vue de l'entrée et de celle de l'habitation, tandis que l'on peut apercevoir à droite le pavillon *b*.

n. Banc ombragé, avec vue sur le paysage accessoire isolé qui se trouve en face.

o. De ce banc, on aperçoit, entre des bosquets, une partie de l'habitation.

Le banc à dossier *p* présente une vue de côté du pavillon *e*.

q. Banc dont l'horizon découvert paraît meublé par les massifs qui abritent le pavillon *e*.

Le banc *r* laisse pareillement apercevoir l'entrée, mais dans une autre direction.

s. Banc à dossier, qui permet de distinguer le pavillon *b*, une partie de l'entrée et la voie.

N°s 1, 2, 3, 4, 5. Rosiers à hautes tiges; 6. *Sorbus nepalensis;* 7, 8. *Picea canadensis,* 9. *Robinia hispida;* 10. *Liriodendron tulipifera;* 11. *Magnolia purpurea;* 12. *Picea canadensis;* 13. *Chionanthus virginicus;* 14. *Cratægus oxyacantha flore rubro;* 15. *Viburnum Opulus flore pleno;* 16. *Catalpa syringæfolia;* 17, 18, 19, 20, 21, 22, 23. Rosiers à hautes tiges; 24, 25, 26. *Quercus fastgiata;* 27. *Cratægus oxyacantha flore albo;* 28. Rosiers à longues tiges; 29. *Salisburya adiantifolia;* 30, 31, 32. Rosiers à longues tiges; 33. *Abies alba;* 34. *Cratægus splendens;* 35. *Catalpa syringæfolia;* 36, 37, 38. *Robinia hispida;* 39, 40, 41. *Cratægus oxyacantha flore rubro;* 42. *Ulmus alba;* 43, 44. *Picea pectinata;* 45. *Elæagnus angustifolius;* 46. *Acer striatum;* 47. *Ailantus glandulosa;* 48. *Liriodendron tulipifera;* 49. *Picea pectinata;* 51. *Abies alba;* 52, 53, 54. *Picea pectinata;* 55. *Robinia hispida;* 56, 57. Lilas de Marly; 58. *Acer Negundo;* 59. *Catalpa syringæfolia;* 60, *Picea pectinata;* 61, 62, 63. *Populus italica;* 64. *Gymnocladus canadensis;* 65. *Syringa persica;* 66. *Sophora japonica;* 67. *Abies alba;* 68. *Cratægus oxyacantha flore albo;* 69. *Fraxinus excelsior;* 70. *Rhus juglandifolia;* 71, 72. *Picea pectinata;* 73. *Platanus occidentalis;* 74. *Picea pectinata;* 75. *Hibiscus syriacus flore pleno;* 76. *Pavia flava;* 77, 78, 79. *Tilia europæa;* 80. *Magnolia purpurea.*

FIGURE 423. — PLAN DESSINÉ PAR SIEBECK, ANCIEN JARDINIER EN CHEF DE LA VILLE DE VIENNE.

Dans ce travail, l'étendue plus grande du terrain permet une combinaison plus variée d'aspects, et autorise un plus riche emploi de moyens. Le but est le même : joindre l'utile à l'agréable. Nous trouvons ici un élément nouveau ; une vigne avec une gentille maisonnette de vigneron au sommet. La pente doucement inclinée de ce coteau et la fraîche verdure des ceps, doivent contribuer à la grâce de l'ensemble.

Du dehors nous apercevons, à travers la grille, la maison d'habitation *a*, entre des massifs de verdure. Du côté gauche, elle n'est protégée que par quelques arbres isolés contre les rayons du soleil, tandis que d'épais bosquets donnent de l'ombre au côté droit. Du côté du jardin, par-dessus la grande pelouse ornée de massifs, et par-dessus la vigne, la perspective se prolonge jusqu'à la maisonnette du vigneron.

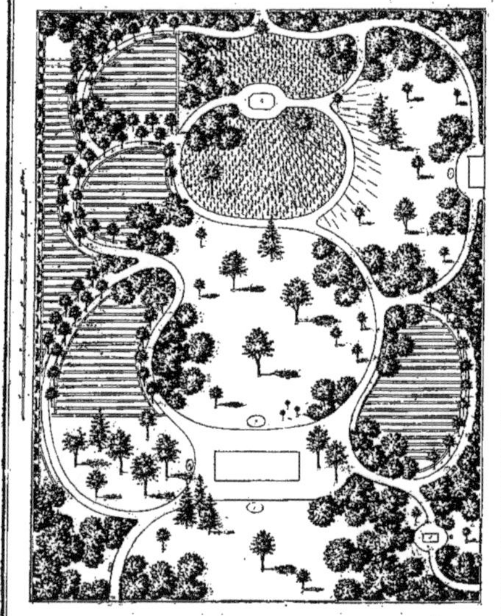

b. Maisonnette du vigneron. On voit de là l'habitation et sur le côté le grand pavillon *c*.

c. Grand pavillon. Des bosquets l'ombragent sur les côtés, et l'on aperçoit par devant la vigne et la maisonnette.

d. Petit pavillon sous des ombrages ; les massifs qui l'entourent ne s'entr'ouvrent que d'un seul côté.

e. Carré de fleurs. I. *Myosotis alpestris;* II. *Viola tricolor maxima.*

f. Carré de fleurs. I. Jacinthes ; II. Hortensias bleus.

g. Carré de fleurs. I. Tulipes pleines ; II. Giroflées d'été ; Œils de Christ coniques en vases.

h. Carré de fleurs. I. *Myosotis scorpioides ;* II. *Petunias.*

i. Carré de fleurs. I. Jacinthes ; II. *Plumbago cœrulea.*

k. Banc ombragé avec vue sur la vigne.

l. De ce banc à dossier on aperçoit la maisonnette du vigneron.

m. Ce banc ouvre la vue sur la grande pelouse et sur son encadrement varié.

n. Banc à dossier sous des ombrages.

o. Banc ombragé placé à l'entrée.

p. Espalier de raisins et de pêches.

q, r, s, t, u, v, w. Carrés de légumes.

x. Plates-bandes avec arbres fruitiers, groseillers blancs et rouges, et encadrement de fraisiers.

Nos 1. *Robinia hispida;* 2. *Platanus occidentalis;* 3, 4, 5. *Picea pectinata;* 6. *Cratægus oxyacantha flore albo;* 7. *Pavia flava;* 8. *Juglans regia.* 9. *Ailanthus glandulosa;* 10. *Æsculus Hippocastanum;* 11. *Sophora japonica;* 12. *Abies alba;* 13. *Acer striatum;* 14, 15, 16. Rosiers à haute tige ; 17. *Tilia europæa;* 18. *Liriodendron tulipifera;* 19. *Catalpa syringæfolia;* 20. *Robinia hispoda;* 21. *Elæagnus angustifolius;* 22. *Acer Negundo;* 23, 24, 25. *Cratægus oxyacantha flore rubro;* 26. *Juglans cinerea;* 27. *Chionanthus virginicus;* 28. *Fagus purpureo;* 29. *Abies alba;* 30. *Catalpa syringæfolia;* 31. *Amygdalus communis;* 32. Un Pommier ; 33. Un Pêcher ; 34. *Cerasus pendula semperflorens;* 35. *Robinia hispida;* 36. *Syringa vulg. flore albo;* 37, 38. *Picea canadensis;* 39. *Æsculus rubicunda;* 40. *Quercus coccinea;* 41. *Celtis australis;* 42. *Cratægus coccinea.*

On remarque dans ces plans et dans quelques autres, d'ingénieuses tentatives pour associer, dans une juste mesure, le potager au jardin d'agrément; tendance que nous avons déjà signalée, dans un des précédents chapitres, chez Morel et d'autres habiles dessinateurs français. Comme le dit spirituellement M. Naudin, beaucoup d'amateurs, « *dans ce siècle d'économie forcée* », sauront gré à l'artiste viennois d'avoir développé ce système, montré comment on peut, suivant le précepte d'Horace, marier l'agréable à l'utile. « Pourquoi, après tout, n'en serait-il pas ainsi? Un arbre fruitier n'est pas sans beauté, surtout au moment de sa floraison (1), et combien de nos légumes seraient prisés, pour leur feuillage et leurs fleurs, à l'égal de plantes plus recherchées, s'ils étaient rares et venaient de loin! »

Ces plans, ceux du prince Pückler-Muskau, du comte de Choulot, des grands squares parisiens et autres semblables, peuvent donner aux amateurs des indications précieuses, soit pour les dispositions générales, soit pour la plantation.

Mais, comme le leur conseille M. Naudin, « ils ne copieront pas servilement ces plans; ils les modifieront suivant les conditions particulières où ils seront placés; ils en inventeront même de toutes pièces, en s'inspirant des principes des maîtres, et en s'appropriant leurs procédés. C'est qu'ici, même en s'aidant de l'expérience d'autrui, il faut savoir mettre quelque chose de soi. C'est un tableau à composer d'après des règles générales et strictement formulées, mais qu'il faut faire entrer dans un cadre déterminé d'avance par les conditions d'emplacement, de climat et d'entourage. Qu'on ne s'en plaigne pas! Dans les œuvres de cette nature, la jouissance est d'autant plus vive qu'on a pris une plus large part à leur création. » Ce précepte d'étude indépendante et intelligente est l'un des plus essentiels. Un calque servile du meilleur plan n'est pas plus une œuvre d'art, que l'exécution du plus beau morceau de musique, en tournant la manivelle d'un orgue de Barbarie.

Il y a toujours, dans le tracé comme dans la plantation, des variantes

(1) Quelques-uns même, comme le cognassier, le néflier, offrent un aspect tout à fait ornemental, quand on les dispose avec intelligence. Plus loin, l'éminent horticulteur parle des choux; on sait quel parti sait tirer aujourdhui l'horticulture d'agrément des choux violets et à feuilles frisées et panachées, qui font très bonne figure à côté des magnificences exotiques, dans le beau recueil des *Plantes à Feuillage coloré* (2 vol. avec 120 chromolithographies). — Paris, J. Rothschild, Éditeur.

imposées tantôt par l'aspect des alentours, tantôt par le climat, par la nature du sol, l'étendue plus ou moins grande du terrain à employer, la forme différente des constructions, etc. J'ajoute que, même dans des conditions à peu près identiques, les indications d'arbres, d'arbustes et de plantes ne doivent pas être ponctuellement reproduites, mais utilisées comme renseignements sur la disposition générale des plantations, leurs formes, les rapprochements ou les oppositions de feuillages. Par exemple, dans les plans de petits parcs de Siebeck, le chèvrefeuille est seul indiqué pour garnir les peupliers placés en premier plan. Il ne faut voir là qu'une recommandation générale d'orner de plantes grimpantes les arbres pyramidaux, ou les tiges d'arbres d'une grande hauteur en bonne exposition, qui n'ont de feuillage qu'au sommet. Alors on peut employer à leur décoration non seulement le chèvrefeuille, mais tantôt les rosiers *Banks,* tantôt les diverses variétés de clématites, les aristoloches, les bignonias, le *périploca,* la vigne vierge, le lierre, etc. De même, l'association de l'Epicea et de l'Hemlock-Spruce *(P. canadensis),* répétée dans la plupart de ces plans, ne doit être imitée que très librement, comme un heureux type de rapprochement entre des conifères de nuances et de ports variés, mais également vigoureux et croissant avec la même facilité dans des terrains semblables, comme les cèdres du Liban et argenté, l'*A. pinsapo,* l'*A. Nordmanniana,* l'*A. pindrow,* le *Pinus excelsa,* l'*A. Morinda* et le *Cupressus Lawsoniana.* Nous recommandons spécialement pour les petits parcs l'association de ces deux dernières espèces, d'introduction relativement récente, mais qui ont fait victorieusement leurs preuves sous tous les rapports. Au triple mérite de l'élégance de forme, de la beauté du feuillage et de la rusticité, elles joignent l'avantage, précieux dans les propriétés d'une étendue médiocre, de n'occuper qu'un espace restreint, à cause de leur forme pyramidale.

Enfin, le plan ci-joint (Fig. 424) d'un parc de 140 hectares, emprunté au *Guide pratique* de M. Siebeck, prouve que cet artiste n'est pas moins habile dans la composition des grandes propriétés, que dans celle des petits parcs et des jardins paysagers de villes et de faubourgs.

L'arrangement de ce domaine offrait de grandes ressources paysagères, à cause de sa situation dans une région fertile et accidentée, sur les premières pentes des Carpathes, avec de beaux points de vue sur leurs cimes boisées et leurs contre-forts rocheux, couronnés de ruines féodales. Mais il fallut surmonter bien des difficultés, pratiquer de nombreuses éclaircies pour dégager les perspectives des alentours et les abords de l'habitation, reste d'un couvent bâti au fond d'un

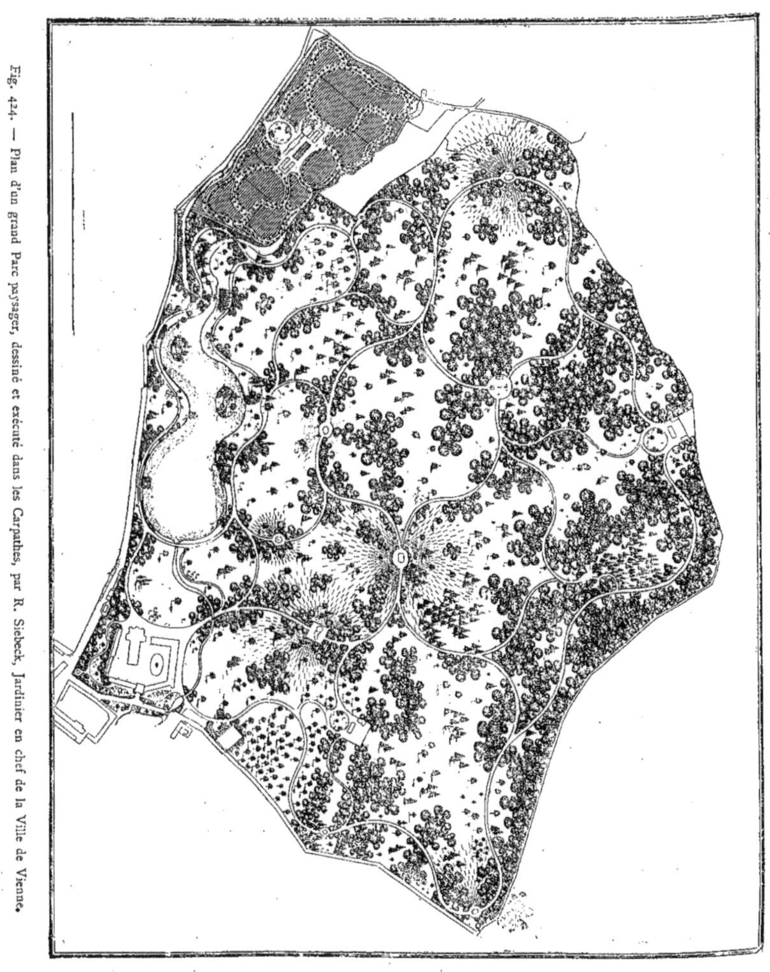

Fig. 424. — Plan d'un grand Parc paysager, dessiné et exécuté dans les Carpathes, par R. Siebeck, Jardinier en chef de la Ville de Vienne.

vallon solitaire; — créer un lac en élargissant et creusant le lit d'un ruisseau et drainant des prairies marécageuses, construire sur les points culminants des bâtiments de différents caractères; pavillons de repos, chalet, maison de garde, tour gothique, etc. A dire vrai, nous n'aimons guère ce gothique factice, rapproché d'édifices et de ruines du moyen âge authentiques, non plus que certaines réminiscences mythologiques, comme un *Temple de Thétis* au milieu de cette région des moins maritimes, et un *Temple des Grâces*, « composé de *forts fils de fer* et de rosiers grimpants »... Néanmoins, cette vaste composition offre bien des détails intéressants à étudier. On remarquera que les frais d'établissement du parc (terrassements, gazons et allées), montant à 31,000 florins (77,500 fr.), ont été couverts avec le produit des arbres sacrifiés pour dégager les perspectives, et qu'un vaste terrain a été réservé pour l'établissement de pépinières d'arbres à fruits, d'arbres et d'arbustes d'agrément, etc., dont le produit pourra, dit-on, couvrir les frais d'entretien du parc et donner même un excédent de bénéfices. Ce système économique d'adjonction de pépinières a déjà été appliqué avec succès à Eisgrub et dans d'autres grandes propriétés, dont il assure la conservation.

III. — **Parcs français.** — La France, à laquelle il est temps de revenir, nous offre aussi des exemples nombreux de créations modernes d'un grand intérêt. Nous avons reproduit page 161 (Fig. 196) l'un des meilleurs plans d'un artiste habile, feu Barillet-Deschamps.

Ce plan est celui d'un jardin paysager de deux à quatre hectares, mais dont les dispositions principales pourraient être librement imitées sur une plus grande échelle. A l'extrémité supérieure de la pièce d'eau en forme de rivière, dans plusieurs endroits des rives, et au-dessous du pavillon de l'îlot, le dessinateur a placé des rocailles en bonne exposition, propres à la culture des fougères. Le gracieux développement de la pelouse centrale autour de l'eau, permet d'y distribuer sans confusion les arbres isolés, les massifs d'arbustes et les corbeilles. On remarquera le raccordement habile du jardin pittoresque avec la disposition régulière des abords de l'habitation.

Nous donnons aussi le plan du parc breton de M. le marquis De Langle-Beaumanoir, chef-d'œuvre d'un dessinateur des plus habiles, le comte de Choulot, auquel la mort n'a malheureusement pas laissé le temps de terminer son ouvrage sur les jardins (Fig. 425).

Ce parc, d'une superficie de 230 hectares, est entièrement du genre irrégulier, le plus convenable sur un sol aussi accidenté. Le château est assis sur un plateau central, d'où l'on descend dans la vallée profonde où passe la rivière, par une pente rapide, sur laquelle s'élève une superbe réserve de chênes, forêt druidique, dont l'étendue est de 15 à 16 hectares.

Le comte de Choulot a créé ou remanié, avec le même talent, plusieurs autres propriétés importantes, notamment celles de Wartegg en Suisse, et de Chamarande, près Paris. Ce n'était pas trop de tout son art pour faire oublier, dans ce dernier parc, la destruction des majestueuses futaies plantées par Le Nôtre.

Bien d'autres parcs, récemment créés ou remaniés, peuvent offrir aux amateurs d'intéressants sujets d'étude. Leur nomenclature, rien que pour les environs de Paris, formerait un volume. Toutefois, dans ce genre comme dans tous les autres, les œuvres originales ne sont pas communes. On y trouve presque toujours des réminiscences plus ou moins heureuses d'Ermenonville, de Morfontaine, du petit Trianon, de Méréville, de la Malmaison, de Bagatelle. L'un des plus estimés pour la plantation est l'ancien parc du prince d'Eckmühl, Savigny-sur-Orge, qui bientôt peut-être ne sera plus qu'un souvenir, comme le Raincy, Guiscard, Issy, Petit-Bourg, et tant d'autres grandes et belles propriétés.

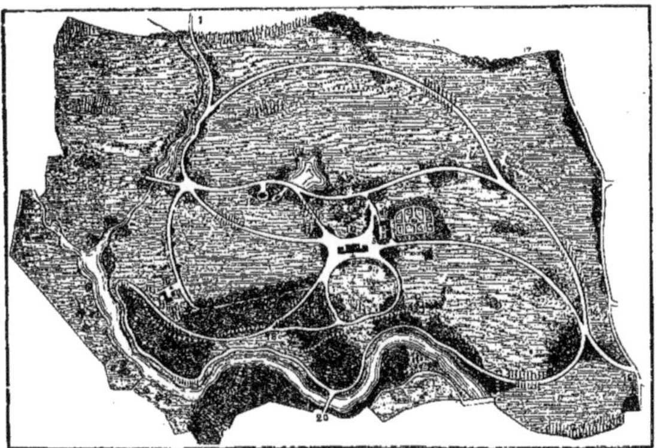
Fig. 425. — Parc du Marquis de Langle-Beaumanoir, exécuté par le Comte de Choulot.

Le grand parc de Ferrières est dû à l'artiste anglais Paxton. Ce domaine est l'un des plus mal partagés en fait d'alentours. L'artiste a heureusement surmonté cette difficulté; grâce à l'habile distribution des masses et des groupes de verdure, des eaux et des pelouses, ce parc est à lui seul un *pays*, qui fournit au château de charmants points de vue. Les nombreuses et belles plantations de conifères exotiques ont malheureusement beaucoup souffert à Ferrières, comme dans toute la banlieue de Paris, de l'hiver exceptionnel de 1880.

Le domaine célèbre de Dangu, remanié par M. Bühler, présente un exemple très remarquable d'un jardin français conservé et encadré dans un parc irrégulier. Nous rencontrons encore, dans l'ancien Vexin normand, deux grandes propriétés très dignes de l'attention des artistes; le parc du Chesnay, supérieurement dessiné par son propriétaire, le comte de Pulligny, qui a été aussi l'architecte et le sculpteur de son propre château; — et, dans la riante vallée d'Andelle, le parc de Radepont, qui satisfait plus largement peut-être qu'aucun autre à toutes les conditions du genre pittoresque.

Nous croyons, comme le prince Pückler-Muskau, que le style régulier, ou tout au moins le style mixte est celui dont l'emploi convient le mieux dans les parcs et jardins méridionaux, pour accompagner les édifices ayant un caractère architectural imposant et nettement déterminé.

Toutefois on peut y créer, dans certaines localités plus favorisées et autour d'habitations plus simples, des jardins franchement irréguliers. L'un des plus intéressants de ce genre est celui qu'avait planté le célèbre botaniste-amateur, M. Thuret, auprès d'Antibes; c'est aujourd'hui une annexe du Jardin des Plantes de Paris. Il réunit tous les genres d'agrément : beauté du site, disposition gracieuse des plantations, acclimatation de végétaux exotiques. Cet Éden provençal occupe une superficie d'environ quatre hectares, au sommet d'un promontoire situé entre le golfe Juan et celui de Nice, sur lequel s'ouvre la principale perspective.

Grâce à de copieux arrosements, et à des conditions exceptionnelles d'abri, M. Thuret avait accompli de véritables tours de force d'acclimatation. On trouve là, en pleine terre, et dans les plus belles conditions de végétation et d'effervescence, une foule de végétaux dont il n'existait encore en France que des spécimens rachitiques dans quelques grandes serres. On y voit des *Eucalyptus* de la taille de nos plus grands arbres d'Europe. Les palmiers, les dattiers, les bananiers même, sont là comme chez eux; le figuier d'Inde y atteint des proportions presque aussi fortes que dans les climats tropicaux. La nombreuse et élégante famille des cistes y fleurit comme les rosiers dans nos jardins du Nord. Nous citerons encore les nombreuses variétés d'acacias d'Australie, entre autres le *pubescens,* arbuste remarquable par ses énormes grappes de fleurs d'un jaune d'or; plusieurs rares conifères australiens, notamment l'*Actinostrobus pyramidalis,* espèce naine très élégante; de très beaux spécimens d'un des arbustes les plus curieux de ce même pays, le *Banksia,* remarquable surtout par la forme étrange de ses énormes graines zébrées de jaune et de noir.

Ce petit parc, plus digne d'attention que bien des grandes propriétés, est un type accompli des ressources exceptionnelles qu'offre à l'horticulture d'agrément le littoral de la Provence. Des résultats analogues ont été obtenus à Cannes, dans les environs de Nice, dans ceux de Marseille transformés en oasis par l'aqueduc de Roquefavour. Suivant la judicieuse remarque de Decaisne, « avec de l'eau, il n'est pas de terre stérile dans le Midi ».

Fig. 426. — Composition d'une Corbeille.

N°s 1. Cerasus nana pendula. — 2. Coleus multicolor. — 3. Pyrethrum Parthenium aureum. — 4. Alternanthera amœna. — 5. Mesembryanthemum cordifolium variegatum. — 6. Mentha gibraltarica. — 7. Pyrethrum Parthenium aureum. — 8. Alternanthera paronychioides. — 9. Sedum glaucum. — 10. Echeveria secunda var. glauca.

Fig. 427. — Terrasse au Bord de l'Eau dans le Jardin des Tuileries.

CHAPITRE V

PROMENADES ET SQUARES

ONSIDÉRATIONS préliminaires. — Cette branche de l'art des jardins est celle qui a pris de nos jours le développement le plus considérable, principalement en France. Il était naturel, en effet, que les raffinements et les perfectionnements les plus dispendieux de l'horticulture, désormais moins accessibles aux particuliers par suite de la division des fortunes, fussent recueillis dans le domaine public. Au train dont vont les choses, il n'y aura plus bientôt d'autres grands parcs que ceux qui appartiennent *à tout le monde*. C'est là un signe des temps nouveaux, et l'un des plus caractéristiques. Ce n'est pas qu'on ne puisse faire remonter à une antiquité reculée l'usage des promenades publiques. Ce caractère appartenait évidemment aux jardins orientaux au milieu desquels s'élevaient les mausolées des souverains, aux bois sacrés plantés autour des temples grecs et romains, aux jardins des citoyens romains opulents, et, plus tard, à ceux des Empereurs (V. *première partie).* En France, il n'existait point, à proprement parler, de promenades publiques avant Louis XIV, sauf quelques plantations régulièrement alignées dans l'intérieur ou aux abords des grandes villes, comme le Palais-Royal (Fig. 429), les tilleuls de la place Royale, et le Cours la Reine, planté par Marie de Médicis en 1616, et qui ne devint public que quelques années plus tard. Le reste de l'emplacement actuel des Champs-Élysées *(Grand-Cours),* était encore à peine ébauché en 1680. C'est de la seconde moitié du règne de Louis XIV que datent les premières promenades publiques vraiment dignes de ce nom, comme celle de Dijon, créée par Le Nôtre. Vers la même époque, autour d'un grand nombre de villes de l'intérieur, à commencer par Paris, les anciens *boulevards* de défense, indispensables au temps des guerres privées, furent plantés d'arbres, et ce mot, jadis tout militaire, prit insensiblement l'acception pacifique, seule comprise aujourd'hui. C'est un exemple curieux de l'influence si puissante des mœurs sur le langage.

Fig. 429. — L'ancien Parterre du Palais-Royal, dessiné et gravé par Pérelle.

Le nombre des promenades s'accrut sensiblement en France pendant le XVIIIe siècle. Ce fut, comme on sait, par des excursions plus ou moins édifiantes à l'abbaye de Longchamps que commença, sous Louis XV, la vogue des Champs-Élysées (Fig. 430), à peine interrompue pendant les plus mauvais jours de la Révolution. Cette promenade avait été entièrement remaniée, vers 1764, par le surintendant Marigny (Poisson), qui en renouvela les plantations en réservant, à droite et à gauche de la grande allée, les deux *Carrés* qui ont subsisté jusqu'à nos jours. C'est également à ce règne que remontent l'agrandissement, ou plutôt la transformation du Jardin des Plantes par Buffon, et l'établissement d'un grand nombre de belles promenades dans d'autres villes; comme les allées de Tourny à Bordeaux, le cours

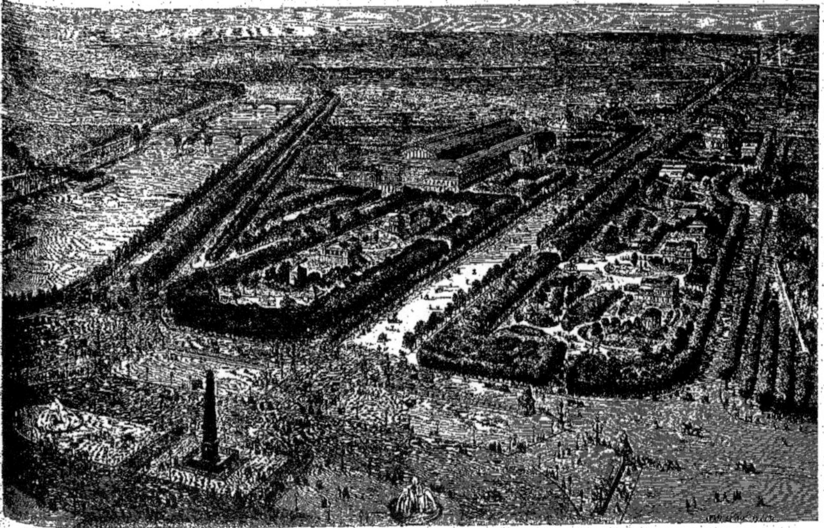

Fig. 430. — Vue à vol d'Oiseau des Champs-Élysées et du Cours-la-Reine.

d'Ajot à Brest, etc., etc. En même temps, on s'habituait peu à peu à considérer aussi comme publics, ou quasi-publics, les jardins des résidences royales, ainsi que ceux des grands seigneurs et des « partisans », où l'on était admis gratuitement ou moyennant une légère rétribution.

Le style régulier régnait en maître absolu dans les promenades, comme dans les parcs. L'importation du système anglo-chinois souleva d'abord des oppositions nombreuses. L'*Encyclopédie*, qui patronnait tant d'autres réformes, repoussait vivement celle-là. « De tous les arts de goût, disait-elle, c'est peut-être celui-là qui a le plus perdu de nos jours (1760). Nous ne savons plus faire des jardins comme ceux des

Tuileries, des terrasses comme celle de Saint-Germain, des boulingrins, des treillages et des parterres (Fig. 431), comme à Trianon, celui de Saint-Cloud (Fig. 431), des portiques naturels (?) comme à Marly, des treillages comme à Versailles (Fig. 432) et à Chantilly, ni des parterres d'eau comme ceux de Versailles... Comment décorons-nous aujourd'hui les plus belles situations de notre choix, et dont Le Nôtre aurait su tirer des merveilles? Nous y employons un goût

Fig. 431. — Trianon de *Saint-Cloud* (détruit), d'après Pérelle.

ridicule et mesquin. Les grandes allées droites nous paraissent insipides, les palissades froides et uniformes. Nous aimons à pratiquer des allées tortueuses, des parterres contournés, des bosquets découpés en pompons. Les corbeilles de fleurs, fanées au bout de quelques jours, ont pris la place des parterres durables; on voit partout des magots chinois, etc. »

Jusqu'à la Révolution, il y eut des jardiniers conservateurs fanatiques, tenant le genre irrégulier comme non avenu. Dans le *Jardinier-Fleuriste,* du sieur Liger, dont la dernière édition est de 1787, il n'est question que des arbres et arbustes susceptibles de former des arcades, des colonnades, et autres tours de force. Voici, par exemple, comment il décrivait « une invention moderne, toute des plus curieuses, pour faire des ormes en boule, ne bornant pas la vue dans les endroits où ils sont plantés. Pour parvenir à cette forme, on les plante la tige haute de quatre à six pieds; et à mesure qu'ils poussent, il faut, tous les ans, tondre les branches, de manière

Fig. 432. — Berceau de Treillage au Labyrinthe de Versailles, par Pérelle.

qu'elles forment, à l'extrémité de chaque tige, une boule qui paraisse comme un globe de deux pieds et demi de diamètre. Pour donner un plus grand relief à ces ormes, on plante tout autour un petit rond de charmille qui, lorsqu'il est construit artistement, forme une manière de *pot sans anse*, au milieu duquel l'orme est planté. » L'auteur affectionnait singulièrement ce genre de décoration, « fort propre à être employé soit en avenues, soit en quinconces, et chez tous ceux qui ont *de quoi.* »

Paris était déjà renommé au XVIIe siècle pour ses jardins publics ou quasi-publics, situés dans les faubourgs et même dans les parties centrales de la ville. Nous avons cité celui de des Yveteaux. D'autres étaient célèbres par leurs treillages. Ceux du jardin de l'hôtel de Condé avaient un caractère monumental; on voit que « M. le prince le héros », comme l'appelle Saint-Simon, entendait faire grand en toutes choses. Dans d'autres jardins de cette époque, conformément au précepte d'André Molet, on suppléait à l'insuffisance d'espace au moyen de perspectives peintes. Celle du jardin de Fieubet représentait les ruines d'un palais antique; celle du jardin de Dangeau, une futaie à la cime de laquelle apparaissait un groupe de figures mythologiques arrivant de l'Olympe en visite (Fig. 433). Les plans des principaux jardins publics et quasi-publics de Paris au siècle suivant, se trouvent dans la curieuse collection de Le Rouge (1776-1784). Le plus fréquenté était celui du Palais-Royal, plus vaste et plus beau qu'aujourd'hui, car ses allées de marronniers séculaires couvraient, en plus, tout l'espace aujourd'hui occupé par les constructions à arcades et la galerie vitrée qui a remplacé les fameuses galeries de bois. L'allée à la mode était celle de gauche, où, dans l'après-midi, la bonne compagnie se réunissait, et revenait le soir à la sortie de l'Opéra. Le jardin de Biron (rue de Varennes) passait pour un type parfait du genre régulier. On vantait son potager orné, ses tulipes, son « allée des Guirlandes », où les arbres étaient reliés par des festons de plantes grimpantes; — disposition toute nouvelle alors, mais en réalité renouvelée de Pline. Celui de Laboëssière couvrait une grande partie de l'emplacement du quartier actuel de la Madeleine. Il était renommé par son élégant pavillon, du style *rococo*; pour ses bassins et ses statues, notamment les deux groupes représentant d'un côté Vénus et l'Amour, de l'autre Vénus et l'Hymen (Fig. 435)... L'une des planches les plus

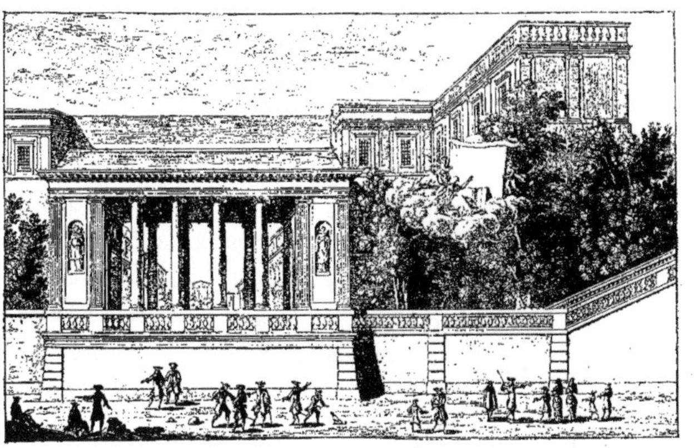

Fig. 433. — Perspective du Jardin du Marquis de Dangeau, dessinée et gravée par Pérelle.

intéressantes est le théâtre de verdure du jardin de *Hanovre* (hôtel de Richelieu) (1), avec sa rampe et ses coulisses en charmilles, et ses ifs symétriquement espacés et taillés; le tout scrupuleusement conforme aux méthodes classiques. Les jardins du maréchal étaient aussi réguliers que ses mœurs l'étaient peu. — Parmi les jardins du nouveau style, déjà ouverts ou entr'ouverts au public dans l'intérieur de Paris, l'un des plus originaux était celui d'Espagnac, dont nous avons parlé ailleurs.

Fig. 434. — Montagnes russes dans le Jardin Beaujon, en 1800.

D'autres planches de la collection Le Rouge nous montrent, dans leur ancien état, le parc de Monceaux et toutes les *Folies* qui en avaient fait faire et vu faire tant d'autres, et qu'allait détruire, transformer ou déformer la Révolution aux environs du Paris de ce temps-là, absorbés dans le Paris actuel : Folies d'Artois (Bagatelle); Boutin (premier Tivoli); Marbeuf (Idalie); Beaujon; Pajot (Reuilly); Janseen (Porte Maillot). Bagatelle surtout justifiait surabondamment son surnom de Folie. « Le comte d'Artois, pour donner une fête à la reine (d'autres disent pour gagner le pari d'avoir tout terminé, construction et plantation, dans l'espace d'un mois), fit démolir, rebâtir, arranger et meubler Bagatelle de fond en comble par neuf cents ouvriers

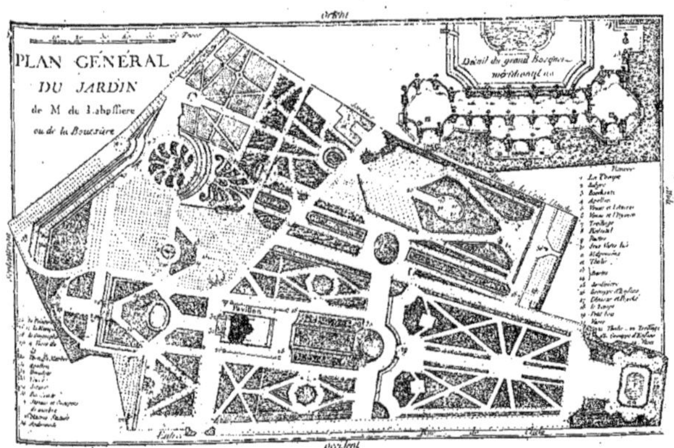

Fig. 435. — Parc de Laboëssière, à Paris.

(1) Il n'en reste que le pavillon de ce nom, sur le boulevard, au coin de la rue Louis-le-Grand.

employés jour et nuit; et, comme le temps manquait pour aller chercher au loin la chaux, le plâtre et la pierre de taille, il envoya sur les grands chemins des patrouilles de la garde suisse qui saisissaient, payaient, amenaient sur-le-champ les chariots ainsi chargés. » En même temps, un jardinier anglais, Blaikie, élève de Kent, remaniait de fond en comble la plus grande partie du parc dans le style à la mode, avec un *Tombeau de Pharaon*, une *Tour du Paladin*, et une grotte, demeure du philosophe obligé. Ainsi fut faite et parfaite, il y a un siècle, cette *Folie*, qui survécut à tant de choses sérieuses (Fig. 136, page 114).

Le jardin du *chevalier* Janseen offrait un essai de compromis entre les deux genres. La majeure partie était plantée régulièrement en quinconces, avec des allées *tortueuses*, mais circulant entre des palissades de charmilles, et donnant accès à des cabinets de verdure ornés de vases ou de statues, parmi lesquelles la Vénus Anadyomène et l'*autre* Vénus n'étaient pas oubliées. De plus, tout un coin du parc avait été réservé pour les amateurs intransigeants de la nature abandonnée à elle-même. Au milieu d'un fourré simulant une forêt vierge, s'élevait une butte dont le sommet était occupé par des chèvres et des boucs sous la garde d'une bergère; et le dessous, formant grotte, par un soi-disant ermite. La cabane de la bergère et l'ermitage se trouvaient ainsi fort rapprochés, et cette disposition, indiquée sur le plan, semblait calculée pour inspirer aux visiteurs des réflexions folâtres.

Pendant la Révolution, la plupart de ces beaux jardins particuliers, confisqués et vendus comme propriétés nationales, furent ou détruits, ou transformés en jardins publics par des entrepreneurs de plaisirs, qui se firent une concurrence effrénée d'illuminations, de tours de force pyrotechniques, d'ascensions en ballon, de jeux et amusements de toute espèce. Telle fut la nouvelle destination du jardin des Biron, des Folies Beaujon (Fig. 434), Boutin (ancien Tivoli), Marbeuf (Idalie), Laboëssière (Fig. 435) (nouveau Tivoli), de Monceau, de Bagatelle, de l'Élysée-Bourbon. Nous n'avons pas à raconter ici ces métamorphoses, qui n'avaient rien de commun avec l'art des jardins (1). Nous nous bornerons à rappeler que pendant la première moitié du XIXe siècle, le nombre et l'importance des jardins publics, anciens et nouveaux, cessè-

(1) « Biron eut un instant la vogue, mais ne la garda pas. Son jardin était coupable d'être un jardin français et de n'avoir ni pont, ni torrent, ni bosquet en façon de forêt vierge. » Tous ces avantages se trouvaient réunis dans quarante arpents du jardin Boutin (premier Tivoli). Aussi celui-là fit longtemps les plus belles recettes, et sa direction fut disputée comme un empire. (*V.* E. et J. de Goncourt, *Histoire de la Société française sous le Directoire*, ch. VI.)

Fig. 436. — Autour du Lac. — Bois de Boulogne.

rent peu à peu d'être en rapport avec l'accroissement de la population. A partir de 1825, cette disproportion augmenta d'une manière sensiblement préjudiciable, non seulement à l'agrément, mais à la santé des habitants. On vit en peu d'années les constructions nouvelles, marée montante sans reflux, envahir successivement l'ancien et le nouveau Tivoli, Marbeuf, Beaujon, une partie des Champs-Élysées.

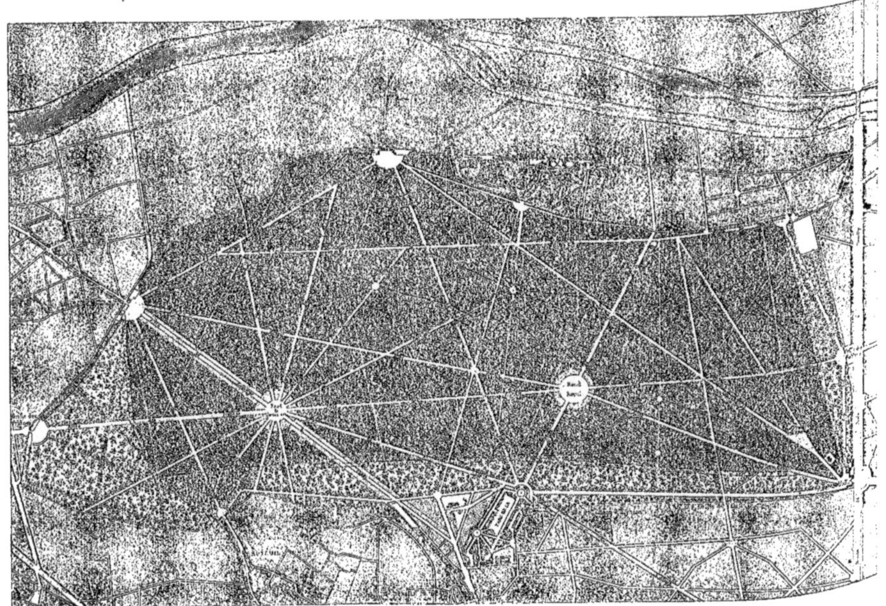

Fig. 437. — État ancien du Bois de Boulogne.

Restaient, il est vrai, les bois de Boulogne et de Vincennes; mais ces deux promenades étaient indignes de Paris, et bien inférieures à celles de Londres (1).

De nos jours, Paris a repris l'avantage, grâce à la transformation de ces deux bois et des Champs-Élysées, à la création des parcs des buttes Chaumont, de Montsouris, à celle des nombreux squares qui ont embelli et assaini la ville.

II. — Promenades modernes de Paris. — Bois de Boulogne.

(1) Th. Gautier écrivait, au retour d'une excursion à Londres (1840) : « Il serait bien à désirer que l'usage des squares se propageât à Paris, où les maisons tendent à se rapprocher de plus en plus, et d'où la végétation et la verdure finiront par disparaître complètement. »

(Fig. 436 à 439). — Ce fut, comme on le sait, le pèlerinage mondain de Longchamps qui fit la fortune du bois de Boulogne. Après avoir été dévasté par la Révolution et plus cruellement encore par l'invasion étrangère, il était redevenu à la mode depuis 1830,

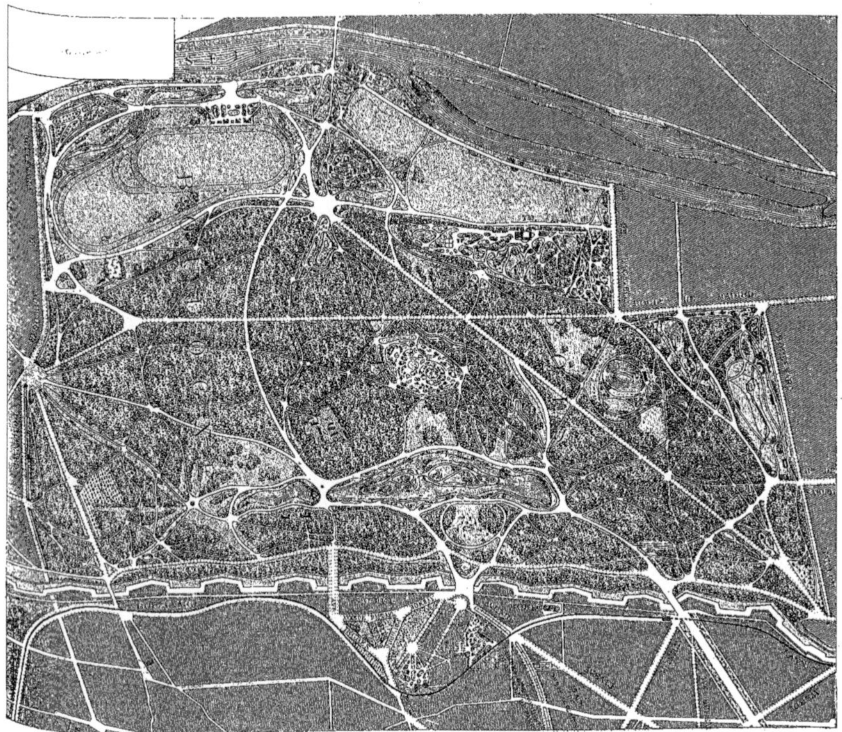

Fig. 438. — Le Bois de Boulogne, état actuel.

mais ne méritait guère cet honneur. Le sol porte des traces visibles du séjour de la mer; il est composé de sables siliceux mélangés de galets. Sauf dans certaines parties où le sous-sol argileux se rapproche davantage de la surface, ce terrain ne produisait guère que des arbres médiocres. Dans son ancien état, le bois de Boulogne avait tous les défauts du genre régulier sans ses qualités. Sa métamorphose en un vaste jardin paysager dont la superficie a été portée de 676 à 873 hectares, présentait des difficultés considérables. Nous nous bornerons à signaler ici les renseignements pratiques que fournit ce travail aux artistes et aux amateurs.

D'abord, la comparaison du plan de l'ancien état avec l'état actuel (Fig. 437 et 438) leur donnera d'excellentes indications, s'il s'agit d'une entreprise analogue, dans

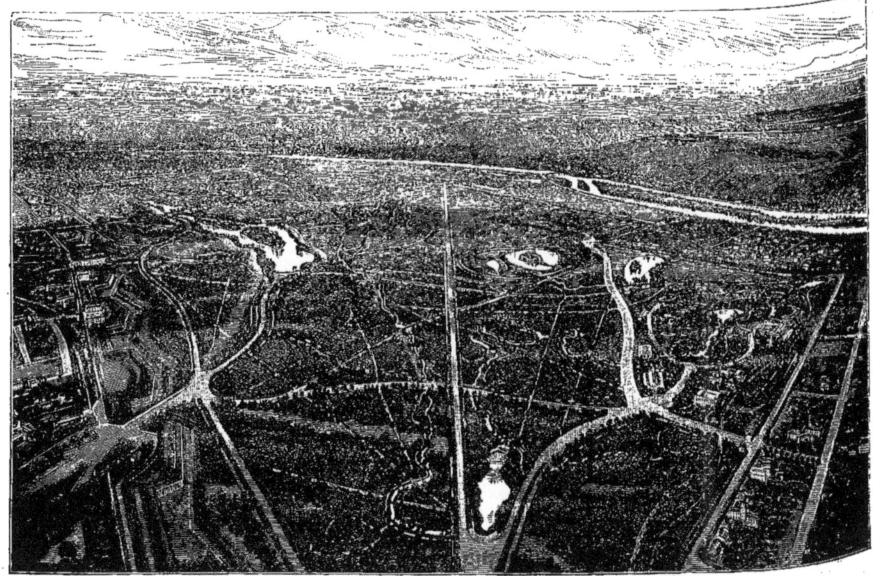

Fig. 439. — Vue à vol d'Oiseau du Bois de Boulogne. D'après une Aquarelle de MM. Hochereau et Didier.

des proportions même beaucoup plus restreintes, c'est-à-dire de la transformation d'un bois ordinaire, sillonné d'allées droites, en jardin paysager. Ils verront comment on est arrivé à faire disparaître toute trace de l'état antérieur, en fermant, au moyen de plantations d'arbres et d'arbustes forestiers, les allées droites supprimées, en isolant et mettant en vue les quelques beaux arbres perdus dans les fourrés, en rompant les lignes droites des pelouses par des plantations ajoutées sur les lisières; par la distribution de massifs, de groupes d'arbres, variés de port et de feuillage.

Nous retrouvons l'application de l'un des préceptes les plus essentiels de l'art des jardins paysagers dans la création de la *Butte Mortemart,* formée des déblais provenant du creusement des lacs. Bien que cette éminence artificielle n'ait rien d'alpestre, son ascension mérite d'être recommandée (Voir page 134, fig. 163). On y jouit de l'ensemble du bois, et de jolis points de vue sur les hauteurs qui dominent Paris de ce côté.

Pour les nouvelles avenues, on a employé surtout le marronnier, qui réussit facilement dans les plus médiocres terrains. Cet arbre offrait de plus l'avantage local d'être en pleine floraison à l'époque où le bois de Boulogne est le plus fréquenté. La plantation de chaque tige déjà forte est revenue à 16 fr. 50 c. Ce prix n'a rien d'exorbitant pour la ville de Paris, aguerrie à de tels assauts; mais il pourrait effrayer bien des villes de province et bien des particuliers. Donc, il importe de remarquer que dans ce total figure, pour chaque arbre, un apport de deux mètres de terre végétale au prix de 5 fr.; apport qui peut être supprimé ou considérablement réduit ailleurs. On pourra aussi se dispenser souvent du *Corset-Tuteur* (Fig. 440), et n'employer cet appareil ingénieux que pour des sujets exceptionnels.

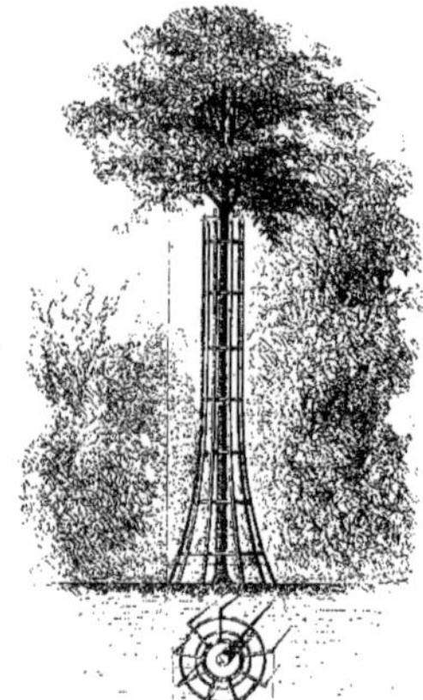
Fig. 440. — Corset Tuteur.

L'ailante (Vernis du Japon) convient aussi bien que le marronnier pour des plantations de ce genre. Il affectionne également les mauvais terrains; ses pousses nouvelles, jaunes et rouges, sont d'un très bel effet. Elles ont de plus un avantage encore peu connu; celui de distiller une substance sucrée, qui attire et empoisonne les hannetons.

Dans les plantations *forestières* proprement dites, qui ne demandaient pas de soins particuliers, on s'est contenté de défoncer le sol à 50 centimètres de profondeur maxima, et d'y planter des tiges de 8 à 15 centimètres de circonférence, dans la proportion de 54 par are. Sur les points où l'on tenait à obtenir immédiatement des fourrés, on a ajouté 150 touffes par are. Ces proportions devront également être réduites dans des sols plus riches.

Pour l'exécution des massifs composés d'arbres et d'arbustes de choix, le terrain a été défoncé de 50 à 80 centimètres de profondeur, suivant la nature des essences employées; et fortement bombé, de manière à donner à l'ensemble de la plantation une forme pyramidale; — en plaçant au centre les arbres les plus hauts et les plus forts; puis ceux de moyenne grandeur; et enfin les arbustes, étagés aussi par rang de taille. Ce système est critiqué par quelques artistes modernes, qui prétendent qu'il donne aux massifs l'aspect de fortifications. C'est pourtant celui qui, dans la pratique, permet le mieux aux arbres et aux arbustes de croître les uns auprès des autres sans se nuire. Dans ce renouvellement de la plus fréquentée des grandes promenades de Paris, on a scrupuleusement respecté les souvenirs historiques qu'elle renfermait; la croix Catelan (Fig. 245), l'allée dite *de la Reine Marguerite;* le moulin de Longchamps (Fig. 152), auquel on a restitué sa physionomie d'autrefois; le « Rond des Chênes », près de la mare d'Auteuil.

Le détail des plantations du bois de Boulogne, faites dans des conditions difficiles, est, pour cette raison même, plus particulièrement instructif. Parmi les arbres forts, plantés d'abord à l'entreprise dans les parties sablonneuses, un tiers de ceux à feuilles caduques et les deux tiers des conifères avaient péri. Dans les parties basses (terrains d'alluvion), les arbres à feuilles caduques ont seuls réussi. Un beau massif de cèdres et de pins laryx, placé dans un endroit des plus apparents, à l'entrée de la route de Passy, dépérissait à cause de la mauvaise nature du sol, composé de sable et d'une argile noire compacte. Cette plantation n'a prospéré que depuis l'époque où le terrain a subi l'opération du drainage. Ce rapprochement de la sombre verdure et du port rigide des cèdres du Liban avec la teinte plus claire et l'attitude ondoyante du pin laryx est d'un joli effet. Toutefois, dans des climats plus froids, il sera prudent de remplacer les laricios par des essences plus rustiques.

Pour la décoration des pièces d'eau, la conduite des ruisseaux, la disposition des gués, des ponts, etc., on pourra s'inspirer de l'arrangement de la mare aux Biches, aujourd'hui permanente, de celles d'Auteuil et d'Armenonville, des méandres du ruisseau de Longchamp. On a peine à comprendre le reproche adressé naguère aux auteurs de cette transformation « d'avoir retranché à la nature quelques-uns de ses charmes! » Qu'avait donc de si naturel et de si charmant un bois presque partout chétif, sillonné d'allées droites mal entretenues?

Avant de quitter le bois de Boulogne, nous devons encore mentionner le Pré-Catelan (Fig. 309), ainsi que le Jardin zoologique d'acclimatation, établissement spécial créé de 1858 à 1861, et qui occupe dans la partie nord du bois, entre la porte des Sablons et celle de Neuilly, une surface d'environ 20 hectares. Ce jardin (Fig. 441) a été dessiné par Barillet-Deschamps. Sa forme générale, parfaitement appropriée à sa destination, est celle d'un vallon à pentes douces, dont le centre est occupé par un cours d'eau qui, sur plusieurs points de son parcours, s'élargit en bassins et aboutit à un petit lac d'une forme gracieuse (Fig. 214). Toutefois, des constructions multipliées ont enlevé à ce jardin, dans ces derniers temps, beaucoup de son caractère.

Nous n'avons pas à nous occuper ici des établissements zoologiques, ni de l'*Aquarium*, mais seulement de la plantation et de l'acclimatation des végétaux. Cet

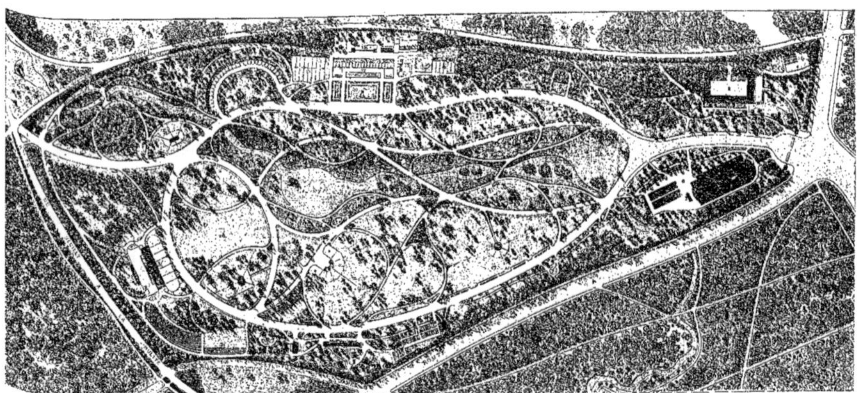

Fig. 441. — Plan du Jardin d'Acclimatation au Bois de Boulogne.

emplacement avait été pris dans la partie la plus ingrate du bois. Aussi, ce n'est qu'à force de fumures qu'on a obtenu des pelouses et des arbres d'une beauté exceptionnelle. L'*Arboretum* contient la plupart des arbres et arbustes exotiques, à feuilles caduques ou persistantes, qui peuvent prospérer sous notre climat. Plusieurs, des plus remarquables, étaient encore très rares, et les expériences faites dans cet *Arboretum* ont beaucoup contribué à faire connaître leur mérite ornemental, et à en accréditer l'emploi (1).

(1) Comme le *C. Lawsoniana*, dont l'introduction en Europe ne remonte qu'à 1853. — Ce jardin contient de plus un terrain d'expériences consacré à l'essai des graines et végétaux nouvellement importés. C'est là aussi qu'on a transplanté la belle collection de vignes qui se trouvait dans l'ancienne pépinière du Luxembourg (ci-devant enclos ou *spaciment* des Chartreux), en contre-bas de l'allée de l'Observatoire; — pépinière qui formait, depuis 1849, une promenade unique en son genre, détruite en 1866. — Nous avons parlé précédemment de la serre monumentale du Jardin d'Acclimatation.

PROMENADES modernes de Paris. — Bois de Vincennes, Parcs des Buttes-Chaumont et Montsouris. — Le bois de Vincennes a subi une métamorphose analogue à celle du bois de Boulogne. Mais il offrait des ressources naturelles qui ont permis de lui conserver un caractère d'ensemble plus forestier. Le terrain y est meilleur, et les beaux arbres plus nombreux.

Les parties de cette promenade (Fig. 443 à 445) qui méritent particulièrement l'attention des amateurs, sont : à l'est, les Minimes ; à l'ouest, le lac de Saint-Mandé, celui de Charenton et ses abords.

Fig. 443. — Avenue de Tilleuls.

Dans l'ancien enclos des Minimes, dont une partie a été convertie en lac, on a scrupuleusement conservé (Fig. 201) les beaux arbres isolés, la vieille avenue de tilleuls (Fig. 443), l'allée circulaire qui servait de *spaciment* aux religieux, et que sa forme permettait de raccorder facilement aux nouvelles allées irrégulières. Enfin l'on s'est attaché à imiter le mieux possible la nature, dans l'arrangement de la cascade (Voir ci-dessus, Fig. 217), et de sa décoration végétale. A une autre extrémité, le petit lac de Saint-Mandé occupe une dépression de terrain où coulait naguère un égout dont les exhalaisons écartaient les promeneurs de cette partie du bois, précisément l'une des plus belles. — L'organisation des terrains nouvellement annexés, entre Charenton et Saint-Mandé, est une œuvre

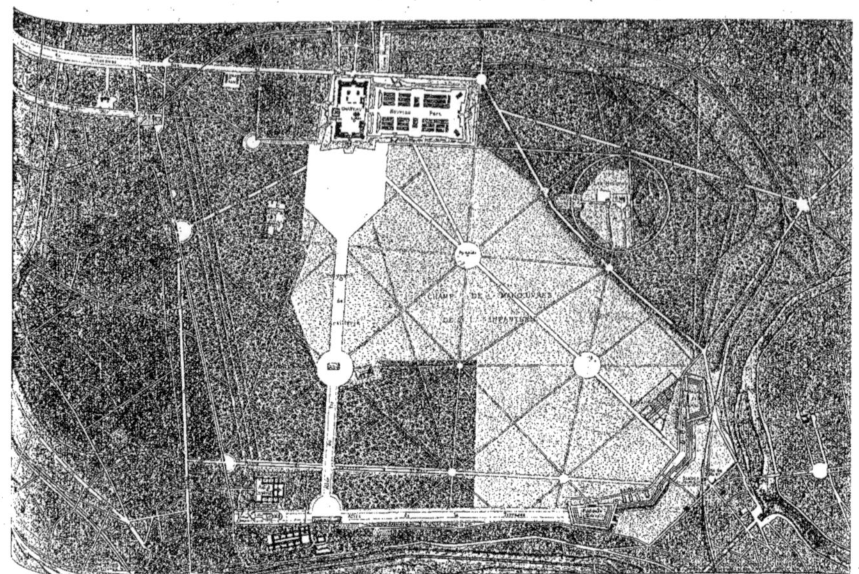

Fig. 444. — Bois de Vincennes. — État ancien.

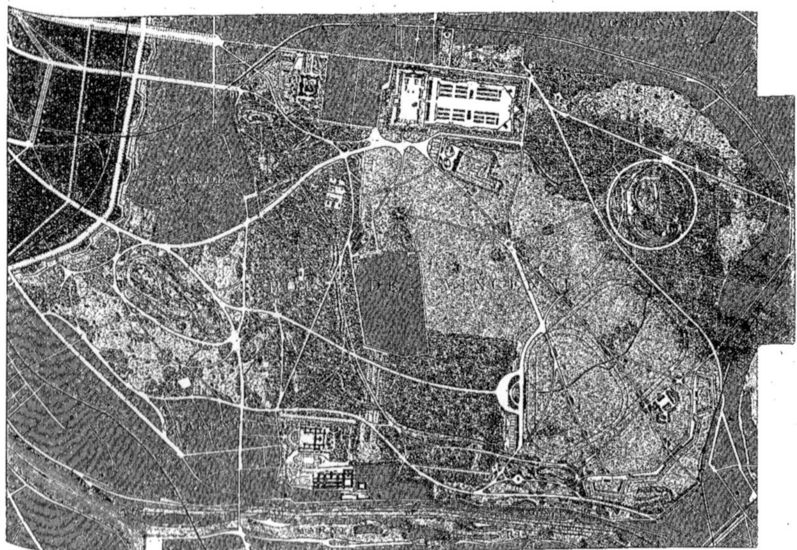

Fig. 445. — Bois de Vincennes. — État actuel.

absolument nouvelle. Elle forme un jardin paysager à part, soigneusement relié d'ailleurs aux massifs forestiers. Il comprend le grand lac dit de Charenton, ses deux îles, les pelouses et les plantations adjacentes. En comparant ces îles avec celles du bois de Boulogne, on voit comment il est possible d'éviter les répétitions, nonobstant certains traits généraux de ressemblance, et d'obtenir des effets différents, par des

Fig. 446. — Vue à vol d'Oiseau du Bois de Vincennes. D'après un Fusain par MM. Hochereau et Dardoize.

variantes dans la disposition des édicules, des ponts, dans la forme des bords et la plantation. — Enfin, le bois de Vincennes a aussi sa butte (le plateau de Gravelle); mais la vue dont on y jouit sur Paris et les environs est incomparablement plus belle que celle de la butte Mortemart. Entre les deux grandes promenades parisiennes, bien des amateurs donnent la préférence à celle de Vincennes, malgré son éloignement des quartiers aristocratiques, et l'énorme solution de continuité résultant du champ de manœuvres, qui l'a littéralement coupée en deux.

On sait que le parc des Buttes-Chaumont occupe l'emplacement du gibet légendaire de Montfaucon, de sa voirie, et des carrières à plâtre voisines, jadis le repaire favori des pires bohèmes parisiens. On a eu l'idée d'utiliser la superficie profondément accidentée de ces lieux où tout était repoussant ou sinistre, en y établissant une promenade pittoresque (Fig. 447). Il ne manquait pour cela que de l'eau, de la terre végétale, des plantations et des chemins. Aussi les travaux, entrepris au commencement de 1864 et terminés en 1869, ont coûté, sur une étendue de 25 hectares, 3,412,000 francs (chiffres ronds), dont 2,936,000 francs pour les terrassements et les plantations. La portion du terrain qui a exigé les travaux les plus considérables, est celle où se trouvaient les carrières

Fig. 447. — Le Gibet de Montfaucon, d'après le Plan de Vassalieu (1609).

et la tranchée du chemin de fer de ceinture. La ligne des falaises était heureusement mouvementée par un grand promontoire, surplombant les terrains inférieurs anciennement exploités. On a détaché ce promontoire de la masse, de manière à en faire un îlot rocheux relié à la partie supérieure du parc par un pont en maçonnerie, et dont la base est baignée par un lac. L'extrémité de cette île, faisant saillie sur le lac, a été exhaussée et consolidée au moyen d'un revêtement en maçonnerie imitant les rochers de la base, et c'est sur ce point culminant qu'a été érigé le *Temple de la Sibylle,* dont nous avons parlé ailleurs.

Le lac est alimenté par deux ruisseaux qui parcourent les deux vallons du parc. Ils proviennent d'une prise d'eau du canal de l'Ourcq, refoulée par une machine spéciale dans un réservoir installé sur le boulevard qui domine le parc. L'un des ruisseaux, sortant de la base du mur de soutènement du boulevard, forme une cascade de 32 mètres d'élévation, qui se précipite dans une vaste grotte ornée de stalactites artificielles : c'est vraiment la reine des cascades parisiennes. Grâce au relief exceptionnel du sol, on a pu faire là du paysage de montagnes grand comme

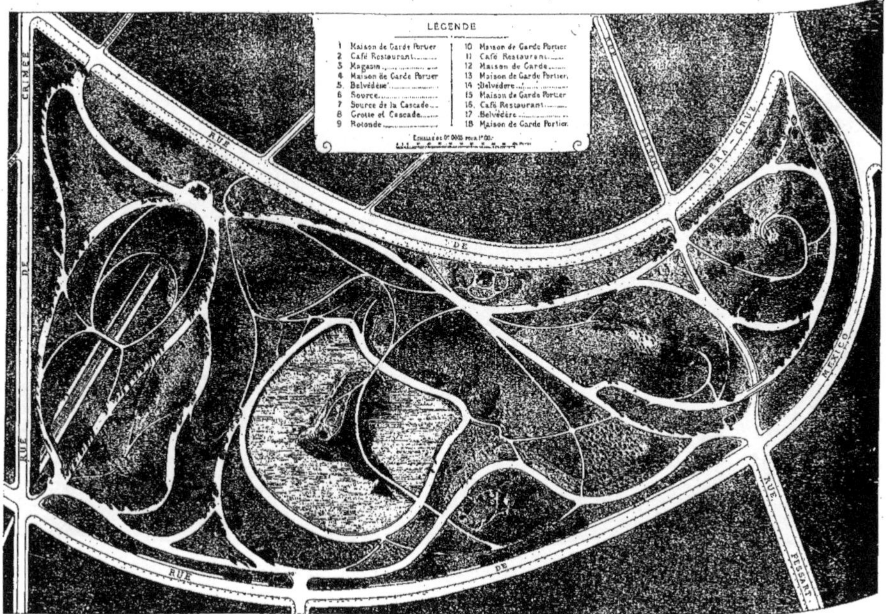

Fig. 448. — Parc des Buttes-Chaumont.

nature. Les artistes auront rarement l'occasion d'imiter des créations de ce genre. Mais ce qu'ils peuvent étudier avec profit dans le détail des travaux, c'est leur double caractère d'utilité et d'ornement. Ainsi, le mur d'où jaillit la cascade, le fond solidement maçonné de la grotte, empêchent l'éboulement des terrains supérieurs. Les talus marneux, presque verticaux et trop peu consistants, ont été tranchés en pentes permettant au sol de se soutenir, de recevoir la terre végétale et les plantations. En un mot, il a fallu surmonter des difficultés exceptionnelles, pour assimiler ces terrains à une destination si nouvelle pour eux.

On ne peut contenter tout le monde; aussi la création de cette promenade souleva des critiques de diverse nature. Les uns auraient voulu là « quelque riche fantaisie, quelques terrasses »; apparemment un pastiche des villas italiennes de la Renaissance; absolument déplacé, suivant nous, dans un pareil milieu. D'autres, se plaçant à un point de vue tout opposé, ont qualifié ce travail de « prétentieux »,

Fig. 449. — Vue à vol d'Oiseau du Parc de Montsouris. D'après un Fusain de MM. Hochereau et Dardoize.

se plaignant qu'on eût détruit « l'aspect primitif, *sauvage et pittoresque* de ces lieux. » Eût-il donc fallu s'inspirer ici des souvenirs sinistres du passé, créer une de ces promenades du genre terrible que rêvait Chambers, avec fac-similé du gibet, des campements de bandits dans les carrières, etc.! Au reste, ces critiques remontent à une époque où les travaux étaient en cours d'exécution ou à peine finis, et où l'on ne pouvait juger équitablement du mérite de l'œuvre.

La quatrième grande promenade, dont beaucoup de Parisiens ignorent encore l'existence, est le parc de Montsouris (Fig. 449), le dernier terminé. Ce parc, d'une étendue de 16 hectares, est situé à l'extrémité méridionale de Paris, sur la pente d'un coteau qui domine la vallée de la Bièvre. Ce point a été choisi pour obtenir, en sens inverse, une vue de la capitale aussi intéressante que celles dont on jouit des hauteurs en face, mais d'un caractère tout autre. C'est de Montsouris qu'on peut le mieux apprécier l'immense développement des quartiers de la rive droite, qui y forment le fond du tableau. Ce parc a d'ailleurs été judicieusement

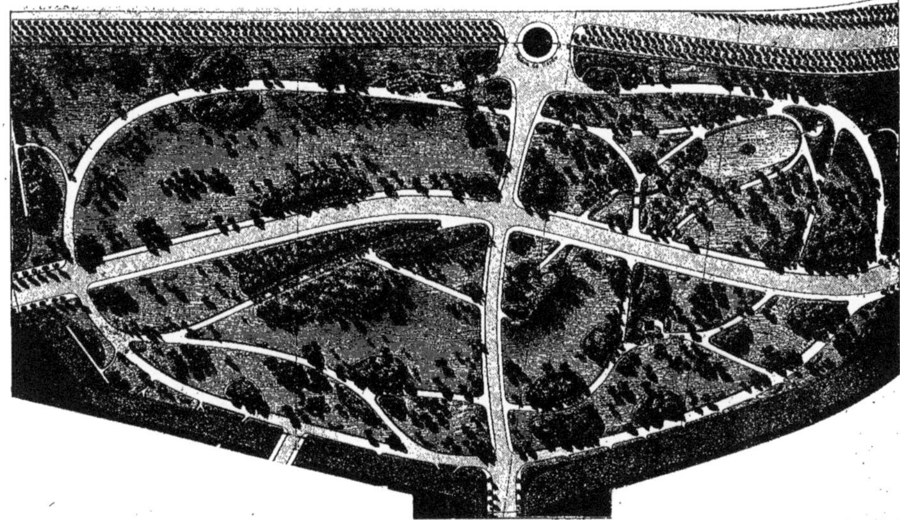

Fig 450. — Plan du Parc Monceau.

établi sur des terrains coupés par deux chemins de fer, et dont il eût été difficile de tirer parti autrement. C'est un spécimen intéressant du style paysager tempéré.

Bien que diminué de plus de moitié, Monceau couvre une superficie de 8 hectares, et mérite encore le nom de parc. Dans le remaniement de la partie conservée, on a ménagé, le plus possible, les anciennes plantations et les ornements de l'œuvre primitive, comme la *Naumachie,* qui toutefois perd forcément de son effet, à cause du voisinage des nouvelles clôtures. On a tâché d'approprier cette promenade aux habitudes, aux goûts de son public; par l'arrangement gracieux et confortable de ses abords; la beauté des grilles monumentales placées à l'entrée des grandes voies carrossables; l'élégante disposition des pelouses, qui à elles seules occupent plus de la moitié de la superficie du parc, et sont comme une exposition permanente d'horticulture de luxe, encadrée dans un décor paysager (Fig. 450).

Le remaniement complet de la partie des Champs-Élysées comprise entre la place de la Concorde et le rond-point est trop connu pour que nous nous arrêtions à le décrire. Le détail de cette métamorphose peut fournir des enseignements utiles, même pour l'arrangement de propriétés privées. On remarquera notamment avec quel soin les beaux arbres de l'ancienne plantation ont été conservés et mis à profit pour le raccordement de l'avenue centrale avec les nouvelles plantations; l'emploi varié des arbres et arbustes à feuilles persistantes pour accompagner les façades des restaurants, cafés-concerts, etc.; pour en cacher les clôtures, et, généralement, tout ce qu'il est bon de dissimuler (Fig. 451 et 453).

Fig. 451. — L'Arc-de-Triomphe et l'Avenue du Bois de Boulogne.

On a prétendu que les nouvelles promenades de Paris étaient une imitation, un pastiche des parcs de Londres. C'est là une de ces assertions qu'on répète de confiance, sans se donner la peine de réfléchir ni de regarder. L'arrangement des parcs anglais convient à un climat plus froid et plus humide que le nôtre. Les plantations y sont moins denses, plus clairsemées, les pelouses sont des prairies, où paissent de nombreux bestiaux. De telles dispositions seraient déjà incommodes dans le Nord de la France et à Paris, et tout à fait impossibles dans le Midi.

Avant de quitter ce sujet, nous devons dire un mot de l'état actuel des anciens

Fig. 452. — Avenue des Champs-Elysées. Dessin par Grandsire.

Fig. 453. — Vue intérieure des Champs-Elysées.

jardins publics, qui, pendant si longtemps, ont suffi, ou étaient censés suffire à une grande partie de la population parisienne; les Tuileries, le Luxembourg, le Jardin des Plantes.

Le premier, dont il a été longuement question, comme de juste, dans la partie

Fig. 454. — Les Tuileries. — Jardin paysager; côté de la Rue des Tuileries.

historique de ce travail, est une majesté déchue, dont les plus beaux jours sont passés. La métamorphose quasi-paysagère de la partie de ce jardin qui touchait au palais a été sévèrement et justement blâmée (Fig. 454). C'est là précisément que le style régulier aurait dû être le plus scrupuleusement maintenu. Ce qu'il y a de mieux dans ce jardin, c'est ce qui subsiste encore de l'ancienne ordonnance.

Le Luxembourg a subi, à une époque plus récente, des changements, et surtout des diminutions, qui ont aussi donné lieu à d'amères critiques. Toutefois, nous croyons que le dégagement de la fontaine Médicis, et la décoration de ses abords, méritent au moins quelque indulgence. D'autre part, l'effet fâcheux du retranchement d'une section de l'allée de l'Observatoire a été fort atténué par la conservation de cette partie d'allée comme boulevard, et par sa décoration dans le style du jardin dont elle simule le prolongement (Figures 455 à 458). Le Jardin des Plantes, intéressant à tant de points de vue divers, mérite aussi l'attention des amateurs de l'Art des jardins par sa butte plantée en labyrinthe d'arbres verts, à laquelle se rattachent d'intéressants souvenirs, et par la belle ordonnance,

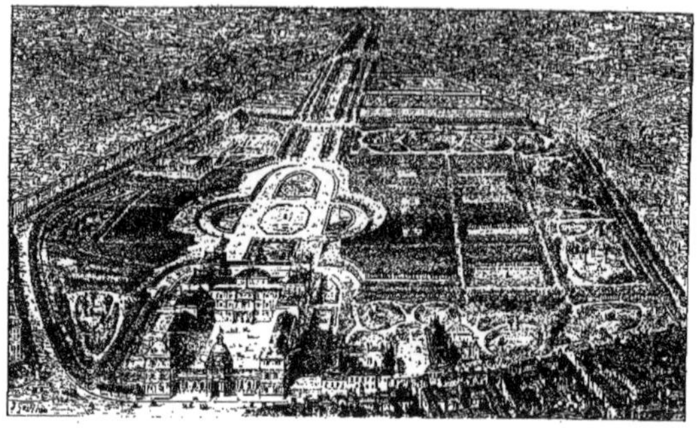

Fig. 455. — Vue à vol d'Oiseau du Jardin du Luxembourg.

Fig. 456. — Parterre au Jardin du Luxembourg.

respectée dans ses lignes principales, de ses parterres de plantes médicinales et industrielles encadrées dans les avenues. L'effet général de l'ensemble est resté le même; ainsi qu'on peut s'en rendre compte par la gravure ci-jointe, qui le représente tel qu'il était il y a deux siècles (Figure 459). La nouvelle serre, terminée en 1885, est une œuvre remarquable.

Fig. 457. — Avenue de l'Observatoire.

IV. — Squares parisiens. — Fleuriste, etc. — Indépendamment de ses anciens jardins publics (Tuileries, Luxembourg, Jardin des Plantes), de ses quatre

Fig. 458. — Fontaine de l'Avenue de l'Observatoire; les Cinq Parties du Monde, par Carpeaux.

grandes promenades, des Champs-Élysées et du parc Monceau, Paris possède aujourd'hui un ensemble de soixante-neuf emplacements plus ou moins étendus, couverts de végétaux, et représentant une surface de 728,495 mètres carrés; plus de 72 hectares. Ainsi, on a non seulement accompli, mais largement dépassé les clauses du programme de transformation, qui, outre l'organisation des grandes promenades, comprenait le développement ou la création d'au moins un jardin ou square dans chaque arrondissement de Paris.

En principe, tout espace réservé dans une place ou un carrefour à des plantations entourées d'une clôture, et affecté aux jeux des enfants, à la promenade ou au

Fig. 459. — Vue du Jardin Royal des Plantes médicinales au Faubourg Saint-Victor. Dessiné et gravé par Pérelle.

délassement des adultes, a droit au titre de *square*. Mais comme c'est en Angleterre que s'est d'abord établi l'usage d'appliquer aussi à ces petits jardins publics le style irrégulier; — le mot square, aujourd'hui naturalisé dans notre langue, éveille plus particulièrement l'idée d'une plantation qui, bien qu'entourée plus ou moins de constructions, affecte jusqu'à un certain point le style paysager, avec pelouses, vallonnements, allées sinueuses, arbres et arbustes disposés par groupes ou isolés, corbeilles de fleurs ou de plantes à feuillage.

Il est inutile d'insister sur l'importance hygiénique et philanthropique de ces plantations, « aussi nécessaire aux habitudes de la population adulte qu'à la santé des enfants, qu'il faut pouvoir envoyer autant que possible près de leur domicile, dans un lieu où ils soient en sûreté, tout en respirant un air salubre. » Les quartiers les plus pauvres, les plus populeux, n'ont pas été les moins favorisés dans cette répartition d'air, de lumière et de verdure; et ce n'était que justice! De plus, quelques-uns de ces squares ont une certaine valeur artistique. Le plus digne d'intérêt, sous ce rapport, malgré son peu d'étendue (1 hectare 39 ares), est celui des Batignolles, dont nous avons suffisamment parlé ailleurs (Fig. 460). Nous n'ajouterons qu'une remarque sur la plantation de ce square.

La plupart des arbres à feuilles caduques ont été choisis dans les essences les plus ordinaires et les plus rustiques (aune, platane, tilleul, érable, faux acacia, sorbier, paulownia, catalpa, etc.). Même observation pour les arbustes (troënes, buis, lauriers, lilas, berberis, spirées, etc.). On a obtenu ainsi un développement plus rapide des effets de feuillage prémédités.

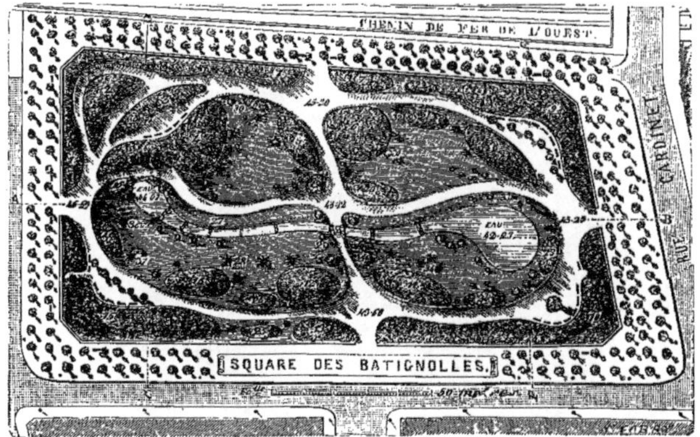

Fig. 460. — Square des Batignolles.

Plusieurs autres squares, sans avoir la même valeur comme composition d'ensemble, méritent aussi d'être consultés pour le détail de la plantation. Nous citerons entre autres, celui de la tour Saint-Jacques, dont les ombrages accompagnent bien ce beau débris d'architecture gothique, sauvé par une série de hasards providentiels; — ceux de la Chapelle expiatoire, du Temple, Montholon (Fig. 461), etc. (1).

Il a été pourvu amplement et dans des conditions des plus économiques, à l'énorme approvisionnement de plantes exigé par la création, le développement et l'entretien des promenades parisiennes; — au moyen de vastes établissements horticoles, véritables *manufactures de plantes*. Le plus important est le jardin

(1) Citons aussi le square des Arts-et-Métiers, du style régulier. L'application de ce style convient particulièrement aux places qui sont, comme celle-ci, voisines d'un théâtre, et par conséquent susceptibles d'être brusquement envahies par la foule à des heures avancées. (Fig. 396.)

fleuriste de La Muette, où les diverses serres et leurs annexes, les châssis de couches et les terrains destinés à la culture des plantes de plein air, couvrent une surface totale de plus de dix-huit mille mètres (Fig. 358 à 363). Cet établissement s'est développé, dans l'espace d'un quart de siècle, avec une rapidité féerique. La première année (1855), le Fleuriste n'avait fourni que 600 plantes; en 1864, le nombre des plantes livrées s'éleva à plus de 870,000. Bien que le personnel qui occupait en moyenne 88 ouvriers avant la guerre de 1870-71, ait été réduit d'un tiers depuis

Fig. 461. — Square Montholon.

1872, il peut produire par an environ trois millions de plantes, qui ne reviennent qu'à 0 fr. 13 cent., tandis que la valeur marchande des plantes de choix sorties du Fleuriste dépasse en moyenne 0 fr. 50 cent. Grâce à lui, la Ville de Paris peut orner plus richement ses Promenades, et à moins de frais, que si on était resté tributaire de l'industrie privée. Mais cette « manufacture de plantes », dont la réputation est européenne, a un caractère d'utilité plus général. Dans l'état actuel de division des fortunes, rien ne saurait remplacer l'initiative d'un tel établissement. On peut y faire et on y fait journellement des essais impraticables pour la plupart des particuliers, et d'un grand intérêt pour l'horticulture. C'est ainsi qu'on a pu expérimenter, dans les serres du Fleuriste, la substitution économique du gaz à tout autre combustible. C'est là aussi qu'ont eu lieu les premiers essais pratiques des procédés, présentement à l'étude, de l'accélération de la croissance des plantes par la continuité du jour,

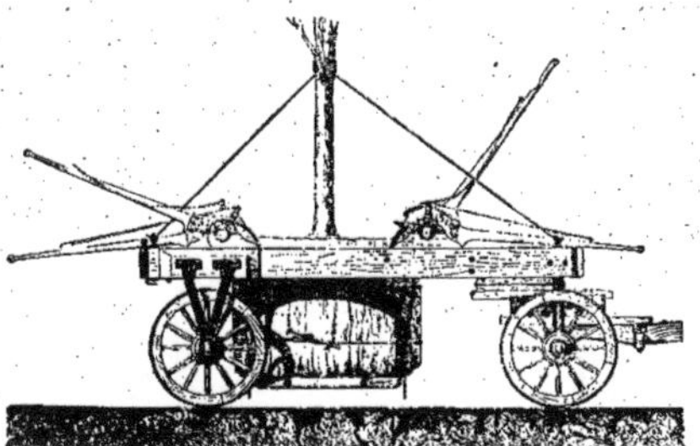

Fig. 462. — Élévation latérale du Chariot à transplanter.

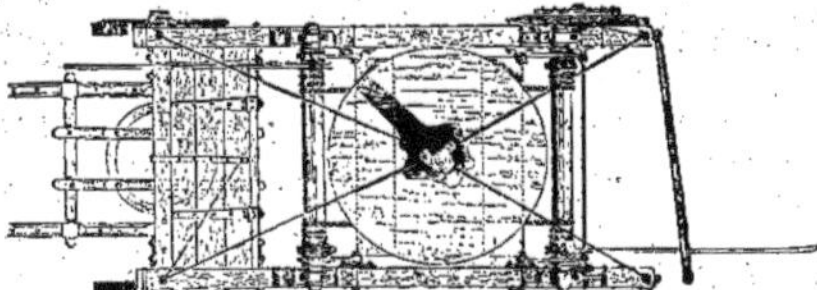

Fig. 463. — Plan du Chariot.

Fig. 465. — Cerclage des Mottes.

obtenue au moyen de la lumière électrique. Enfin, le Fleuriste a rendu d'incontestables services, en vulgarisant l'emploi dans nos jardins des plantes colorées, très décoratives, et dont un grand nombre étaient encore à peine connues, ou même tout à fait inconnues en France. On a obtenu ce résultat important à peu de frais, par des dons de voyageurs, ou des échanges avec les établissements horticoles étrangers.

Fig. 464.
Élévation de l'Avant-train.

Fig. 466. — Presse à cercler la Motte.

Nous donnons ici l'indication des plus belles de ces plantes, dont plusieurs, et non des moins remarquables, peuvent être introduites sans grande dépense dans de petites propriétés; étant susceptibles d'être conservées dans des serres d'orangerie, et même cultivées en pleine terre dans certaines parties de la France : CANNA *annœi, zebrina, nigricans, Porteana* — ARALIA *papyrifera, Sieboldii* — SOLANUM *amazonicum, marginatum, robustum, macranthum, crinitum, Warscewiczii, hyporhodium* — HIBISCUS *liliflorus* (fleurs rouges), *Cooperii* — BEGONIAS — MUSA *rosacea* — FICUS, *elastica, Chauvierii* — *Colocasia esculenta* — DRACÆNAS — PELARGONIUMS, variétés aujourd'hui innombrables — WIGANDIA *carosana*, robuste et d'un grand effet — *Montagnea heracleifolia, Ferdinanda eminens, Verbena*. Arrosées avec de l'engrais liquide, ces trois dernières plantes peuvent atteindre cinq mètres de hauteur (1). Pour la transplantation des gros arbres, on se sert

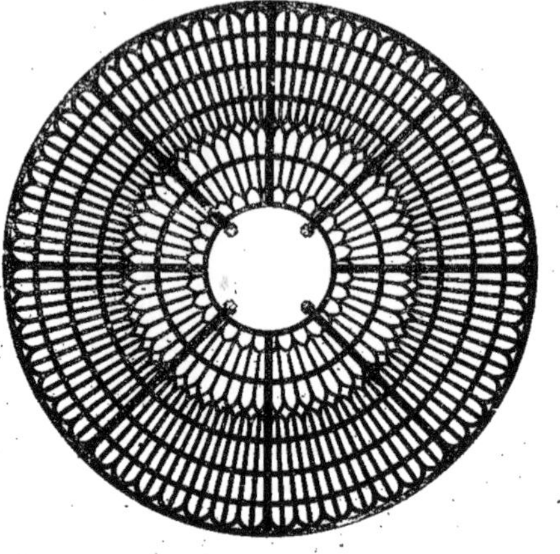

Fig. 467. — Grille en Fonte pour garantir le Pied des Arbres.

Fig. 470. — Arbre enveloppé d'une Plaque de Mousse.

PROMENADES ET VOIE PUBLIQUE DE LA VILLE DE PARIS

Fig. 468. — Grilles pour garantir les Pieds des Arbres. Plan au-dessus des Trottoirs sur la Voie publique.

Fig. 469. — Plan indiquant la distribution des Drains servant à l'Aérage et à l'Arrosage.

de chariots de diverses dimensions (Fig. 462 à 464) : pour les arbres verts et autres d'espèces rares déjà forts, on fait depuis longtemps usage, dans les pépinières de la

(1) Nous avons donné précédemment les figures de la plupart de ces plantes.

Ville de Paris, d'un procédé aussi simple qu'économique. Il consiste à entourer la motte de l'arbre, comprenant, s'il se peut, toutes ses racines, ou tout au moins les plus importantes, d'une sorte de bac improvisé au moyen de planches légères ou *voliges cordées* autour de la motte avec une presse de tonnelier, ensuite cerclées et complétées par l'application d'un fond composé de planches semblables. On a calculé que cet appareil revenait à moins de 2 francs, non compris la main-d'œuvre et 18 francs une fois payés pour la presse à cercler la motte, qui peut servir pendant bien des années (Fig. 465 et 466).

Fig. 471. — Banc.

Fig. 472. — Banc.

Mais, si adroitement que l'on s'y prenne, des arbres *très forts,* transplantés, restent stationnaires pendant plusieurs années, et ne valent jamais, dans la suite, ceux qui ont été déplacés dans leur jeune âge.

Afin d'arriver à un bon aérage et à un arrosage facile des plantations sur la voie publique, les pieds des arbres sont garantis par un grillage en fonte (Fig. 467 à 469). Très souvent, la suppression d'une partie des racines au moment de la transplantation provoque le dessèchement. Pour éviter l'arrêt complet de la sève, il faut envelopper le tronc de l'arbre de plaques

Fig. 473. — Kiosque pour la Vente des Journaux.

Fig. 474. — Bureau pour les Voitures de Place.

de mousse, maintenues par un fourreau en toile (Fig. 470); tenir cette enveloppe constamment humide, en introduisant de l'eau par le godet placé au sommet du tronc.

Fig. 475. — L'éducation maternelle, par Eugène Delaplanche (Square Sainte-Clotilde).

Les promenades publiques créées récemment en Europe, sont presque toutes des réminiscences de celles de Paris. Nous ne voyons guère d'exception à faire, en France, que pour le parc lyonnais de la Tête-d'Or, superbe promenade de 100 hectares, plantée en 1856 par M. Bühler. C'est à la fois un Jardin d'acclimatation et un parc irrégulier. La partie supérieure, composée principalement de conifères variés, est un des modèles les plus instructifs de ce genre de plantation.

V. — Promenades publiques. — Turquie, Égypte, Inde, etc. — On sait que dans les villes turques, et notamment à Constantinople, ce sont les cimetières qui servent de promenades publiques. Les plus belles de ce genre sont «le grand et le petit champ des morts» de Péra, et celui de Scutari, si bien décrit par Th. Gautier. «C'est un immense bois de cyprès *(C. Funebris)* couvrant un terrain montueux, coupé par de larges allées. On ne se fait pas une idée, dans les pays

Fig. 476. — Kiosque dans l'île Daumesnil, au Bois de Vincennes.

du Nord, du degré de beauté et de développement qu'acquiert cet arbre sous de chaudes latitudes. » C'est surtout dans l'extrême vieillesse que cet heureux arbre est le plus beau. « Le tronc se divise en nervures rugueuses, semblables aux agrégations des colonnettes gothiques. Son écorce effritée s'argente; ses branches s'insèrent d'une façon inattendue, font des coudes curieusement difformes, sans détruire cependant le dessin pyramidal. Ses racines tortueuses agrippent la terre, comme des serres de vautour posé sur une proie. Sa verdure solide et sombre ne se décolore pas aux âpres feux du soleil, et garde toujours assez de vigueur pour trancher sur le bleu intense du ciel. » *(Constantinople,* ch. 13.) Ce mode d'appropriation des cimetières tend aussi à s'établir en Amérique. Nous reproduisons deux spécimens curieux de cimetières américains établis récemment dans ce système, ceux de New-York et de Cincinnati (Fig. 483 et 484). En Égypte, l'irrigation a produit, depuis quelques années, des merveilles végétales qui rendent vraisemblables les anciens récits. A Alexandrie, sur la belle promenade plantée d'acacias et de sycomores qui borde le canal Mahmoudiéh, s'ouvrent les jardins quasi-publics de Nubar-Pacha, Pastré, Anto-

Fig. 477. — Lion en Bronze, par Barye; galerie du Bord de l'Eau, Jardin des Tuileries.

Fig. 478 et 479. — Chevaux de Marly, par Coustou, provenant de l'Abreuvoir de l'ancien Château de Marly. — Ces deux Groupes sont placés à l'Entrée de l'Avenue des Champs-Elysées.

niadis, etc. « Ces jardins, dit un voyageur récent, sont couverts de palmiers (Fig. 485), de bananiers, de cactus, d'aloès, de bambous, de daturas, de mimosas à fleurs jaunes, d'euphorbes rouges, de figuiers bengalais dont les longues tiges, partant du

Fig. 480. — Le Nil. Au Jardin des Tuileries.

tronc et des branches, viennent s'implanter dans le sol et y former de nouveaux arbres... Çà et là s'élèvent des massifs d'arbustes tellement serrés que l'œil a peine à y pénétrer (1)... ». Le même touriste a été fort surpris de voir là notre herbe d'Occident élevée en pot et conservée comme une curiosité. Aucune plante n'est en effet plus rare en Égypte, à cause du peu d'épaisseur de la terre, et de l'intensité de la chaleur. Les pelouses sont formées d'une espèce de plante particulière au pays, le *Zapania nodiflora*, verbénacée

Fig. 481. — Velléda, par Maindron; Jardin du Luxembourg.

Fig. 482. Gloria Victis, par Mercié, Square Montholon.

(1) Charmes, *Cinq mois au Caire et dans la basse Égypte.*

trouvée à Alexandrie en 1868 par M. Delchevalerie. Il s'en est servi au Caire pour la transformation de la place Ezbekiéh en square à demi parisien, opérée avec le concours de Barillet-Deschamps. Depuis le temps de l'occupation française, cette place a subi bien des remaniements. Le tour était primitivement planté de sycomores; le centre, beaucoup plus bas, formait un lac alimenté par l'inondation. Méhémet releva ce milieu, changea le lac en un canal circulaire, mais respecta les arbres. Dans cet état, l'Ezbekiéh conservait encore une physionomie tout à fait orientale, et c'est ainsi que l'ont représentée un grand paysagiste et un grand poète, Marilhat et Th. Gautier. Celui-ci goûtait peu la métamorphose actuelle. Il regrettait surtout les deux arbres immenses qui figurent au premier plan dans le tableau de Marilhat; « deux mimosas avec un pied monstrueux qu'on aurait cru fait d'une botte de colonnes tordues, et des branches qui étaient elles-mêmes d'énormes troncs formant des coudes bizarres, et portant des masses de feuillage à couvrir une forêt. » Il regrettait aussi les maisons arabes qui formaient l'encadrement de la place; « avec leurs moucharabiehs, leurs étages en surplomb, leurs encorbellements soutenus de poutrelles, et tous les détails caractéristiques que n'avait

Fig. 483. — Green-Wood Cimetière à New-York.

pas encore émondés le progrès. » Aujourd'hui, ces masures que Bonaparte et Kléber auraient encore reconnues, sont remplacées par des hôtels et des maisons meublées d'architecture européenne; les mimosas et les sycomores, par un parc quasi-parisien de huit hectares, avec des variantes de plantations assorties au climat; parc dans lequel les amateurs des Champs-Élysées et du bois de Boulogne ne se trouvent pas trop — peut-être pas assez — dépaysés! Ce square exporté en Égypte est d'ailleurs dessiné avec goût, et ceux mêmes qui regrettent l'ancienne installation, conviennent que celle-ci sera fort belle quand les nouveaux arbres auront acquis tout leur développement. Quelques-uns, rapportés du centre de l'Afrique par Schweinfurt, font déjà les délices des naturalistes (Charmes, p. 57). Il fallait bien, d'ailleurs, satisfaire le Khédive, qui voulait absolument une promenade à l'instar des nôtres. Retenir de force les Orientaux dans l'orientalisme est une idée fort artistique, mais peu pratique.

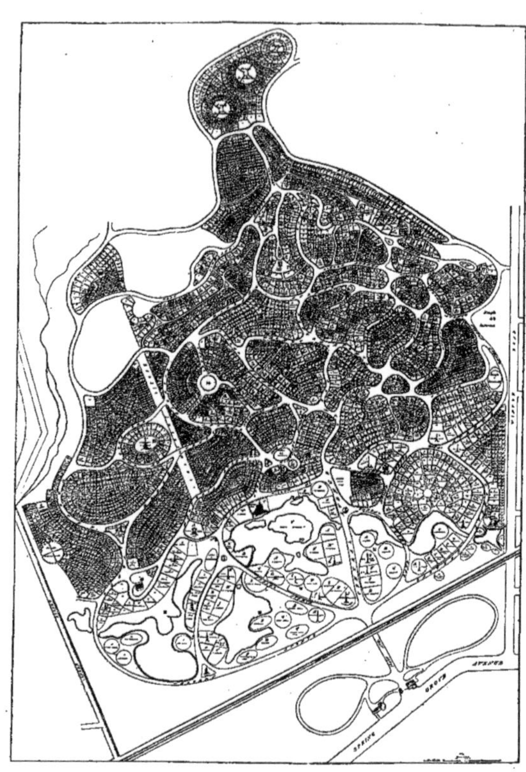

Fig. 484. — Spring Grove Cimetière de Cincinnati.

On déplore également la destruction des belles plantations qui abritaient la ville du côté de l'ouest, où s'étend aujourd'hui le nouveau quartier Ismaïlièh, construit à l'européenne. Ces plantations et bien d'autres avaient été faites par Ibrahim, aussi grand arboriculteur que grand guerrier. Le quartier neuf est percé de larges rues.

droites et de larges boulevards, disposition fort convenable autour de l'Arc de l'Étoile, mais moins bien appropriée au climat égyptien. Pour corriger ce défaut commandé, on a planté force acacias *lebbek* à feuillage épais, qui poussent vite et donnent beaucoup d'ombre.

Le jardin botanique de Calcutta, et le parc de Barrackpour, château de plaisance des vice-rois de l'Inde anglaise, peuvent être considérés comme les plus beaux spécimens des parcs anglo-indiens modernes.

Fig. 485. — Jardin égyptien.

Le *Botanic Garden*, qui, suivant l'expression d'un écrivain indigène, est si grand qu'on n'a pu l'entourer d'un mur de clôture, a été fondé et administré pendant trente ans par le célèbre botaniste Wallich, qui y avait formé une magnifique collection de fleurs, d'arbres et d'arbustes, empruntés aux deux Indes, à l'Afrique australe, au Brésil, aux îles du Pacifique et à l'Australie. C'est à la fois un musée végétal et un magnifique jardin paysager. « L'on y voit, dit un voyageur, les belles lianes de l'Amérique du Sud suspendues en guirlandes aux rameaux des plantains gigantesques et du rima de Taïti; le muscadier, dont le feuillage de myrte mêle constamment à sa verdure lustrée l'éclat de ses fruits d'or et les teintes délicates de ses fleurs tendres comme celles du pêcher. »

Quant au parc de Barrackpour, il offre encore, après un demi-siècle pendant lequel tant de choses ont changé, le même aspect que du temps de Jacquemont. « A force d'argent et de bras, le niveau parfait des plaines où coule le Gange a été assez tourmenté pour animer ce beau parc de quelques mouvements de terrain. On y a fait avec goût des montagnes et des vallées, afin d'être obligé d'y bâtir quelques ponts d'un effet agréable. Sur un gazon toujours vert se dressent, tantôt en massifs serrés, tantôt en groupes ou isolés, des manguiers, des pipeuls, des lauriers d'Inde, des banians, des tamarins, des mimosas, des casuarinas, des cocotiers, des dattiers, des borassus et d'admirables gerbes de bambous. Le tour des massifs les plus imposants, et le pied des plus grands arbres, sont garnis d'arbrisseaux à fleurs ou de plantes grimpantes; lauriers-roses, apocynées superbes ou jasmins odorants à larges pétales. Ailleurs ce sont des roses de l'espèce qui s'est répandue si abondamment de ce pays en Europe (Bengale); puis des orangers, des citronniers, des grenadiers de la taille de nos futaies, mais qui ne servent là que d'ornement. » Suivant un touriste plus récent, « Barrackpoor rappelle Trianon, mais sur une échelle au moins double, avec le ciel et la végétation des tropiques, des eaux vives et un grand fleuve pour perspective. » (De Lanoye, l'*Inde contemporaine.*)

Fig. 486. — Partie d'un Jardin de Cuba.

Il faut encore signaler, comme hors ligne, parmi les parcs des climats tropicaux, celui du palais de Buitenzorg, résidence ordinaire du gouverneur général des Indes néerlandaises, à 48 kilomètres de Batavia. « Toute la végétation des zones chaudes ou tempérées du globe est représentée dans ce splendide jardin, depuis les plus humbles mousses jusqu'aux arbres les plus élevés. Tout ce que les serres les plus riches de l'Europe contiennent de plus curieux, de plus rare, s'étale ici en plein air. Les plantes aquatiques garnissent de vastes pièces d'eau, et toute la surface d'un bassin, sans abri, est couverte par les feuilles rondes, à bords relevés, d'une *Victoria Regia*, formant comme autant de plateaux réguliers et brillants, d'un mètre de largeur environ, entre lesquelles s'épanouissent les fleurs de cet immense nénuphar. » (Devay, *Journal d'un Voyage*.)

Enfin, nous citerons, comme très digne d'intérêt, un nouveau parc brésilien, celui de l'élégante villa impériale de Pétropolis, le *Sanatarium* de Rio-de-Janeiro, dont nous reproduisons la vue, publiée pour la première fois en France (Fig. 487).

Nous pourrions indiquer bien d'autres jardins publics, récemment créés dans toutes les parties du monde; à Sidney, à Ceylan; jusque dans des villes toutes nouvelles, comme Port-Elisabeth (Afrique australe). C'est le port d'embarquement auquel peuvent arriver avec le plus de facilité les produits de l'intérieur; ce qui lui assure un grand avenir, malgré sa situation sur une étroite plage entre l'Océan et l'horrible désert de Karoo, qui commence aux dernières maisons. L'un des premiers soins des habitants a été de « se créer un délicieux jardin, vraie serre tropicale en plein air, orné d'eaux jaillissantes, qui semblent narguer les sables embrasés. » *(Du Weser au Zambèze.)* Nous n'avons, en Europe, que des images affaiblies de ces splendeurs végétales, rachetées il est vrai par de nombreux inconvénients. Mais c'est de nous que les habitants de ces régions trop aimées du soleil ont appris l'usage de leurs richesses. Leurs plus beaux jardins publics, créés ou remaniés depuis 1860, sont des dérivations plus ou moins immédiates d'œuvres françaises. Les deux figures ci-jointes donnent quelque idée de ces merveilles exotiques. L'une a été prise à Cuba; l'autre représente la célèbre Vallée de Yosemiti (Fig. 486 et 488).

Fig. 487. — Château et Parc impériaux de Pétropolis (Brésil)

Ainsi qu'on a pu le voir, l'horticulture européenne poursuit dans le monde entier le cours de ses conquêtes pacifiques. On moissonne pour elle sous toutes les latitudes; d'intrépides botanistes vont recueillir, tantôt dans les expositions abritées des pays froids, tantôt aux altitudes formidables qui remettent, sous la zone torride, la température en équilibre avec la nôtre, tous les végétaux dont l'acclimatation semble possible sous les climats tempérés. Aujourd'hui, les arbres et arbustes empruntés au nord et au sud de l'Europe, côtoient, dans nos pépinières, nos plantes indigènes, celles de l'Asie et des deux Amériques. Le dessinateur-paysager a des ressources pour les terrains les plus ingrats. Il peut même, dans des emplacements très limités, et sans grande dépense, assigner à chaque saison sa parure. Il a, pour les premiers jours de printemps, les arbres et arbustes chez lesquels la floraison précède le feuillage ou accompagne les premiers bourgeons; arbres de Judée, paulownias, magnolias; les buissons de mahonias, de pommiers du Japon; puis, bientôt après, les cytises, les lilas de toute nuance. A ce luxe éphémère de la jeunesse succèdent des parfums plus caractérisés, des frondaisons plus vigoureuses. La brillante famille des arbustes de terre de bruyère s'épanouit à son tour, tandis que les feuillages combinés des grands arbres se développent et se colorent, et que les grappes des marronniers, des acacias, puis des catalpas, se détachent en blanc ou en rose sur ces dômes de verdure. Les plus sombres arbres verts participent à ces féeries de la nature; pendant plusieurs semaines leur physionomie sévère est égayée par les teintes claires et joyeuses des

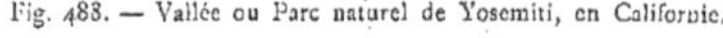

Fig. 488. — Vallée ou Parc naturel de Yosemiti, en Californie.

pousses nouvelles. Mais l'automne est vraiment la saison par excellence de nos jardins paysagers. Éclipsée jusque-là par tant de nouvelles venues, fleurs ou plantes à feuillages, la rose « remonte » en septembre, et ressaisit son ancienne et charmante royauté. Bien d'autres fleurs, depuis les dahlias jusqu'aux chrysanthèmes, concourent à la guirlande des derniers beaux jours; et pendant une grande partie de l'année, l'illusion de la végétation tropicale est entretenue dans les plus modestes jardins, même sans le concours des plantes de serre, par les *yuccas,* les *cannas,* les *caladiums* et autres végétaux rustiques à grands feuillages. Mais le charme général de nos jardins paysagers pendant l'automne, résulte surtout des teintes si riches et si variées que prennent alors certains arbres indigènes, comme les hêtres, ou exotiques acclimatés, comme le tulipier, le pavia et autres arbres d'Amérique.

Enfin, l'hiver lui-même perd quelque chose de sa physionomie triste et sévère, grâce à l'introduction dans nos parcs de ces nombreux conifères de toute taille et de teintes diverses, depuis ceux qui forment des buissons nains, jusqu'à ces géants, « gazon des grandes montagnes »; — depuis le vert du *Taxus hibernica,* sombre comme le destin de sa patrie, jusqu'au vert si gai des *Cryptomerias,* du *P. canadensis,* du *C. Lawsoniana* et autres pins, sapins et cyprès étrangers, mais acclimatés et vainqueurs de nos froids les plus rigoureux. La centralisation des conquêtes de l'horticulture nous permet ainsi de reproduire en plein air la verdure éternelle des climats plus chauds, et les efforts ingénieux de l'art arrachent un sourire à la nature en deuil. Mais, pour faire un digne usage de ces nouvelles ressources, de cette palette végétale aujourd'hui si riche, il faut, aujourd'hui plus que jamais, de véritables artistes!

Fig. 489. — Discours du Songe de Poliphile. — Dessin emprunté à l'Édition de MDLXI, Paris.

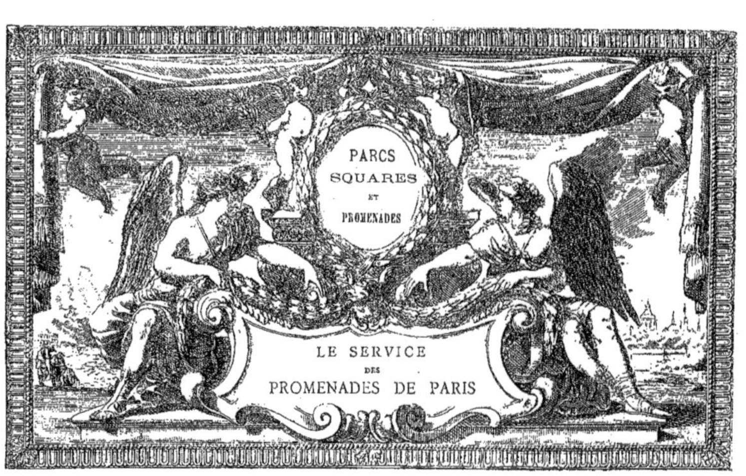
PARCS
SQUARES
ET
PROMENADES
LE SERVICE
DES
PROMENADES DE PARIS

Fig. 491. — Coupe du Boulevard Saint-Germain.

LE SERVICE DES PROMENADES A PARIS

ERS 1840, le Parisien n'avait pour se récréer qu'un petit nombre de promenades : 1° sur la rive droite de la Seine, le jardin des Tuileries, les Champs-Élysées, le Palais-Royal et la place Royale, première tentative faite par Henri IV pour créer un promenoir populaire; 2° sur la rive gauche, le jardin du palais du Luxembourg, le Jardin des Plantes, l'Esplanade des Invalides. Nos pères, habitués à leurs rues étroites, ne sentaient nullement le besoin de créer des places; ils n'en réservaient pas même aux abords des monuments importants. L'ancien Paris, comprimé pendant sa croissance par des enceintes successives, manquait d'espace, de lumière et d'air. On avait successivement élevé jusqu'à cinq étages de hauteur, des maisons qui d'abord n'en avaient qu'un, et cela le long de voies étroites, suffisantes à l'origine, mais qui, à la fin, étaient comme étouffées entre de hautes murailles. On avait installé peu à peu les maisons d'une grande ville en bordure des rues d'un village.

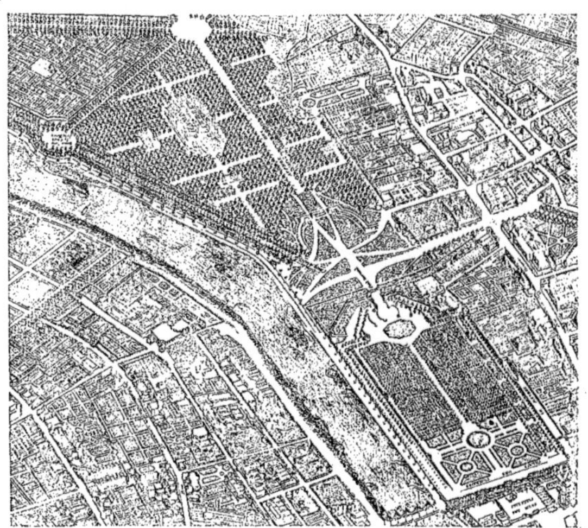

Fig. 493. — Jardin des Tuileries et les Champs-Élysées en 1735. D'après le Plan de Turgot.

Louis XIV avait tracé quelques grandes et belles avenues sur l'emplacement des anciens boulevards et autour de l'hôtel des Invalides, mais ces voies étaient fort mal entretenues. Les vieux Parisiens doivent se souvenir de ce qu'étaient les arbres des boulevards et des Champs-Élysées il y a quarante ans; rien n'était plus piteux que ces débris de l'œuvre du grand siècle. Les arbres étaient alors traités comme des intrus sur les voies parisiennes. On ne songeait guère aux jardins publics à cette époque, et celui qui en aurait parlé eût semblé ridicule. Quelle utopie! des ombrages, des fleurs pour les passants affairés! des jardins pour les marmots!

En 1850, quand on commença à menacer de la pioche ce tas de vieilles maisons, on songeait surtout à ouvrir quelques voies indispensables, comme le prolongement de la rue de Rivoli, le dégagement des Halles, etc. Or, précisément sur le parcours de la rue de Rivoli, se trouvait la Tour Saint-Jacques au milieu d'un quartier infect. Cette tour, que l'on avait songé à démolir en l'an V, et que la Ville avait achetée en 1838, débris superbe d'une époque artistique, si féconde et si originale, avait été isolée en 1855 et restaurée ensuite. L'administration municipale décida, en 1856, que sur l'emplacement du marché provisoire qui environnait la tour, il serait établi un square, c'est-à-dire un jardin *public*, un jardin à l'usage des Parisiens. Cette création enchanta le public; ce fut comme une révélation. Le succès fut tel, que d'autres jardins durent être organisés coup sur coup : en 1857, ce fut celui du Temple (F...); en 1858, la transformation des Champs-Élysées; en 1859, les squares Sainte-Clotilde, Louvois et des Innocents; en 1860, le parc de Monceau; en 1862 les Jardins des Batignolles, de Montrouge et de Charonne; en 1863, ceux des Arts et Métiers et Montholon; en 1864-1867, le parc des Buttes-Chaumont et le square Laborde, etc.

Fig. 494. — Voiture pour arroser les grandes Voies.

Dès 1852, le bois de Boulogne avait été cédé par l'État à la Ville de Paris à condition d'opérer en quatre ans son changement en parc paysager.

En 1858 quelques travaux de jardinage avaient été commencés par l'État dans le Bois de Vincennes, qui faisait alors partie de la dotation de la Couronne. Il était situé à l'opposé du bois de Boulogne, et l'idée vint naturellement d'en faire une promenade pour les habitants de cette partie de Paris. En 1860, il fut cédé à la Ville, et c'est à partir de cette époque que cette métamorphose fut sérieusement entreprise.

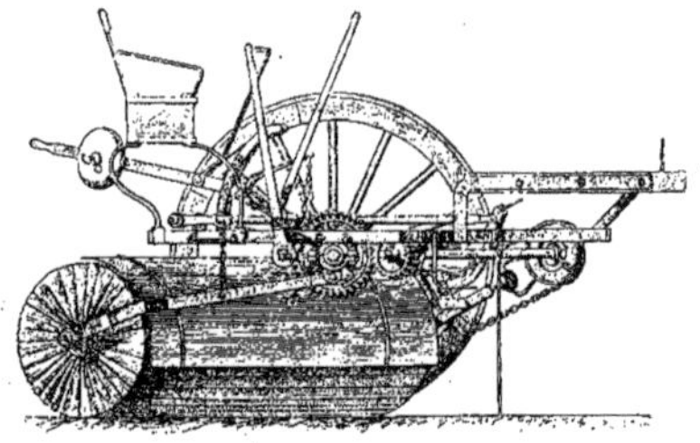

Fig. 495. — Balayeuse.

Le service des promenades avait été organisé à l'occasion des travaux du bois de Boulogne. Les promenades de Paris! c'était à cette époque quelque chose d'idéal qui faisait sourire les gens à courte vue; elles devinrent bientôt une réalité des plus séduisantes. Sous la direction du chef de ce service, la vieille Capitale prit peu à peu un air de jeunesse et une grâce qu'elle n'avait jamais eus. Les avenues plantées à demi d'arbres souffreteux et mutilés, furent nettoyées, restaurées, transformées; tout était à faire ou à refaire dans cette partie de la voirie, tout, même l'éclairage! Lorsqu'on songe à l'ancien état des boulevards entre la Madeleine et la Bastille et qu'on voit l'état actuel, on croit rêver.

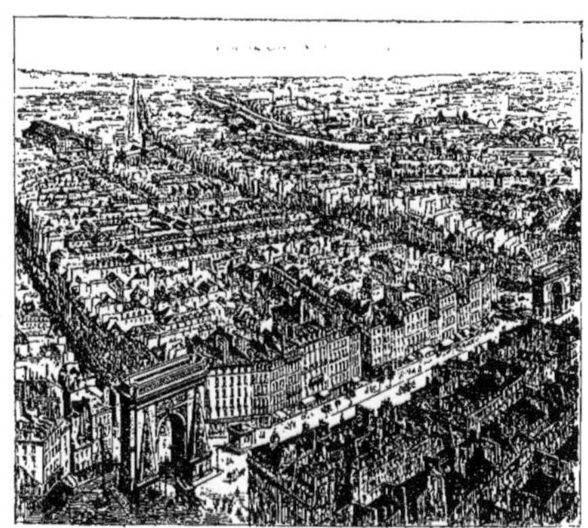

Fig. 496. — Vue du Quartier de la Porte Saint-Denis avant sa Transformation.

Cette transformation paraît maintenant toute simple, mais il a fallu étudier le problème, le résoudre. Toutes les solutions paraissent faciles quand elles sont faites. Il fallait alors créer, redresser, niveler les chaussées et les trottoirs, placer les arbres, choisir les essences (1), étudier le système de plantation des grands arbres, les faire vivre, les défendre, déterminer l'espacement des candélabres, trouver un meilleur modèle, changer même les lanternes, tracer la ligne des feux, placer des bancs, dessiner des kiosques, refaire tout, jusqu'au profil des voies. On peut dire, sans exagération aucune, que le service des promenades a complètement renouvelé l'aspect de Paris.

Fig. 497. — Vue du Quartier de la Porte Saint-Denis après la Création du Boulevard de Strasbourg.

Les squares et les autres jardins de Paris n'ont pas été faits seulement pour

(1) Les principales essences employées sont le platane, le marronnier, le vernis, l'orme, l'acacia, l'érable et le paulownia.

le plaisir des yeux. Sans doute la question d'art eût suffi à justifier ces créations, mais les jardins publics dans les villes sont des œuvres non moins utiles qu'agréables. Quand on pense à cette énorme agglomération parisienne, à ces millions d'habitants entassés, *étagés* les uns sur les autres dans des logis où l'espace est si parcimonieusement mesuré; quand on examine les propriétés dont les bâtiments couvrent toute la surface utilisable de terrains coûtant quelquefois jusqu'à 3,000 francs le mètre, où les constructeurs laissent à peine des cours suffisantes pour l'aérage et l'éclairage, on doit considérer comme une nécessité la formation de larges voies et de surfaces plantées, assez spacieuses, assez rapprochées pour ventiler ces masses de pierres qui semblent percées de couloirs étroits, la largeur des rues étant moindre que la hauteur des maisons.

Fig. 498. — Vue du Boulevard Beaumarchais.

Autrefois, pour respirer un peu d'air pur et jouir du soleil, il fallait, ou gagner des promenades éloignées, ou même sortir de Paris; aujourd'hui, les Parisiens ont à leur disposition des jardins répartis à peu près également dans tous les quartiers de la Ville. Les mères qui vont passer quelques heures sous ces frais ombrages pour y allaiter ou y faire jouer leurs bébés, doivent remercier l'homme intelligent qui a ardemment travaillé à réaliser cette œuvre vraiment démocratique. Combien de charmants petits êtres lui doivent la santé et même la vie! Et les piétons fatigués qui s'y arrêtent un moment lui doivent aussi une bonne pensée; il est certain que bien des projets violents, des rêves pénibles ont dû s'évanouir, que plus d'un désespéré a dû reprendre courage dans ce milieu reposant.

Les squares sont, en été, de vrais salons de verdure pour la plus grande partie de la population. C'est là que le soir on se réunit pour jouir un instant de la fraîcheur de l'air, qu'on se délasse l'esprit et les membres, que l'on oublie un instant les préoccupations de la tâche quotidienne.

Les grands jardins des XVIe, XVIIe et XVIIIe siècles étaient des promenades particulières; un très petit nombre de privilégiés pouvaient seuls y pénétrer. Les riches, d'ailleurs, allaient s'installer en dehors de la ville, et, si l'on consulte les plans de Roussel et de Delagrive, on voit que Paris était entouré de villas qu'encadraient des parcs immenses. Chaque localité était une seigneurie et possédait un château; or, à partir du XVIe siècle, le luxe des jardins avait été ajouté à celui de l'habitation. Mais les citadins ne jouissaient pas de ce luxe. Il n'y avait pas de propriétés publiques, cela était contraire aux idées du temps; peut-être cela eût-il semblé dangereux ou choquant. Depuis, toutes ces illusions ont disparu. On a pu voir combien les bonnes et belles choses sont encore meilleures, quand l'usage en est rendu accessible à tous.

Fig. 499. — Vue du boulevard Richard-Lenoir.

Grâce au percement de larges voies, à l'installation des Squares, la mortalité a diminué dans la ville; et plus on les multipliera, plus l'hygiène y gagnera. Outre les modestes jardins de quartiers, on a créé de grandes promenades pour les réunions nombreuses des dimanches et pour les fêtes publiques. Ces beaux jardins ont déterminé l'embellissement de leurs environs. Le parc Monceau, restauré, et devenu jardin public, a changé complètement la physionomie du quartier. Il est à remarquer qu'autrefois sur la place de l'Europe, aujourd'hui supprimée, on avait planté un jardin entouré de grilles, mais accessible seulement à quelques privilégiés.

Après le parc Monceau qui n'a que changé de régime, on a tracé et construit entièrement le parc des Buttes-Chaumont, installé sur l'emplacement d'anciennes carrières dont l'aspect était hideux, puis celui de Montsouris. Ce dernier est dans une situation un peu excentrique, mais il se corrigera bientôt de ce défaut, car on ne sait pas encore jusqu'où peut s'étendre la puissance d'agglomération de Paris.

Les esprits timorés s'inquiètent de la dépense. L'hygiène, disent-ils, la santé est un

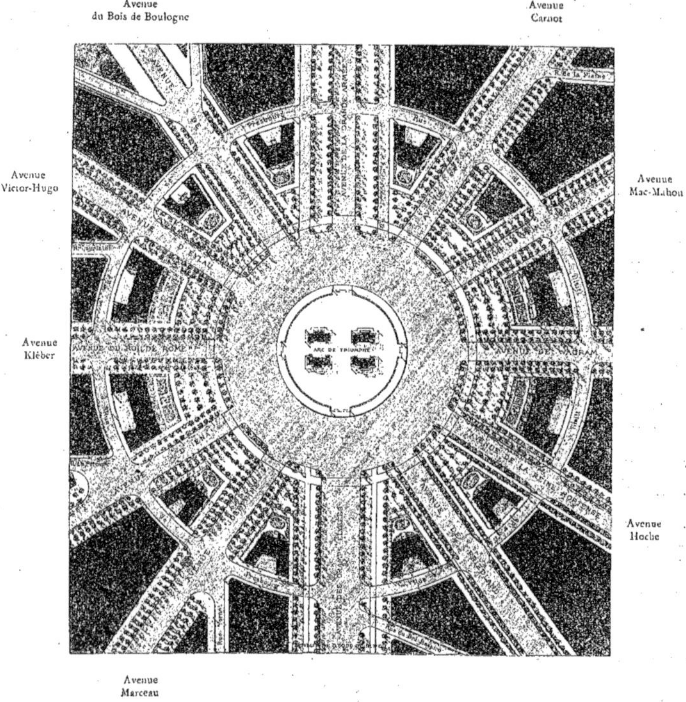

Fig. 500. — Place de l'Arc-de-Triomphe (avec la Dénomination nouvelle pour certaines Avenues).

bien, sans doute, mais l'argent aussi est un bien, et il faut l'économiser. Qu'ils se rassurent! la Ville a fait de beaux jardins et en même temps de bonnes affaires. Les dépenses des Bois de Boulogne et de Vincennes, des parcs Monceau, des Buttes-Chaumont, de Montsouris, les Champs-Élysées, des squares au nombre de vingt-cinq, des places, de l'avenue du Bois-de-Boulogne, etc., ont coûté ensemble trente-cinq millions de francs environ (1). Cette somme est-elle trop élevée pour une ville comme Paris? Nous croyons que les Parisiens n'ont rien à regretter, sinon qu'on n'ait pas fait plus en dépensant davantage. En effet, voyons les résultats! Non seulement Paris a eu l'honneur d'inaugurer ces créations élégantes et si utiles, que les étrangers se sont empressés d'imiter, mais ces jardins ont été payés et au delà par ceux qui sont venus de loin pour s'y promener. Il serait curieux, si cela était possible, de faire le compte de ce que les Champs-Élysées transformés en jardins, les bois de Boulogne et de Vincennes, le Parc Monceau et celui des Buttes-Chaumont ont rapporté à la Ville en recettes de toute nature.

Mais il faut encore considérer les plus-values que ces travaux ont fait acquérir aux propriétés voisines. Que valait le mètre de terrain aux environs du parc Monceau avant l'ouverture du boulevard Malesherbes, de l'avenue de Messine et l'arrangement du parc Monceau? Environ 50 francs; aujourd'hui, ce prix est de 400 francs en moyenne. Les terrains aux environs du bois de Boulogne qui valaient autrefois de 1 franc 50 à 6 francs le mètre en valent de 100 à 350 aujourd'hui. Passy et toutes les localités dans les mêmes conditions, les quartiers des Buttes-Chaumont, de la Santé, des Batignolles, ont joui d'avantages analogues. Que valent les locations en bordures des grandes voies et sur le périmètre des squares? Assurément plus que dans les rues voisines. La richesse particulière étant l'élément de la richesse générale, l'augmentation de valeur des immeubles se traduit en augmentation de recettes dans les caisses municipales.

Indépendamment des plantations de jardins, Paris compte, pour l'ornement des avenues qui atteignent 236,562 mètres de longueur totale, 109,330 arbres; tout le monde sait quelle animation ces beaux arbres donnent aux anciens et aux nouveaux boulevards. Cette verdure contribue à embellir la Ville, autant que les maisons nouvelles et les monuments. Disons encore que ces voies magistrales ont été complétées par des bancs, des fontaines, des édicules variés. Elles sont plus hospitalières, et ont aussi grand air que les avenues des parcs des anciennes seigneuries. Notons également, que les constructeurs, les capitalistes ont dû élever le

(1) Les bois de Boulogne et de Vincennes comprennent une surface de 1,747 hectares. Les parcs des Buttes-Chaumont, de Monceau et de Montsouris couvrent ensemble 49 hectares; les Champs-Élysées et les autres jardins 548,000 mètres environ.

long de ces belles avenues des maisons mieux étudiées, mieux décorées. Ces demeures plus confortables ont exigé le renouvellement des anciens modèles employés dans l'industrie du bâtiment. Ce travail considérable était, sans doute, l'effet de la mode et du progrès, mais il a été énergiquement stimulé par les efforts de la municipalité. Les visiteurs étrangers, frappés de cette transformation, ont emporté le désir d'améliorer, eux aussi, l'aspect de leurs villes. L'exemple a été contagieux, et, de proche en proche, un travail immense a été accompli, travail dont le prix serait fabuleux si l'on essayait de l'évaluer.

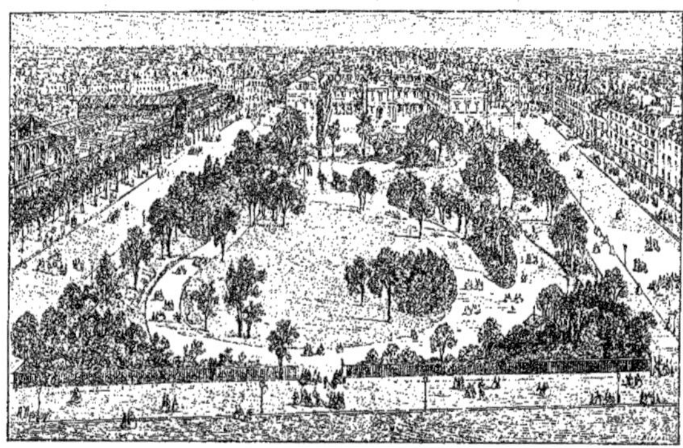

Fig. 501. — Vue à vol d'Oiseau du Square du Temple.

On craignait d'abord que ces plantations élégantes ne fussent parfois dégradées; cette crainte était chimérique. La population apprécie ce bien-être; elle sait que tout cela lui appartient, et l'esprit conservateur se développe vite, quand on a quelque chose à conserver.

Comme nous l'avons dit précédemment, dès le début de l'organisation du service des plantations, on avait créé le jardin horticole et les serres pour la culture des plantes. Grâce au Fleuriste, bien des végétaux qui n'avaient jamais quitté les serres, ont été employés dans les massifs ou dans les parterres. On a perfectionné la transplantation des grands arbres; on a assuré leur reprise et leur durée au moyen de soins particuliers et du drainage; collectionné un grand nombre d'espèces jusqu'alors inconnues aux jardiniers, des plantes à feuillages variés ou à riche floraison, qui ont permis de donner aux nouveaux jardins un aspect gracieux et original. Cette acclimatation de plantes nouvelles a exigé beaucoup de persévérance et d'observations délicates. Mais l'effort a complètement réussi, il en est résulté que les richesses horticoles se sont fort accrues, que le goût des beaux végétaux s'est développé, et qu'une industrie un peu délaissée a pris une place importante dans l'art décoratif. A ce point de vue aussi, il y a eu bénéfice.

Élégance, santé, richesse, c'est par ces trois mots que l'on peut résumer l'effort fait par le service des Promenades. Ce progrès ne s'arrêtera plus! Non seulement Paris n'a pas trop entrepris ni mal dépensé, mais il lui reste beaucoup à entreprendre et de plus en plus on y verra s'accroître le nombre des jardins. C'est là, en effet, un correctif indispensable à l'aspect de ces longues rues si monotones et si banales. Il faut bien le dire, nos cités laissent grandement à désirer sous le rapport artistique; de plus, la vie que nous y subissons s'éloigne sensiblement de la nature. Nous devrions vivre au grand air, au milieu de la verdure, mais les habitudes prises nous contraignent à accepter des conditions bien différentes. Il est donc indispensable de ménager dans nos villes des espaces assez vastes pour que nous puissions y retrouver cette douce verdure dont l'aspect est salutaire à l'âme aussi bien qu'aux yeux.

Les travaux de plantation devraient marcher de front dans les villes avec ceux de construction. On a été longtemps à le comprendre, mais aujourd'hui la démonstration en est faite, le tracé d'une ville doit comprendre des jardins publics. Il reste seulement à déterminer la surface à occuper par les maisons et celle à consacrer aux végétaux. Cette verdure est encore plus nécessaire dans les quartiers populeux que dans les autres; pour peu qu'on y réfléchisse, on entrevoit là tout un art à créer. Les villes se sont développées et s'agrandissent encore un peu au hasard, les intérêts privés ne s'accordant pas souvent avec les intérêts généraux. Mais il devient de plus en plus évident que la création d'une ville est un problème complexe et très difficile, que sa croissance doit être méthodique et entourée de toutes les précautions que prescrivent la science et l'art. Les jardins des villes n'auront pas l'ampleur des grands parcs qui accompagnaient les demeures princières; leurs dimensions seront plus modestes, mais il importe d'en multiplier le nombre, afin de les mettre à la portée de tous les habitants. Ces salons verts et fleuris seront désormais l'annexe indispensable de la voirie urbaine, et comme la dépendance des propriétés du voisinage dont leur proximité soutiendra, augmentera la valeur. Quand ces améliorations seront largement réalisées partout, et cela ne tardera guère, les villes auront perdu leur aspect souvent maussade. Ce sera pour elles le commencement d'une ère nouvelle, et pour les habitants, un chapitre des plus attrayants de l'art moderne.

RIX DE QUELQUES TRAVAUX DE JARDINAGE

A PARIS

Désignation		Unité	Prix
Journées d'ouvrier	Chef d'atelier.	l'heure	» 75
	Compagnon	—	» 70
	Terrassier	—	» 50
	Bûcheron et charretier	—	» 50
Chevaux et voitures	Tombereau.	l'heure	» 20
	Cheval	—	» 70
Gravillon, pour allées		le mètre cube	11 50
Terre végétale		—	4 50
Terreau			6 »
Fumier			7 50
Perches pour tuteurs, de 2 à 4 mèt.		la pièce	» 90
— 4 à 5		—	1 25
— 5 à 6		—	2 »
— 6 à 7		—	2 50
Tuteurs de 1m,50 de hauteur et de 0m,08 de circonférence		le cent	15 »
Tuteurs de 1m 20 de hauteur et de 0m,06 de circonférence		le cent	12 »
Corsets-tuteurs de 2m 50 de hauteur, en treillages, composés de dix brins de châtaignier reliés par sept cerceaux en bois attachés avec du fil de fer; carbonisés et peints à deux couches		la pièce	4 75
Les mêmes, non carbonisés		—	4 50
Corsets-tuteurs en fer, imprimés au minium et pesant 14 kilogr.			9 »
Défoncement du sol à entaille ouverte de 0m,30 de profondeur, compris brisement des mottes		le mètre superficiel	» 12

Désignation	Unité	Prix
Plus-value par 0m,10 de profondeur		» 04
Binage, compris ratissage et enfouissement des herbes : 1er binage de l'année.	m. c.	» 02
Les autres binages	—	» 01
Labour à la bêche de 0m,15 à 0m,20 de profondeur, pour pelouses, bordures ou gazons, compris règlement du sol, enlèvement et mise en tas des racines et pierrailles	le mètre carré	» 05
Labour à la charrue de 0m,15 à 0m,20 de profondeur, compris fourniture du matériel par l'entrepreneur	l'hectare	100 »
Le même, le terrain en culture	—	60 »
Hersage avec un cheval, matériel fourni par l'entrepreneur		15 »
Hersage à bras, matériel fourni par l'entrepreneur		60 »
Trous d'arbres carrés ou circulaires de :		
0m,25 de surf. et 0m,50 de profr,	le trou	» 075
0m,65 — 0m,60 —	—	» 23
0m,65 — 0m,80 —	—	» 31
1m » — 0m,80 —	—	» 48
1m » — 1m » —	—	» 60
2m,25 — 1m » —	—	1 35
4m » — 1m » —	—	2 64
Dressement de talus, règlement de forme, y compris une fouille de moins de 0m,20 d'épaisseur	le mètre carré	» 05
Jet à la pelle, charge en brouette, en tombereau, en rejet dans la fouille.	le mètre cube	» 25

Montage à la hotte, au seau, à la corde, par échelle ou par escalier, de déblais de toute nature, par chaque mètre de hauteur, le mètre cube . . . . » 25

Reprise avec piochage de déblais en cavalier . . . . le mètre cube » 15

Ramassage de pierrailles. . . — 3 »

Ratissage, y compris le ramassage de pierres. . . . . le mètre carré » 002

Ratissage simple d'allées sablée ou enfouissage de graines. . . . . . le mètre carré » 005

Régalage de déblais . . . . » 05

Pilonnage par couches de $0^m,10$ le m. cube » 20

Répandage de sable. . . . . . . — » 25

Semis de pelouse, comprenant le répandage de la graine, passage au rateau et roulage. l'h. 200 »

Roulage après semis, avec un cheval — 5 »

— à bras d'homme — 60 »

Découpure de bordure en terre ou en gazon. . . . . le mètre linéaire » 03

Les remblais de terre sont comptés suivant le cube de la tranchée, c'est-à-dire avec une réduction de 1/6 sur le volume de la terre transportée. . . . . » »

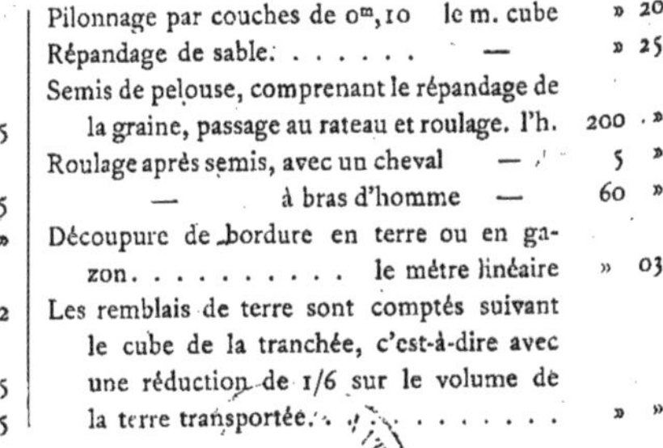

TABLE
alphabétique
DES MATIÈRES
et
DES GRAVURES

ERRATA ET ADDITIONS

PAGE 14, note, *au lieu de :* Noshîm, *lisez :* Nashîm.

Page 33, *au lieu de :* Fig. 32, *lisez :* Fig. 33.

Page 54, ligne 31, *au lieu de :* 1774, *lisez :* 1744.

Page 73, légende de la Fig. 83, *au lieu de :* XVIe, *lisez :* XVIIe.

Page 92, ligne 2 : *au lieu de :* Woodskock, *lisez :* Woodstock.

Page 92, ligne 6 : *au lieu de :* description, *lisez :* disposition.

Page 94, note 1 : *au lieu de :* de de Pérelle, *lisez :* de Pérelle.

Page 107, ligne 1, *au lieu de :* Addisson, *lisez :* Addison.

Page 110, numéro 26 de la légende, *au lieu de :* Grotte et silex, *lisez :* Grotte en silex.

Page 154, ligne 12, *après :* à feuilles d'if, *ajouter :* (Taxodium semper virens).

Page 159, ligne 30, *au lieu de :* iréguliers, *lisez :* irréguliers.

Page 163, légende de la Fig. 200, *au lieu de :* Bleenheim, *lisez :* Blenheim.

Page 172, *supprimez* les lignes avant-dernière et dernière, et *lisez :* dans le paysage javanais (Fig. 232); le pont, d'une structure originale, est également en osier.

Page 179, Fig. 227, *au lieu de :* ormosum, *lisez :* formosum.

Page 180, Fig. 228, *au lieu de :* Jardin La Flora, *lisez :* Jardin Flora.

P. 190, Fig. 248, légende, *au lieu de :* Élévation de l'Exèdre, *lisez :* Exèdre.

Page, 193, Fig. 256, légende, *au lieu de :* Rocailles au pied, *lisez :* Soubassement en rocailles.

Page 195, ligne 18, *au lieu de :* (Fig. 257), *lisez :* (Fig. 265).

Page 200, *au lieu de :* Mayer, *lisez :* Meyer.

Page 202, légende de la Fig. 275, *au lieu de :* Fg, *lisez :* Fig.

Page 204, légende de la Fig. 282, *au lieu de :* Ferdinanda eminens, *lisez :* Acanthus lusitanicus.

Page 219, la Figure 303 doit être retournée.

Page 223, ligne 27 : *au lieu de :* déservoirs, *lisez :* réservoirs.

Page 223, ligne 29, *au lieu de :* reversoir, *lisez :* réservoir.

Page 224, les Figures 315 et 316 doivent être retournées.

Page 227, ligne 10, *au lieu de :* Nous figurons ici, etc., *lisez :* Nous donnons ici quelques vues d'entrées des Promenades de Paris et des grands Parcs des environs.

Page 230, ligne dernière, *au lieu de :* Toutefois, *lisez :* Néanmoins.

Page 235, ligne 28, *supprimer :* des.

Page 262, Fig. 391, *ajouter la note suivante :* Cette allée, taillée dans un bois d'orangers avec palissades fleuries, offre une analogie frappante avec la description du parc de Clagny, par Mme de Sévigné. (*V.* p. 82.)

Page 264, *au lieu de :* Fig. 439, *lisez :* Fig. 394.

Page 282, ligne 28, *au lieu de :* Parc, *lisez :* Park.

Page 283, ligne 9, *au lieu de :* de, *lisez :* du.

Page 286, lignes 1 et 4, *remplacer :* riant, *par :* gracieux.

— ligne 2, *au lieu de :* selon, *lisez :* dans.

— ligne 9, *au lieu de :* flancs, *lisez :* côtés.

Page 288, passim, *au lieu :* d'œils de Christ, *lisez :* œils du Christ (*Aster*).

Page 289, légende, lettre *m*, *au lieu de :* Ce banc ouvre la vue, *lisez :* De ce banc, on a vue.

Page 293, ligne 22, *au lieu de :* effervescence, *lisez :* efflorescence.

Page 297, légende de la Fig. 427, *au lieu de :* au, *lisez :* du.

Page 300, Fig. 431, légende, *ajouter :* Ces parterres occupaient une partie de l'avenue actuelle de Breteuil.

Page 302, ligne 8, *ajouter :* Ces nymphes ou génies apportaient un portrait laissé en blanc dans la gravure. Peut-être celui de Mercure, qui devait être le dieu favori de Dangeau, joueur et tricheur émérite.

Page 319, ligne avant-dernière, *après :* Pré-Catelan, *ajoutez :* spécimen intéressant de plantations d'arbres et d'arbustes à feuilles persistantes.

Page 316, ligne avant-dernière, *au lieu de :* assimiler, *lisez :* approprier.

Fig. 488, p. 339, Vallée d'Yosemiti. La meilleure description de ce parc naturel justement célèbre, est celle qui fait partie de la *Promenade autour du Monde*, de M. le baron de Hübner. On jouit là de plusieurs des plus remarquables sites de notre planète, grâce à l'incomparable beauté des eaux, de la végétation, à la forme élégante et grandiose des montagnes qui encadrent et surplombent cet Eden californien. « La nature n'a été nulle part meilleur architecte et meilleur jardinier », dit M. de Hübner. Parmi les plus beaux sites de cette vallée, il faut signaler la vue de la cascade à trois étages formée par la Yosemiti, l'une des plus grandes et peut-être la plus belle du globe; *Nerval Fall*, autre chute presqu'aussi pittoresque; *le Lac Miroir et les Trois Frères*, majestueux pics superposés qui se reflètent, avec une prodigieuse netteté de contours, dans ces eaux limpides, etc. Une autre merveille presque comparable à celle-là, c'est le parc naturel africain des bords du Zambèze, dans le voisinage des *Victoria Falls*, où s'étalent toutes les splendeurs de la végétation tropicale. (V. notre transcription du voyage de Mohr, *Du Weser au Zambèze*).

Fig. 507. — Bois de Vincennes. — Vue de l'Avenue Daumesnil.

TABLE ALPHABÉTIQUE

DES MATIÈRES, DES NOMS ET DES FIGURES [1]

(1) Les chiffres qui précèdent les articles indiquent les numéros des figures; ceux qui les suivent désignent les pages du texte.

FIN DE LA TABLE ALPHABÉTIQUE

Fig. 508. — Fontaine de la Villa d'Este.

Paris. — Charles Unsinger, imprimeur, 83, rue du Bac. — 1882.

www.ingramcontent.com/pod-product-compliance
Ingram Content Group UK Ltd.
Pitfield, Milton Keynes, MK11 3LW, UK
UKHW020059200726
13856UKWH00002B/281